Dietrich Naunin

Einführung in die Netzwerktheorie

Dietrich Naunin

Einführung in die Netzwerktheorie

Berechnung des stationären und dynamischen Verhaltens von elektrischen Netzwerken

Für Studenten der Elektrotechnik

Mit 70 Bildern

2., vollständig überarbeitete Auflage

V

Friedr. Vieweg & Sohn Braunschweig / Wiesbaden

1. Auflage 1976
2., vollständig überarbeitete Auflage 1985

Umschlaggestaltung: Peter Kohlhase, Lübeck

ISBN-13: 978-3-528-13032-9 e-ISBN-13: 978-3-322-85531-2
DOI: 10.1007/978-3-322-85531-2

Meiner Familie

Mirja, Martti, Marja

VORWORT

Die Netzwerktheorie befaßt sich mit der Berechnung des *stationären* und *dynamischen* Verhaltens von Netzwerken und versucht, günstige, den Problemstellungen angemessene Berechnungsverfahren und Darstellungsformen zu finden. Netzwerke können sowohl aus elektrischen als auch aus mechanischen Elementen bestehen. Für Elektrotechniker besteht ein Netzwerk in den meisten Fällen aus elektrischen Bauelementen; im Bereich der elektrischen Energietechnik können jedoch bei der Berücksichtigung des Drehzahlverhaltens von elektrischen Maschinen auch mechanische Bauelemente mit einbezogen werden.

Zur Berechnung von elektrischen Netzwerken werden während der ersten Semester in den Grundlagen der Elektrotechnik die notwendigen Gesetze vermittelt. Dabei entsteht bei den Studierenden oft der Eindruck, daß man, vor allem bei größeren Netzwerken, Erfahrung und die Kenntnis einiger Tricks haben muß, um im Ansatz die jeweils günstigsten Gleichungen und im Rechnungsgang den optimalen Berechnungsweg herauszufinden. In der Netzwerktheorie gibt es jedoch Verfahren, die *systematisch* zu einer Lösung hinführen, d.h. es werden einzelne Schritte vorgegeben, die in ihrer Reihenfolge automatisch - ohne Tricks - zum Ziel führen. Dieses Buch beschreibt solche systematischen Lösungswege für das Berechnen sowohl des stationären als auch des dynamischen Verhaltens von Netzwerken mit Hilfe der *Graphentheorie*. Es beschränkt sich dabei auf die *Analyse* von elektrischen Netzwerken, d.h. auf die Berechnung des Verhaltens von Ausgangsgrößen $\underline{y}$ bei vorgegebenem Netzwerk und vorgegebenen

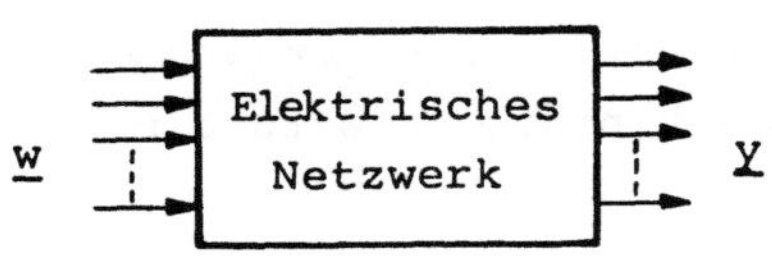

Eingangsgrößen $\underline{w}$. Eingangs- und Ausgangsgrößen sind in dieser Einführung in die Netzwerktheorie im wesentlichen nur Spannungen und Ströme. Es wird dem Leser jedoch nach dem Studium dieses Buches leicht fallen, das Verfahren auch auf andere Größen und Systeme, z.B. auf Drehmoment und Drehzahl in Antriebssystemen, in analoger Weise anzuwenden. Ergänzendes und weiterführendes Schrifttum, das z.B. auch die Synthese von elektrischen Netzwerken behandelt, ist im Literaturverzeichnis, das nur auf eine sehr kleine Auswahl der Bücher über die Netzwerktheorie hinweist, enthalten.

Die dargestellte systematische Methode führt bei kleineren Netzwerken manchmal zu einem etwas längeren Rechenweg; für größere Netzwerke ist sie jedoch wegen ihrer Übersichtlichkeit und damit geringeren Verrechnungsgefahr äußerst vorteilhaft. Wird ein allgemeingültiges Rechnerprogramm erstellt, ist sie unumgänglich. Berechnungen sind heute schon mit Taschenrechnern möglich. Programme werden in mehreren - auch im Vieweg-Verlag erschienenen - Büchern (siehe Literaturhinweise) angeboten und als Anschlußlektüre empfohlen.

Dem Buch liegt eine Vorlesung im 3. Fachsemester der Elektrotechnik an der Technischen Universität Berlin zugrunde. Vorausgesetzt werden demnach die wichtigsten Grundgesetze und Theoreme, die der Student in den ersten beiden Semestern erlernt hat. Der Aufbau des Buches ist so gestaltet, daß ausgehend von den Signalformen (1. Kapitel) und der Beschreibung des linearen und nichtlinearen bzw. zeitinvarianten und zeitvarianten Verhaltens der einzelnen Netzwerkelemente einschließlich der Vierpole (2. Kapitel) zu den Berechnungsverfahren übergegangen wird. Das 3. und 4. Kapitel beschreiben die Maschen- und Knotenanalyse und die ihnen übergeordnete Schleifen- und Schnittmengenanalyse sowie deren Beziehungen zueinander. Durch die ihnen zugrundeliegende Graphentheorie wird die Systematik dieser Verfahren erkennbar.

Das 5. Kapitel erweitert das systematische Verfahren auf die Analyse von dynamischen Vorgängen in Netzwerken mit dem Ziel, Zustandsgleichungen in Normalform aufzustellen. Zur Lösung dieser Differentialgleichungen werden drei Wege angeboten: die rein mathematische Lösung mit Hilfe der Laplace-Transformation im 6. Kapitel, die Lösung mit einem Analogrechner im 9. Kapitel und die Lösung mit einem Digitalrechner im 10. Kapitel. Aufbauend auf der Laplace-Tranformation wird die ein Netzwerk charakterisierende Übertragungsfunktion im 7. Kapitel definiert und erläutert, welche Bedeutung sie für das Netzwerkverhalten hat und wie sie auf verschiedene Weise berechnet werden kann. Dabei wird vor allem das *Laplace-transformierte Netzwerk* eingeführt, das die Berechnung des Netzwerkverhaltens auch unter Berücksichtigung von Anfangsbedingungen wesentlich erleichtert. Als Einführung in die Regelungs- und Systemtheorie sind die Untersuchungen über das Stabilitätsverhalten von Netzwerken im 8. Kapitel gedacht. Jedes Kapitel schließt mit Übungsaufgaben ab, die den Leser ermuntern sollen, den im Kapitel gelernten Stoff selbständig zu verarbeiten. Die Lösungen sind am Ende des Buches angegeben.

Ziel des Buches ist es, dem Leser die Vorteile einer systematischen Netzwerkberechnung deutlich zu machen. Es soll jedoch nicht nur der mathematische Umgang mit Zeitfunktionen, linearen und nichtlinearen Netzwerkelementen und den Netzwerkgleichungen geübt werden, sondern es sollen auch die entstehenden physikalischen Vorgänge in einem Netzwerk dahinter erkennbar gemacht werden, um nicht das systematische Verfahren als eine rein mathematische Spielerei erscheinen zu lassen.

Danken möchte ich meinen Mitarbeitern und Studenten, die durch Hilfe und unterstützende Kritik dazu beigetragen haben, daß die 2. Auflage gegenüber der 1. Auflage wesentlich verbessert werden konnte. Auch dem Verlag sei gedankt, daß er diese Neuauflage vorbereitet hat.

Berlin, im November 1984

Dietrich Naunin

INHALTSVERZEICHNIS

1. Periodische und Aperiodische Signale

Zur Darstellung und Berechnung des Verhaltens von Netzwerken im Zeitbereich gehört die Kenntnis der mathematischen Beschreibungsform der in Netzwerken auftretenden Signale. Am Eingang, am Ausgang und innerhalb eines Netzwerks treten Zeitfunktionen der jeweils betrachteten Größen auf, die periodisch oder aperiodisch sind oder aus einer Überlagerung dieser beiden Formen bestehen. Dieses Kapitel gibt die mathematischen Definitionen der am häufigsten auftretenden Signale wieder und beschreibt ihre Anwendung auf zusammengesetzte Signalfunktionen.

1.1 Periodische Signale

Ein Signal, das sich periodisch wiederholt, ist durch die Definition $f(t+nT) = f(t)$ gekennzeichnet, in der T die Zeit einer Periode und n eine ganze Zahl ist (Bild 1.1).

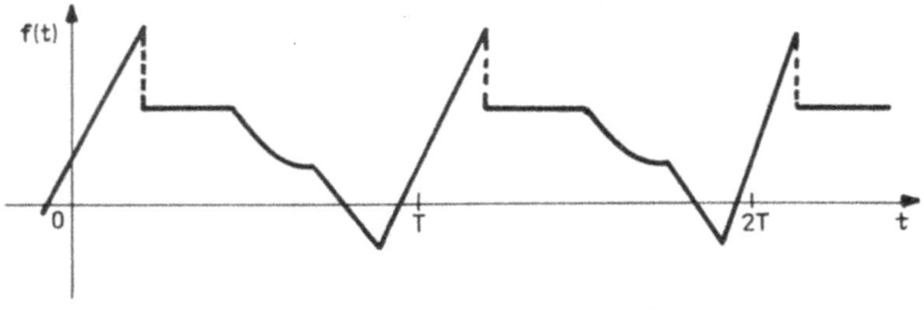

Bild 1.1 Periodische Funktion

Am bekanntesten ist das sinusförmige Signal. Nichtsinusförmige Signale werden gewöhnlich durch eine Fourier-Reihe dargestellt, die darauf beruht, daß - unter Beachtung einiger Voraussetzungen - jede periodische, nichtsinusförmige Funktion durch Sinusfunktionen mit unterschiedlichen Amplituden, Frequenzen und Phasenwinkeln in Form einer Reihe beliebig gut angenähert werden kann.

1.1.1 Sinusförmige Signale, Zeiger

Sinusförmige Signale werden durch eine Sinus- oder Kosinusfunktion beschrieben:

$$f(t) = \sqrt{2}\,A \sin(\omega t + \varphi) = \sqrt{2}\,A \cos(\omega t + \varphi - \tfrac{\pi}{2}). \qquad (1.1)$$

Darin ist $\sqrt{2}\,A$ die Amplitude oder der Scheitelwert, $\omega = 2\pi/T = 2\pi f$ die Kreisfrequenz (mit der Dimension 1/s) und φ der Phasenwinkel. Bild 1.2 zeigt, daß φ vom positiven Nulldurchgang bei t_o (Nulldurchgang mit positiver Steigung der Funktion) zur t=0 -Achse gezählt wird und dadurch vorzeichenbehaftet ist. Es gilt bei t_o: $\omega t_o + \varphi = 0 \rightarrow \varphi = -\omega t_o$.

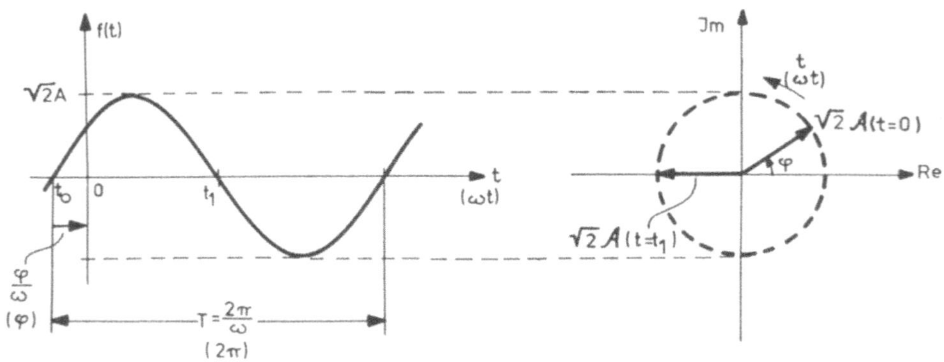

$$f(t) = \sqrt{2}\,A \sin(\omega t + \varphi) \qquad \mathcal{A}(t) = A\, e^{j\omega t} e^{j\varphi}$$

$$f(t) = \mathrm{Im}\left\{\sqrt{2}\,\mathcal{A}(t)\right\}$$

Bild 1.2 Sinusfunktion und Zeigerbildung

Aus den Grundlagen der Elektrotechnik ist bekannt, daß bei der Berechnung von Spannungen und Strömen in Wechselstromnetzwerken die komplexe Zeigerrechnung benutzt wird. In ihr werden Sinusfunktionen durch komplexe Zeiger dargestellt. Bild 1.2 verdeutlicht den Zusammenhang. Die Sinusfunktion im linken Teil des Bildes kann als die Projektion einer komplexen Größe $\sqrt{2}\,\mathcal{A}$, die mit der Geschwindigkeit ω um den Koordinatenursprung der komplexen Ebene rotiert, auf die Imaginärachse aufgefaßt werden. Der Absolutwert der komplexen Größe beträgt $\sqrt{2}\,A$, die Winkellage in der komplexen Ebene wird mit $e^{j\omega t}e^{j\varphi}$ beschrieben. Nach der Eulerschen Formel

$$e^{j\alpha} = \cos\alpha + j\sin\alpha \tag{1.2}$$

können cos α und sin α auf folgende Weise ausgedrückt werden:

$$\begin{aligned} \cos\alpha &= \frac{1}{2}(e^{+j\alpha} + e^{-j\alpha}) = \mathrm{Re}\left\{e^{j\alpha}\right\}, \\ \sin\alpha &= \frac{1}{2j}(e^{+j\alpha} - e^{-j\alpha}) = \mathrm{Im}\left\{e^{j\alpha}\right\}. \end{aligned} \tag{1.3}$$

Nach Gl. (1.3) ist deshalb der in Bild 1.2 angegebene Zusammenhang zwischen der Sinusfunktion f(t) und der komplexen Größe $\sqrt{2}\,\mathcal{A}(t)$ auch mathematisch eindeutig ableitbar.

Betrachtet man mehrere Sinusfunktionen, die gegeneinander phasenverschoben sind, sieht man leicht ein, daß alle mit ihnen korrespondierenden komplexen Größen mit der gleichen Geschwindigkeit rotieren und zueinander jeweils den Phasenverschiebungswinkel einschließen. Aufgrund der gemeinsamen Kreisfrequenz ω haben deshalb die komplexen Größen zu jedem Zeitpunkt die gleiche relative Lage zueinander. Beim Rechnen mit den komplexen Größen sind deshalb nur noch die absoluten Größen und die Winkellagen zueinander wichtig. Diese Tatsache nutzt man in der komplexen Zeigerrechnung dadurch aus, daß man den Anteil $A\,e^{j\varphi}$ in der komplexen Größe $\sqrt{2}\,\mathcal{A}$ als Zeiger, genauer als Effektivwertzeiger, bezeichnet. Da es einfacher ist, komplexe Zeiger miteinander zu addieren oder zu subtrahieren, als bei den Sinusfunktionen mit den Sinus-/Kosinus-Additionstheoremen zu rechnen, hat sich der Zeiger für die Darstellung von gleichfrequenten Sinusfunktionen durchgesetzt; Addition und Subtraktion sind häufige Rechenoperationen bei der Anwendung der Kirchhoffschen Gesetze auf Wechselstromnetzwerke. Man kann dies als eine Art Transformation von reellen Zahlen in den komplexen Bereich auffassen. Transformationen werden immer zur Erleichterung von Rechenoperationen vorgenommen.

1.1.2 Nichtsinusförmige Signale, Fourier-Reihe

Eine nichtsinusförmige periodische Funktion kann, wie schon erwähnt, durch sinusförmige Funktionen angenähert beschrieben werden. Dies geschieht durch eine trigonometrische Reihe, die sogenannte *Fourier-Reihe*, die der französische Mathematiker Fourier eingeführt hat. Er fand, daß jede Funktion f(t) mit der Periode T unter den folgenden drei Voraussetzungen

1. f(t) ist beschränkt,
2. f(t) hat höchstens endlich viele Maxima und Minima in einem endlichen Intervall,
3. f(t) hat höchstens endlich viele Diskontinuitäten (Sprünge) in einem endlichen Intervall,

durch eine Grundschwingung (1. Harmonische mit $\omega = 2\pi/T$) und durch Oberschwingungen (2., 3.,... Harmonische mit 2ω, 3ω,...) in folgender Form dargestellt werden kann:

$$f(t) = \frac{a_o}{2} + \sum_{n=1}^{\infty} (a_n \cos n\omega t + b_n \sin n\omega t). \qquad (1.4)$$

Darin sind $a_o/2$ der arithmetische Mittelwert von f(t) und a_n bzw. b_n die Amplituden der Harmonischen, die durch Lösung der bestimmten Integrale

$$a_n = \frac{2}{T} \int_{-T/2}^{+T/2} f(t) \cos n\omega t \, dt \qquad (a_o = a_n \text{ für } n = 0) \qquad (1.5a)$$

$$b_n = \frac{2}{T} \int_{-T/2}^{+T/2} f(t) \sin n\omega t \, dt \qquad (1.5b)$$

berechnet werden. Der Beweis für Gl.(1.5) ist leicht durch Einsetzen von Gl.(1.4) in Gl.(1.5) zu erbringen oder in Mathematik-Fachbüchern nachzulesen.

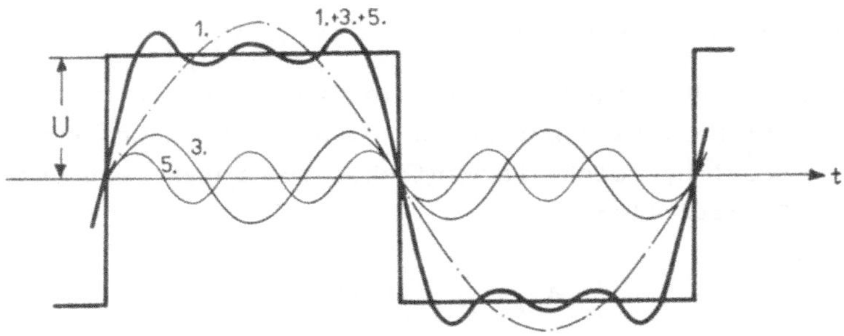

Bild 1.3 1., 3. und 5. Harmonische einer Rechteckfunktion

Bild 1.3 gibt anschaulich wieder, wie eine Rechteckfunktion aus sinusförmigen Funktionen, d.h. aus einer Grundschwingung und ihren Oberschwingungen, von denen hier nur die 3. und 5. Harmonische gezeichnet wurden, angenähert werden kann. Die Näherung ist umso genauer, je mehr Harmonische, die in diesem Falle aus Symmetriegründen nur ungeradzahlig sind, eingezeichnet werden. Ob in diesem Fall nur Kosinus-, nur Sinusfunktionen oder beide Funktionen auftreten, hängt von der Lage des t=0 - Punktes auf der t-Achse ab. Liegt er z.B. am Beginn der positiven Halbwelle, ist sofort einzusehen und auch aus Gl.(1.5) berechenbar, daß nur Sinusfunktionen vorhanden sind. Es ist

$$a_n = 0, \qquad b_n = \frac{4}{\pi n} U, \quad n = 1, 3, 5, \ldots \qquad (1.6)$$

Liegt jedoch der t=0 - Punkt in der Mitte der positiven Halbwelle, sind nur Kosinusfunktionen vorhanden, und es gilt

$$a_n = \frac{4}{\pi n} U \sin n\frac{\pi}{2}, \quad n = 1, 3, 5, \ldots, \qquad b_n = 0 \qquad (1.7)$$

Negative Vorzeichen treten in den Gln.(1.6) und (1.7) auf, wenn die entsprechenden Zeitpunkte bei der negativen Halbwelle gewählt sind. Bei allen anderen Lagen des t=O - Punktes treten Kosinus- und Sinusfunktionen auf, da dann jede Harmonische in ihren Kosinus- und Sinusanteil aufgespalten wird. In manchen Fällen kann ein Anteil wegfallen. Z.B. treten die durch 3 teilbaren Harmonischen nur als Sinusfunktionen auf, wenn der t=O - Punkt bei T/3 bzw. 2T/3 liegt; alle anderen Harmonischen enthalten jedoch beide Anteile.

Aufgrund dieser Überlegungen, die die Symmetrie der Funktionen in Betracht ziehen, kann man schon vor der Berechnung von a_n und b_n feststellen, welche Harmonischen auftreten. Man unterscheidet 4 Sonderfälle:

1. $f(-t) = f(t)$ $\qquad a_n = \frac{4}{T}\int_0^{T/2} f(t) \cos n\omega t \, dt, \quad b_n = 0,$

2. $f(-t) = -f(t)$ $\qquad a_n = 0, \quad b_n = \frac{4}{T}\int_0^{T/2} f(t) \sin n\omega t \, dt,$

3. $f(t+T/2) = f(t)$ $\qquad$ n nur geradzahlig,
4. $f(t+T/2) = -f(t)$ $\qquad$ n nur ungeradzahlig.

Bild 1.4 gibt Beispiele für diese Sonderfälle wieder.

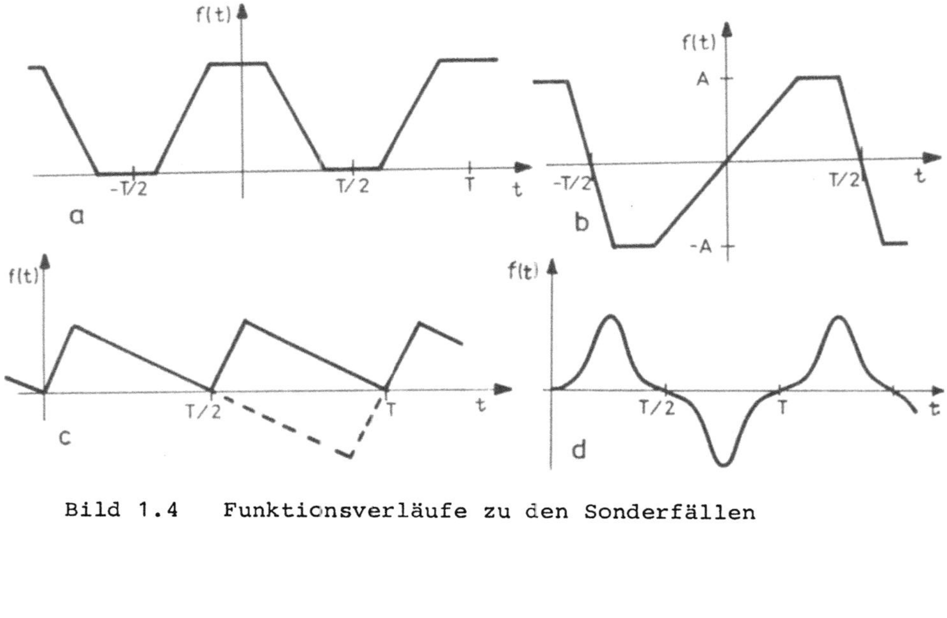

Bild 1.4 Funktionsverläufe zu den Sonderfällen

Auf Funktion a ist Fall 1 anwendbar; es wird deutlich, daß auch $a_o \neq 0$ ist. Für Fall 2 ist Funktion b ein Beispiel. Nur geradzahlige Harmonische treten im Beispiel c auf. Ist der Verlauf der Funktion in der zweiten Halbwelle so, wie durch die Strichelung angedeutet, gibt es gerad- und ungeradzahlige Harmonische. Dem Leser sei es überlassen, zu überlegen, welche Fälle auf Funktion d anwendbar sind. Nur soviel sei verraten, daß es gleichzeitig 2 sind. Funktion d sollte dem Elektrotechniker bekannt sein. Diese Form könnte z.B. der Stromverlauf in einer Drosselspule mit nichtlinearer Magnetisierungskennlinie haben, wenn an ihr eine sinusförmige Spannung anliegt, die den Fluß weit in die Sättigung treibt.

Neben der Aufstellung der Fourier-Reihe mit Kosinus- und Sinusfunktionen ist es auch üblich, die *Fourier-Sinus-Reihe* zu bilden, in der nur Sinusfunktionen vorkommen und in deren Argument dann ein Phasenwinkel auftritt, der die Verschiebung des positiven Nulldurchgangs gegenüber dem t=0 - Punkt angibt. Sie lautet:

$$f(t) = c_o + \sum_{n=1}^{\infty} c_n \sin(n\omega t + \varphi_n) \qquad (1.8)$$

mit

$$c_o = \frac{a_o}{2}, \quad c_n = \sqrt{a_n^2 + b_n^2}, \quad \varphi_n = \begin{cases} \arcsin a_n/c_n & (a_n \neq 0) \\ \arccos b_n/c_n & (b_n \neq 0) \end{cases}.$$

Die Amplituden c_n und die Phasenwinkel φ_n sind aufgrund des Additionstheorems

$$c_n \sin(n\omega t + \varphi_n) = c_n \sin\varphi_n \cos n\omega t + c_n \cos\varphi_n \sin n\omega t$$

und den daraus entnommenen Beziehungen

$$a_n = c_n \sin\varphi_n, \quad b_n = c_n \cos\varphi_n$$

sofort ableitbar. Zu beachten ist, daß φ_o nicht existiert.

Diese Darstellungsweise hat den Vorteil, daß man die Amplituden und Phasenwinkel der Harmonischen einer Funktion in Form eines *Amplituden- und Phasenspektrums* aufzeichnen kann. Dabei werden die Amplituden und Phasenwinkel über der Ordnung der Harmonischen aufgetragen, wie es Bild 1.5 für eine Rechteckfunktion zeigt. Da bei der eingezeichneten Lage des t=0 - Punktes nur Sinusfunktionen auftreten, ist $\varphi_n = 0$. Bei einer anderen Lage tritt in den meisten Fällen ein Winkel $\varphi_n \neq 0$ auf; c_n bleibt jedoch unverändert.

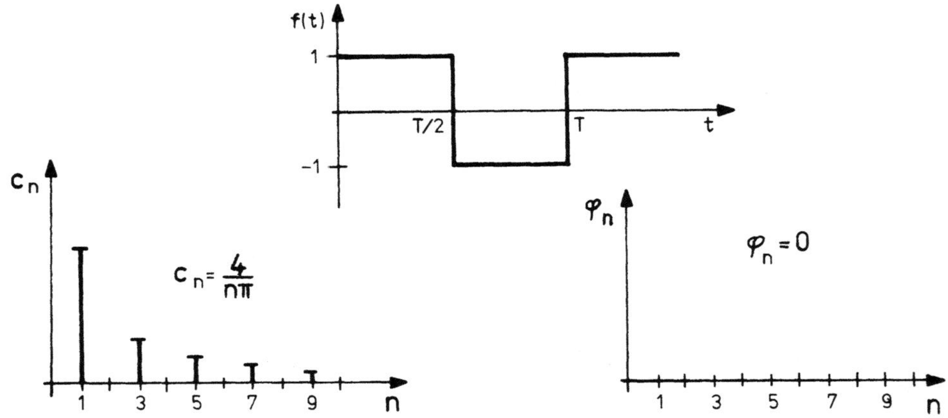

Bild 1.5 Amplituden- und Phasenspektrum einer Rechteckkurve mit der Amplitude 1

1.1.3 Beispiel für eine Fourier-Analyse

Als Beispiel für die Berechnung der Fourier-Koeffizienten a_n und b_n soll die in Bild 1.6 aufgezeichnete Trapezfunktion herangezogen werden. Aus der Form der Funktion und der Lage der t=0 - Achse ist sofort zu erkennen, daß nur Kosinusfunktionen mit a_n auftreten können, da Symmetrie zur t=0 - Achse herrscht. Auf diese Kurve trifft demnach Sonderfall 1 zu. Ebenfalls ist Sonderfall 4 anwendbar. Das bedeutet, daß nur ungeradzahlige Harmonische vorhanden sind. Ein arithmetischer Mittelwert tritt nicht auf. a_n ist damit in folgender Weise berechenbar:

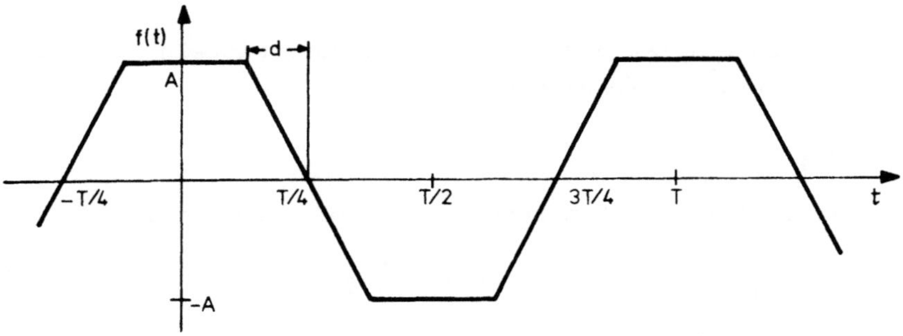

Bild 1.6 Trapezfunktion

$$a_n = \frac{2}{T}\int_{-T/2}^{+T/2} f(t)\cos n\omega t\,dt$$

$$= \frac{4}{T}\int_{0}^{+T/2} f(t)\cos n\omega t\,dt$$

$$= \frac{8}{T}\int_{0}^{+T/4} f(t)\cos n\omega t\,dt. \qquad (1.9)$$

Die Reduzierung der Integralgrenzen konnte aufgrund der Symmetrieeigenschaften der beiden miteinander multiplizierten Funktionen unter dem Integral vorgenommen werden. Bei näherem Hinsehen wird dies sofort einleuchten.

Zur Berechnung von Gl.(1.9) muß noch der Verlauf von f(t) während der ersten Viertelperiode mathematisch formuliert werden. Er wird in zwei Bereiche unterteilt. Im ersten Bereich gilt:

$$f(t) = A = \text{const} \quad \text{für} \quad 0 \leqq t \leqq \frac{T}{4} - d. \qquad (1.10)$$

Im zweiten Bereich ist für f(t) eine lineare Funktion mit der Form

$$f(t) = a - b\,t.$$

Das Steigungsmaß b ist

$$b = \frac{A}{d}.$$

Der Anfangswert a ist aus der Tatsache zu ermitteln, daß bei T/4 die Funktion verschwindet:

$$a = b\,\frac{T}{4}.$$

Damit hat f(t) im zweiten Bereich die folgende Form:

$$f(t) = \frac{A}{d}\left(\frac{T}{4} - t\right) \quad \text{für} \quad \frac{T}{4} - d \leqq t \leqq \frac{T}{4}. \qquad (1.11)$$

Die Lösung des Integrals von Gl.(1.9), das aufgrund der zwei Bereiche von f(t) in zwei Integrale aufgespalten werden muß, birgt keine besonderen Schwierigkeiten in sich und wird dem Leser als Übung empfohlen. Als Ergebnis erhält man:

$$a_n = \frac{4A}{\pi n^2 \omega d} \cos n\omega\left(\frac{T}{4} - d\right) = \frac{4A}{\pi n} \frac{\sin n\omega d}{n\omega d} \sin n\frac{\pi}{2} \qquad (1.12)$$

mit n = 1, 3, 5, 7,....

Die Fourier-Reihe der Trapezfunktion lautet damit:

$$f(t) = \frac{4A}{\pi\omega d}\left(\sin \omega d \cos \omega t - \frac{1}{9} \sin 3\omega d \cos 3\omega t + \frac{1}{25} \sin 5\omega d \cos 5\omega t -+\ldots\right). \qquad (1.13)$$

Zwei Sonderfälle, die aus dieser Gleichung abgeleitet werden können, sollen kurz angedeutet werden:

die Dreiecksfunktion mit d = T/4 und

die schon behandelte Rechteckfunktion mit d = O.

Für die Dreiecksfunktion ergibt sich nach Einsetzen von d = T/4 in Gl.(1.13) das Amplituden- und Phasenspektrum von Bild 1.7.

Für die Rechteckfunktion erhält man nach einem Grenzübergang $d \to 0$, bei dem die Regel von Bernoulli-l'Hospital in Gl.(1.12) angewendet werden muß, das schon in Bild 1.5 aufgezeichnete Amplitudenspektrum. Das Phasenspektrum enthält abwechselnd $\pm\frac{\pi}{2}$ - Werte bei n = 1, 3, 5,...

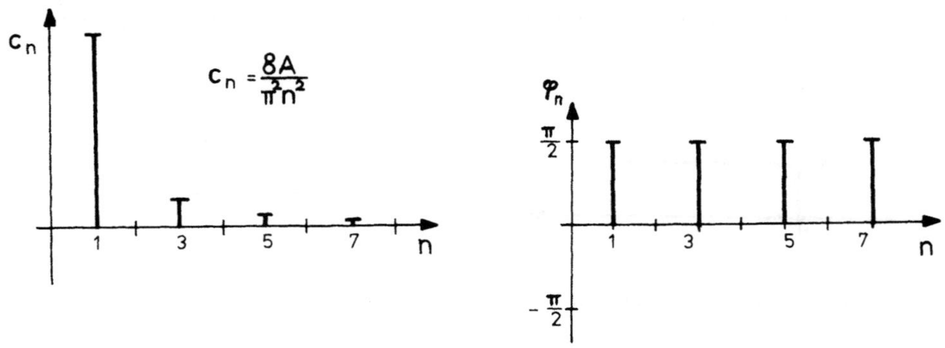

Bild 1.7 Amplituden- und Phasenspektrum einer Dreiecksfunktion

1.2 Aperiodische Signale

Die am häufigsten auftretenden aperiodischen Signalfunktionen, die besonders in der Regelungstechnik als Testfunktionen große Bedeutung haben, sind die *Sprung-, Rampen- und Impulsfunktion*. Viele andere Funktionen können als Überlagerung dieser Funktionen aufgefaßt werden.

1.2.1 Sprung-, Rampen- und Impulsfunktion

Für die *Sprungfunktion*, auch *Einheitssprungfunktion* genannt, gilt die in Gl.(1.14) angegebene Definition; ihren Verlauf zeigt Bild 1.8. Sie wird meistens mit einem besonderen Buchstaben, hier dem griechischen σ, gekennzeichnet. Zu beachten ist die hier gewählte Definition der Sprungfunktion bei $t = 0$, die in anderen Büchern verschieden angegeben sein kann. Sie beruht auf unterschiedlichen Vorstellungen bei der theoretischen Behandlung von Systemen mit Energiespeichern bzw. des

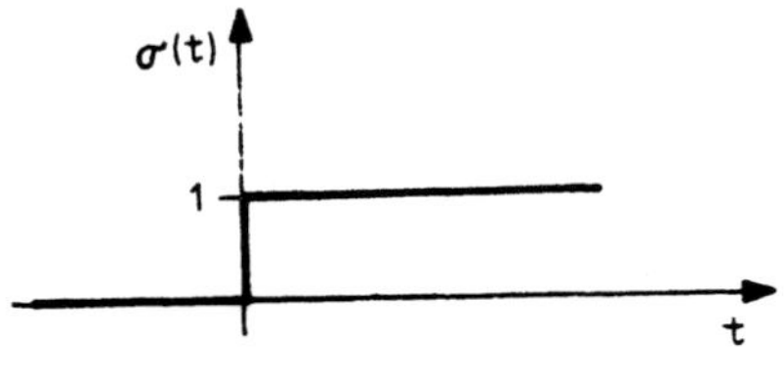

$$\sigma(t) = \begin{cases} 0 & \text{für } t \leq 0 \\ 1 & \text{für } t > 0. \end{cases} \tag{1.14}$$

Bild 1.8 Sprungfunktion

Zusammenhangs von $\sigma(t)$ mit anderen Funktionen. (Hinweis für schon mit der Impulsfunktion und der Laplace-Transformation vertraute Leser: Hier wurde die Beziehung $\mathcal{L}\{d\sigma(t)/dt\} = \mathcal{L}\{\delta(t)\}$ als Kriterium gewählt, bei der der Anfangswert bei $t = 0$ entscheidend ist.)

Eine *verschobene Sprungfunktion* ist wie folgt definiert:

$$\sigma(t-t_o) = \begin{cases} 0 & \text{für } t \leq t_o \\ 1 & \text{für } t > t_o. \end{cases} \tag{1.15}$$

Den Verlauf und die Definition der *Rampenfunktion* gibt Bild 1.9 wieder. Eine *verschobene Rampenfunktion* ist analog zu Gl. (1.15) definierbar.

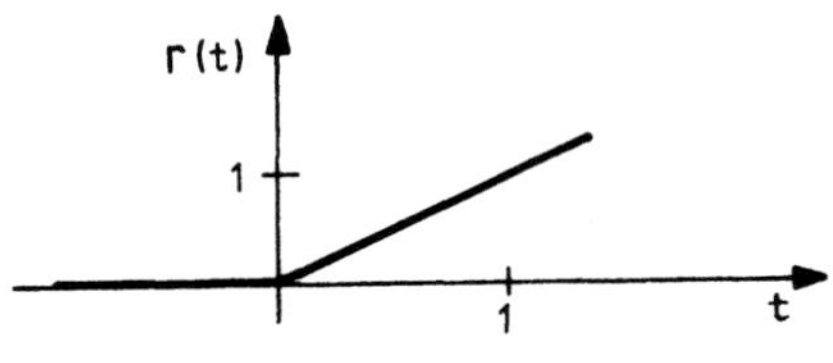

$$r(t) = \begin{cases} 0 & \text{für } t \leq 0 \\ t & \text{für } t > 0. \end{cases} \tag{1.16}$$

Bild 1.9 Rampenfunktion

Der Zusammenhang zwischen Rampen- und Sprungfunktion ist aus Gl. (1.17) ersichtlich. Die Rampenfunktion ist das Integral der Sprungfunktion:

$$r(t) = \int_{-\infty}^{t} \sigma(\tau)\, d\tau = t\,\sigma(t) \quad \text{bzw.} \quad \sigma(t) = \frac{dr(t)}{dt}. \tag{1.17}$$

Ein endlich langer *Puls* kann in einer *Pulsfunktion* als die Überlagerung zweier, zeitlich um die Pulslänge verschobener Sprungfunktionen aufgefaßt werden. Ist τ die Länge des Pulses, wird die Pulsfunktion, genauer die *Einheitspulsfunktion*, nach Gl. (1.18) definiert:

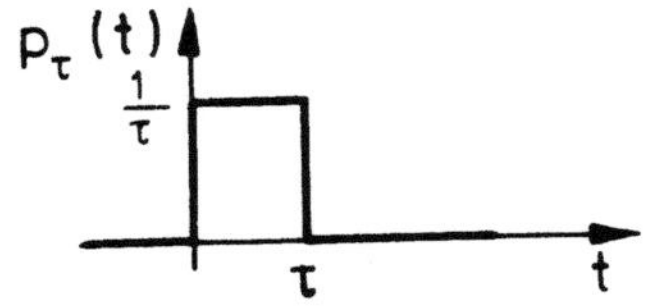

$$p_\tau(t) = \frac{1}{\tau}(\sigma(t) - \sigma(t-\tau)),$$
$$\int_{-\infty}^{+\infty} p_\tau(t)\, dt = \frac{1}{\tau}\int_0^\tau dt = 1. \qquad (1.18)$$

Bild 1.10 Pulsfunktion

Ein *Impuls* ist ein Puls mit verschwindend kurzer Dauer, jedoch ins Unendliche gehender Amplitude. Man erhält ihn aus Gl. (1.18) für $\tau \to 0$. Die *Impulsfunktion* , auch *Einheitsimpulsfunktion* oder *Deltafunktion* oder *Dirac-Stoßfunktion* genannt, ist deshalb als Grenzwert der Pulsfunktion ableitbar:

$$\delta(t) = \lim_{\tau \to 0} p_\tau(t).$$

Sie hat ein eigenes Symbol (Bild 1.11) und ist wie folgt definiert:

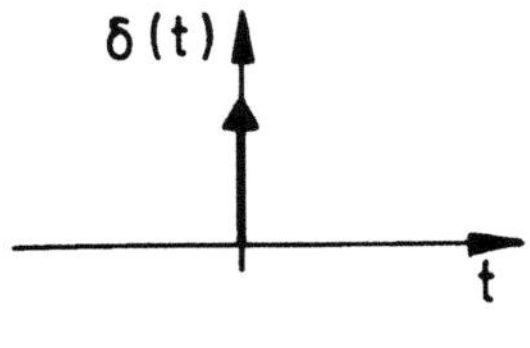

$$\delta(t) = \begin{cases} 0 & \text{für } t \neq 0 \\ \infty & \text{für } t = 0 \end{cases}$$
$$\int_{-\infty}^{+\infty} \delta(t)\, dt = 1. \qquad (1.19)$$

Bild 1.11 Impulsfunktion

Eine *verschobene Impulsfunktion* ist analog zu Gl. (1.15) definierbar. Der Zusammenhang zwischen Impulsfunktion und Sprungfunktion ist dadurch gegeben, daß $\delta(t)$ als die erste Ableitung von $\sigma(t)$ aufgefaßt werden kann:

$$\delta(t) = \frac{d\sigma(t)}{dt}. \qquad (1.20)$$

Die Funktionen $\sigma(t)$, $r(t)$ und $\delta(t)$ stellen die am häufigsten benutzten aperiodischen Elementarfunktionen dar. Durch weitere Differentiation oder Integration können weitere Elementarfunktionen, wie der *Doppelimpuls* oder die *Parabelfunktion*, abgeleitet werden. Man kann dies in einer Reihe darstellen:

$$\ldots \quad \delta^2(t) \quad \delta(t) \quad \sigma(t) \quad r(t) \quad r^2(t) \quad \ldots$$

Die jeweils nebeneinander stehenden Funktionen gehen durch Integration bzw. Differentiation auseinander hervor.

1.2.2 Zusammengesetzte aperiodische Signale

Durch Überlagerung der im vorangegangenen Abschnitt definierten Elementarfunktionen können fast alle aperiodischen Funktionen mathematisch beschrieben werden. Die Pulsfunktion als schon behandeltes Beispiel zeigt den Weg dazu. Weitere Beispiele führen die Bilder 1.12 und 1.13 an.

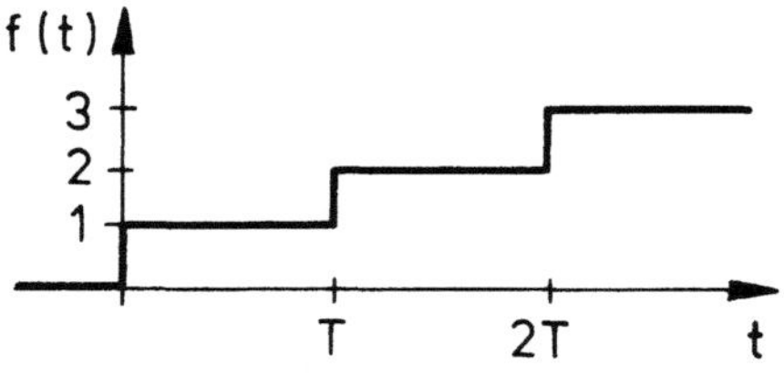

$$f(t) = \sigma(t) + \sigma(t-T) + \sigma(t-2T).$$

Bild 1.12 Treppenfunktion

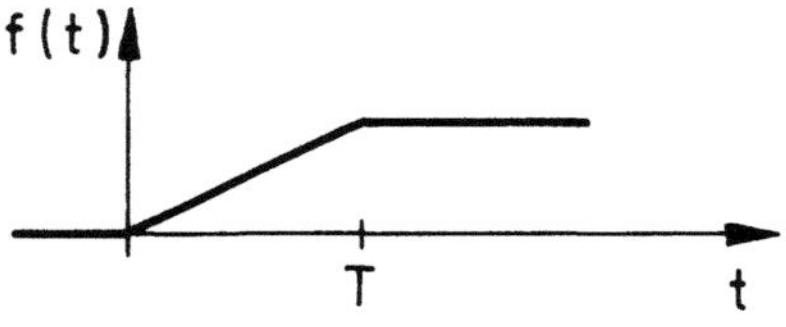

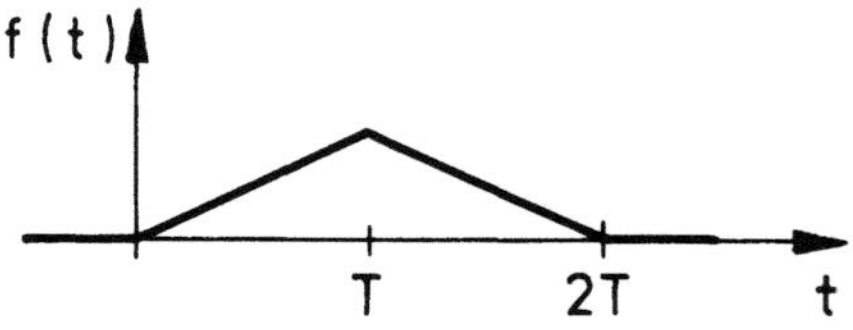

$f(t) = r(t) - r(t-T)$

Dreieckpuls:
$f(t) = r(t) - 2\,r(t-T) + r(t-2T).$

Bild 1.13 Zusammengesetzte Signale

1.3 Übungsaufgaben

1. Berechnen Sie die Fourierkoeffizienten von $i(t) = \hat{i}|\sin 2\pi t/T|$.

2. Berechnen Sie das Amplituden- und Phasenspektrum der skizzierten Sägezahnfunktion.

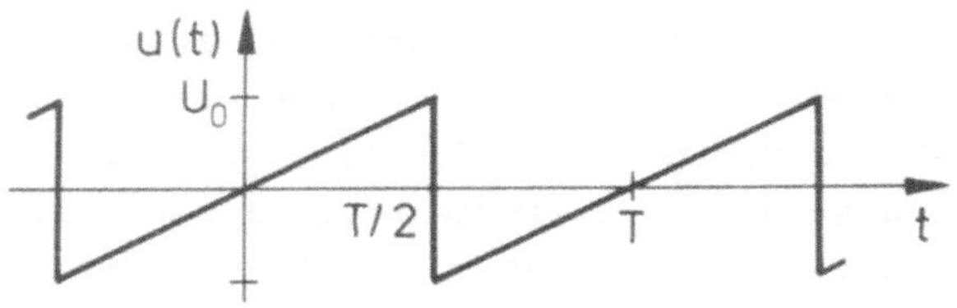

3. Berechnen Sie die Fourierkoeffizienten der aufgezeichneten Pulsfolge. Leiten Sie daraus die Koeffizienten für den Fall $b = T/2$ ab.

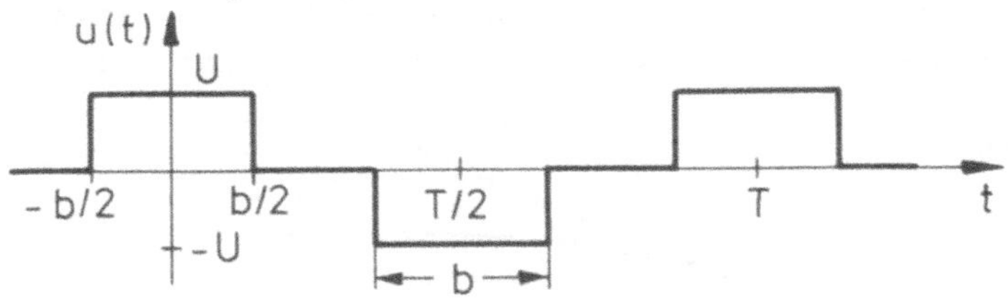

4. Die unten links aufgezeichnete Funktion ist analytisch und graphisch als Überlagerung von Sprung- und Rampenfunktionen darzustellen.

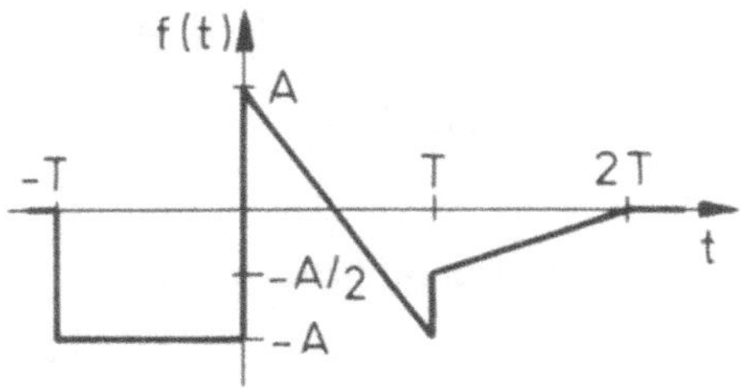

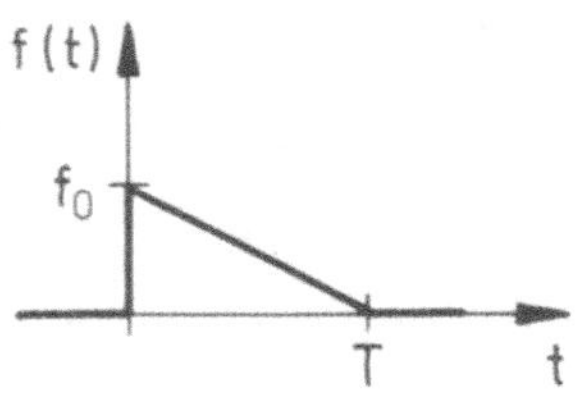

5. Skizzieren Sie die folgenden Funktionen, wenn f(t) wie oben rechts gezeichnet vorgegeben ist: $g_1(t) = f(t-T)$, $g_2(t) = f(T+t)$, $g_3(t) = f(T+2t)$, $g_4(t) = -\frac{1}{2} f(+t-T)$.

2. NETZWERKELEMENTE

Zur Berechnung eines Netzwerkes ist es notwendig, die Kennlinien der einzelnen Netzwerkelemente einschließlich ihrer mathematischen Beschreibung zu kennen. Netzwerkelemente können lineares, nichtlineares, zeitinvariantes und zeitvariantes Verhalten haben. In diesem Kapitel werden die Spannungs- und Stromquellen als aktive Zweipole und die Widerstände, Kondensatoren und Spulen als passive Zweipole beschrieben: bei den letzteren wird vor allem der Einfluß von Nichtlinearitäten behandelt (s. auch |3||7|). Ein kurzer Abschnitt wird auch den Vierpolen wie dem Transformator und dem Transistor gewidmet, allerdings nur bei linearem Übertragungsverhalten.

Eine Bemerkung zur Linearität, Nichtlinearität, Zeitinvarianz und Zeitvarianz von Netzwerkelementen wird vorangestellt.

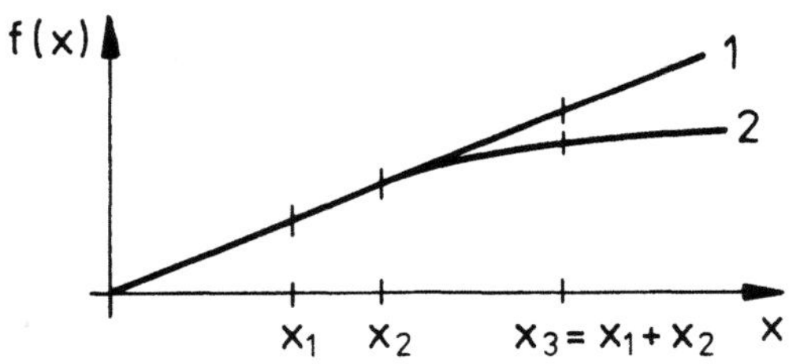

Bild 2.1 Lineare (1) und nichtlineare (2) Kennlinie

Linear ist ein Element, für dessen Kennlinie gilt:

$$c\, f(x_1 + x_2) = f(cx_1) + f(cx_2). \tag{2.1}$$

c ist ein konstanter Faktor. Bei Nichtlinearität gilt:

$$c\, f(x_1 + x_2) \neq f(cx_1) + f(cx_2). \tag{2.2}$$

Anhand von Bild 2.1 kann sich der Leser leicht selbst diese Definitionen verdeutlichen.

Diese Definitionen haben für Netzwerke folgende Bedeutung: Hat ein Netzwerk nur lineare Elemente, können die Einflüsse einzelner Eingangsgrößen überlagert (superponiert) werden; bei nichtlinearen Elementen gilt das Überlagerungsprinzip nicht mehr.

Die Zeitinvarianz bzw. Zeitvarianz bezieht sich auf Elemente, deren Kennwerte zeitunabhängig bzw. zeitabhängig sind. Zeitvariante Kennwerte können z.B. aufgrund von Wärme oder mechanischen Veränderungen entstehen.

Das Rechnen mit linearen, zeitinvarianten Netzwerkelementen wird im folgenden als bekannt vorausgesetzt.

2.1 Widerstand

Der Widerstandswert eines elektrischen Widerstandes ist im allgemeinen Fall vom durchfließenden Strom und von der Zeit abhängig. Für die Beziehung zwischen Spannung und Strom am Widerstand gilt dann folgende Gleichung:

$$u(t) = R(i,t)\, i(t) \tag{2.3}$$

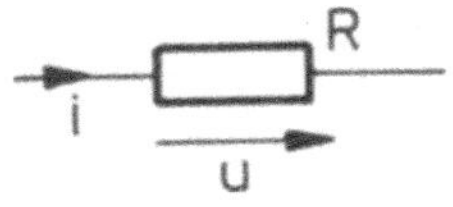

Bild 2.2 Widerstand

Ist R eine Funktion von i, ist R nichtlinear. Bei $R = f(t)$ ist R zeitvariant.

Gl.(2.3) stellt *nicht* das Ohmsche Gesetz dar. Das *Ohmsche Gesetz* ist nur für lineare, zeitinvariante Widerstände definiert, d.h. für Widerstände mit $R = \text{const} \neq f(i,t)$; an ihnen sind Spannung und Strom einander proportional. Solche Widerstände werden als *Ohmsche Widerstände* bezeichnet.

2.1.1 Linearer Widerstand

Das Ohmsche Gesetz stellt eine Geradengleichung dar. Der lineare, zeitinvariante Widerstandswert R repräsentiert die Steigung der u-i-Kennlinie des Widerstandes, wie Bild 2.3 zeigt.

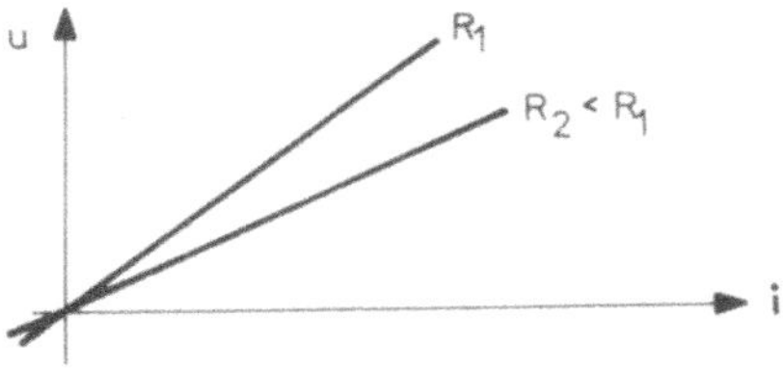

Bild 2.3 u-i-Kennlinien von Ohmschen Widerständen

Ein linearer, aber zeitvarianter Widerstand kann z.B. dadurch entstehen, daß Teile eines Widerstandes nach einer Schaltfunktion s(t) ab- und wieder zugeschaltet werden, wie in Bild 2.4a angedeutet ist. In Bild 2.4b ist gezeigt, wie sich ein zeitlich veränderlicher Widerstand durch die zeitabhängige Verschiebung eines Potentiometerschleifers ergeben kann.

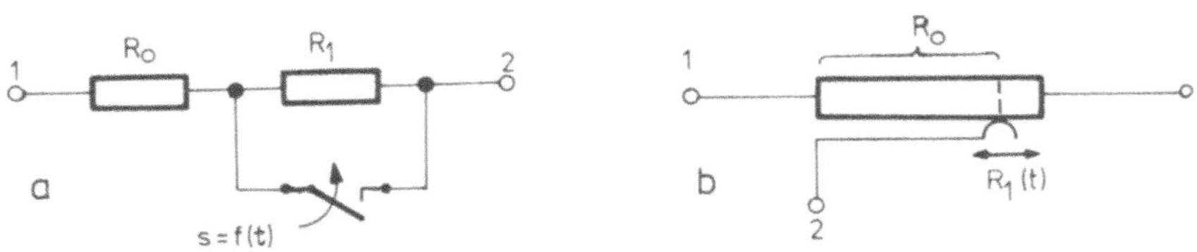

Bild 2.4 Zeitvariante Widerstände

Es soll hier als Berechnungsbeispiel eine Schaltung nach Bild 2.4b untersucht werden. Gegeben sind R(t) und i(t), die Spannung u(t) am Widerstand ist gesucht:

$$R(t) = R_o + R_1 \sin \omega_R t,$$

$$i(t) = \hat{i} \sin \omega_o t.$$

Nach Einsetzen dieser Zeitfunktionen in Gl.(2.3) ergibt sich unter Beachtung der trigonometrischen Additionstheoreme:

$$u(t) = R_o\hat{i} \sin \omega_o t + R_1\frac{\hat{i}}{2}(\cos(\omega_o-\omega_R)t - \cos(\omega_o+\omega_R)t). \quad (2.4)$$

Gl.(2.4) ist zu entnehmen, daß statt der zwei vorher vorhandenen Frequenzen ω_o und ω_R nun drei entstanden sind: ω_o, $\omega_o-\omega_R$ und $\omega_o+\omega_R$. Dies ist immer dann der Fall, wenn Schwingungen mit verschiedenen Frequenzen miteinander multipliziert werden. In der Nachrichtenübertragung (z.B. in der Trägerfrequenztechnik) bildet diese 'Modulation' genannte Technik eine wichtige Arbeitsgrundlage, wobei jedoch die Produktbildung technisch anders realisiert wird.

2.1.2 Nichtlinearer Widerstand

Widerstände mit nichtlinearen, zeitinvarianten Werten gibt es in der Elektrotechnik recht zahlreich. Die bekanntesten sind die Halbleiterdioden mit ihren stark unterschiedlichen Kennlinien im Durchlaß- und Sperrbereich. Die Durchlaßkennlinie ist der Kurve 1 in Bild 2.5a ähnlich. Mit entsprechend anderen Spannungs- und Stromwerten kann diese Kurve auch für einen VDR - Widerstand (Voltage-Dependent-Resistor), der als Schutz gegen Überspannungen eingesetzt wird, gelten. Kurve 2 repräsentiert die u-i-Kennlinie eines Lichtbogens; Kurve 3 ähnelt der Kennlinie einer Glimmröhre oder stellt, wenn man die u- und i-Achsen vertauscht, die i-u-Kennlinie einer Tunneldiode dar.

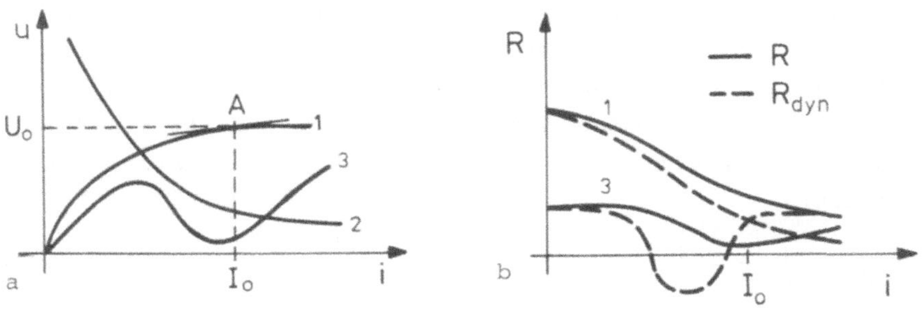

Bild 2.5 Nichtlineare Widerstandskennlinien

Setzt man in Schaltungen nichtlineare Widerstände ein, treten im wesentlichen drei verschiedene Verhaltensweisen auf, die je nach den vorgegebenen Zeitfunktionen der Spannungen oder Ströme mathematisch unterschiedlich behandelt werden:

1. Gleichstromverhalten:
Ist ein Gleichstrom oder eine Gleichspannung vorgegeben, ermittelt man das *Gleichstromverhalten* des Widerstandes.
Es wird sich ein fester Arbeitspunkt auf der Kennlinie einstellen. Der Quotient aus Spannung und Strom im Arbeitspunkt wird *Gleichstromwiderstand* genannt. Für Kurve 1 in Bild 2.5a lautet er z.B. im Arbeitspunkt A:

$$R = \frac{U_o}{I_o}. \qquad (2.5a)$$

R ist von i abhängig, wie für Kurve 1 und 3 in Bild 2.5b dargestellt ist.

2. Kleinsignalverhalten:
Ist ein Gleichstrom bzw. eine Gleichspannung vorgegeben und sind diesen Gleichgrößen Wechselgrößen überlagert, deren Amplituden klein gegenüber den Gleichgrößen sind, spricht man vom *Kleinsignalverhalten*. Es stellt sich ein durch die Gleichgrößen vorgegebener Arbeitspunkt ein. Aufgrund der Wechselgrößen wandert jedoch der jeweilige Zustandspunkt auf der Kennlinie um den Arbeitspunkt herum. Bei kleinen Auslenkungen um den Arbeitspunkt kann man in den meisten Fällen annehmen, daß die Kurve in erster Näherung in dem betrachteten Bereich linear ist und deshalb mit genügender Genauigkeit durch die Tangente im Arbeitspunkt ersetzt werden kann (Bild 2.5). Man bezeichnet dies als Linearisierung der Kennlinie um den Arbeitspunkt. Die Steigung der Tangente gibt das zwischen Wechselspannung und Wechselstrom herrschende Verhältnis wieder und ist ein Widerstandswert. Dieser wird als *differentieller Widerstand* bezeichnet:

$$R_{diff}\Big|_{I_o} = \frac{du}{di}\Big|_{I_o} = \frac{\Delta u}{\Delta i}\Big|_{I_o}. \qquad (2.5b)$$

R_{diff} ist ebenfalls von i abhängig und kann je nach Krümmung der Kennlinie stark unterschiedliche Werte haben. Bild 2.5b zeigt, daß R_{diff} - im Gegensatz zum Gleichstromwiderstand - auch negative Werte haben kann.

Da beim Kleinsignalverhalten linearisiert wird, d. h. es werden keine höheren Ableitungen der Kurve berücksichtigt, kann das Gleich- und das Wechselstromverhalten überlagert werden. Bei vorgegebenem Strom $i = I_o + \hat{\imath} \sin \omega t$ mit $\hat{\imath} \ll I_o$ ergibt sich dann an einem nichtlinearen Widerstand eine Spannung von

$$u = U_o + \hat{u} \sin \omega t = R\, I_o + R_{diff}\, \hat{\imath} \sin \omega t, \tag{2.6}$$

d. h. es sind jeweils in Strom und Spannung eine Gleich- und eine Wechselkomponente vorhanden. Ein Zahlenbeispiel für dieses Verhalten wird in Abschnitt 2.3.2 in Verbindung mit einem Kondensator behandelt.

3. Großsignalverhalten:
Wenn die Amplituden der Wechselgrößen nicht mehr klein gegenüber den Ruhewerten des Arbeitspunktes sind, spricht man vom *Großsignalverhalten*. Die Nichtlinearität der Kennlinien kann dann nicht mehr vernachlässigt werden. Lösungsmöglichkeiten ergeben sich durch Ermittlung einer Funktion für die Kennlinie oder - bei besonders komplizierten Kennlinien - durch eine graphische Lösung. Beide Methoden werden in Abschnitt 2.4.2 bei der Behandlung der nichtlinearen Magnetisierungskennlinie einer Eisendrossel diskutiert.

Diese drei Fälle gelten nur für zeit*in*variante Widerstände bzw. analog auch für andere Netzwerkelemente. Ist ein nichtlinearer Widerstand noch zusätzlich zeitvariant, muß die zeitliche Veränderung einbezogen werden. Dies wird durch Anwendung des vollständigen (totalen) Differentials auf Gl.(2.3) erreicht, das die Änderungen von u in Abhängigkeit vom vorgegebenen i und R berücksichtigt. Da jedoch R von i *und* t abhängig ist, muß das totale Differential zweimal angewendet werden:

$$\begin{aligned} du &= R\, di + i\, dR, \\ &= R\, di + i\left(\frac{\partial R}{\partial i} di + \frac{\partial R}{\partial t}\, dt\right), \\ &= \left(R + i\, \frac{\partial R}{\partial i}\right) di + i\, \frac{\partial R}{\partial t}\, dt, \\ &= \frac{\partial u}{\partial i}\, di + i\, \frac{\partial R}{\partial t}\, dt \quad = R_{diff}\, di + i\, \frac{\partial R}{\partial t}\, dt. \end{aligned} \tag{2.7}$$

Gl.(2.7) erfaßt den allgemeinen Fall, daß an einem vom Strom i durchflossenen Widerstand, der vom Strom und von der Zeit abhängig ist, zur Gleichspannung des Arbeitspunktes noch andere Komponenten hinzukommen, wie bisher an Einzelbeispielen schon erläutert wurde. Der allgemeine Fall kommt in der Praxis kaum vor , wenn man von den Temperaturänderungen der Widerstandswerte in nichtlinearen Bauelementen, die im Vergleich zu den elektrischen Vorgängen jedoch meistens sehr langsam vor sich gehen, absieht.

Gl.(2.5) gilt für den Fall, daß der Stromverlauf vorgegeben ist. Bei Vorgabe der Spannung kann eine völlig gleichartige Berechnung des Stromes mit den Abhängigkeiten des elektrischen Leitwertes von u und t vorgenommen werden.

2.2 Spannungs- und Stromquellen

Ersatzbilder von Spannungs- und Stromquellen sowohl für Gleichgrößen als auch für Wechselgrößen können viele Elemente enthalten. Zur Vereinfachung soll im folgenden angenommen werden, daß sie nur jeweils aus einer idealen Quelle und einem Ohmschen Widerstand, Innenwiderstand genannt, der - mit I^2 multipliziert - die Verluste in der Quelle repräsentieren soll, bestehen.

2.2.1 Spannungsquelle

Bild 2.6 gibt das Ersatzbild einer Spannungsquelle und das u-i-Diagramm für die Klemmenspannung u in Abhängigkeit von dem der Quelle entnommenen Strom i wieder. u_o ist die Spannung der idealen Spannungsquelle und gleichzeitig die Leerlaufspannung, R_i der Innenwiderstand. Die Gleichung für die Kennlinie ist eine Geradengleichung und lautet:

$$u = u_o - R_i i. \tag{2.8}$$

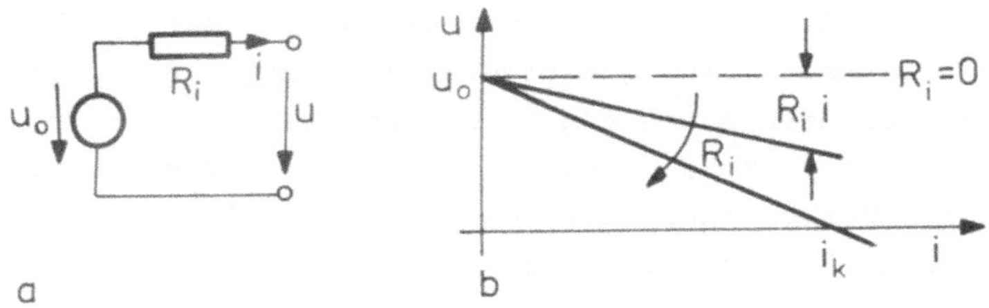

Bild 2.6 Ersatzbild einer Spannungsquelle und das zugehörige u-i-Diagramm

Die Neigung der Geraden nimmt mit steigenden R_i-Werten zu. Eine Konstantspannungsquelle wäre bei $R_i = 0$ gegeben.

2.2.2 Stromquelle

Bei einer Stromquelle liegen ideale Stromquelle, die den Strom i_o liefert, und Innenwiderstand parallel zueinander, wie Bild 2.7a zeigt.

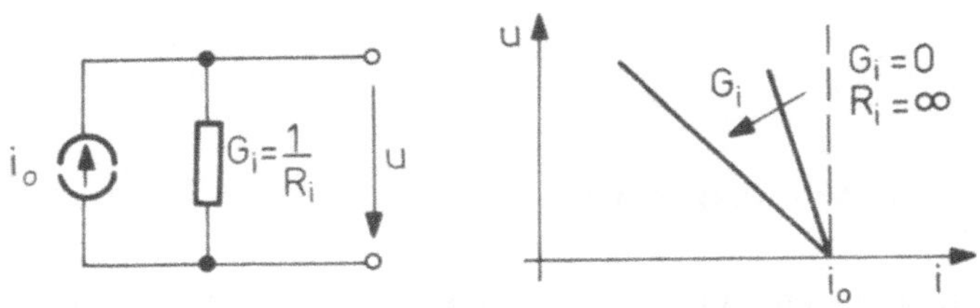

Bild 2.7 Ersatzbild einer Stromquelle

Die Geradengleichung für den Ausgangsstrom lautet hier:

$$i = i_o - \frac{u}{R_i} = i_o - G_i u. \qquad (2.9)$$

Für $R_i = \infty$ ergibt sich eine Konstantstromquelle, deren Ausgangsspannung sich aus dem Produkt aus Quellenstrom und Lastwiderstand ergibt.

Bei der Bestimmung des Ersatzbildes einer realen Quelle ist es grundsätzlich gleichgültig, ob man die Spannungs- oder Stromquelle wählt. Beide sind gleichwertig; es mag nur in einigen Fällen bei der Berechnung von Netzwerken günstiger sein, die eine oder andere Form zu wählen. Aufgrund der Gleichwertigkeit müssen beide Formen ineinander überführbar sein. Vergleicht man die Gln. (2.8) und (2.9), erhält man aus

$$u = u_o - R_i\, i = R_i\, i_o - R_i\, i$$

die Beziehungen

$$u_o = R_i\, i_o, \qquad i_o = \frac{u_o}{R_i} = i_k. \qquad (2.10)$$

Aus ihnen ergibt sich, daß der ideale Quellenstrom identisch ist mit dem Kurzschlußstrom der Spannungsquelle. Dieser Zusammenhang führt dazu, daß man bei der Bestimmung des Ersatzbildes einer Quelle von den drei Größen Leerlaufspannung, Kurzschlußstrom und Innenwiderstand nur zwei zu messen oder zu berechnen braucht, da die dritte Größe aus ihnen ermittelt werden kann.

2.2.3 Stabile Arbeitspunkte

Bei der Zusammenschaltung von Quellen und Verbrauchern sind die Arbeitspunkte durch die Punkte gegeben, an denen sich die u-i-Kennlinien von Quelle und Verbraucher schneiden (Bild 2.8). Man unterscheidet stabile und instabile Arbeitspunkte.

Sind eine Verbraucherkennlinie nach Kurve 1 und eine Quellenkennlinie nach Kurve 2 vorgegeben, ergibt eine Untersuchung des Arbeitspunktes A_1 auf Stabilität folgendes: Erhöht sich der Verbraucherstrom aus irgendeinem Grund etwas über i_1 hinaus, muß sich gemäß dem Kennlinienverlauf zunächst auch die

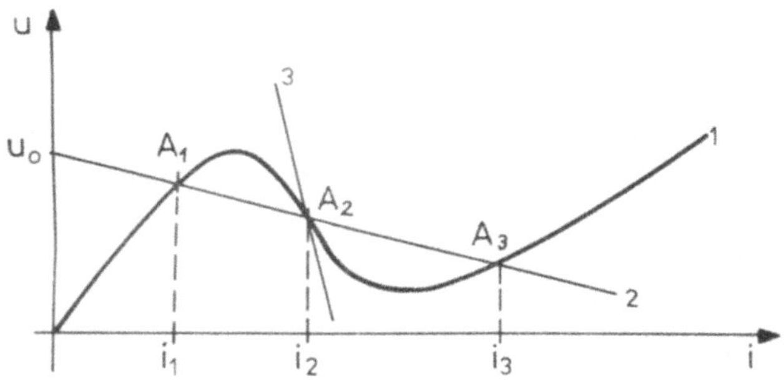

Bild 2.8 Stabile und instabile Arbeitspunkte
Kurve 1: Verbraucherkennlinie
Kurve 2 und 3: Quellenkennlinien

Verbraucherspannung erhöhen. Die Quelle stellt jedoch keine höhere Spannung zur Verfügung. Der Strom wird deshalb wieder kleiner. Es wird jedoch nicht kleiner als i_1 werden, da dann die Quellenspannung größer als die Verbraucherspannung wäre und den Strom wieder ansteigen ließe. Damit ist A_1 ein *stabiler* Arbeitspunkt. Die gleichen Überlegungen gelten für A_3, so daß A_3 ebenfalls ein stabiler Arbeitspunkt ist. Befindet sich die Schaltung im Arbeitspunkt A_2 und erhöht sich i etwas, wird die positive Differenz $U_{Quelle} - U_{Verbraucher}$ den Strom weiter erhöhen, bis der stabile Zustand bei A_3 erreicht ist. Bei Verringerung von i würde die Schaltung dem Arbeitspunkt A_1 zustreben. A_2 ist damit ein *instabiler* Arbeitspunkt. Man kann ihn für diese Verbraucherkennlinie nur dann zu einem stabilen Arbeitspunkt machen, wenn man eine Quellenkennlinie nach Kurve 3 hat, die man durch Erhöhung der idealen Quellenspannung und des Innenwiderstandes (gegebenenfalls durch einen Vorwiderstand) erreicht.

Das Kriterium für einen stabilen Arbeitspunkt kann deshalb wie folgt definiert werden:

$$\left.\frac{du}{di}\right|_{Quelle} < \left.\frac{du}{di}\right|_{Verbraucher} . \qquad (2.11)$$

Ein instabiles Verhalten von Schaltungen ist im allgemeinen unerwünscht. Es wird nur z. B. beim Bau von Oszillatoren genutzt.

2.3 Kondensator

Die *Kapazität* eines Kondensators ist im allgemeinen Fall eine Funktion der anliegenden Spannung u und der Zeit t. Der Zusammenhang zwischen Ladung und Spannung ist gegeben durch

$$q(t) = C(u,t)\ u(t). \tag{2.12}$$

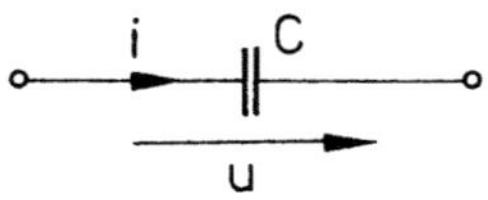

Bild 2.9 Kondensator

Der Strom durch den Kondensator kann durch Differentiation von q nach der Zeit unter Benutzung des vollständigen Differentials von q berechnet werden:

$$i(t) = \frac{dq(t)}{dt} = C\,\frac{du}{dt} + u\,\frac{dC}{dt}. \tag{2.13}$$

Dadurch daß im allgemeinen Fall C von t und u abhängig ist, muß - analog zum Vorgehen beim Widerstand - auch für dC/dt das vollständige Differential eingesetzt werden. Es entsteht dann die folgende Gleichung für den Strom:

$$\begin{aligned} i(t) &= \frac{dq(t)}{dt} = C\,\frac{du}{dt} + u\left(\frac{\partial C}{\partial t} + \frac{\partial C}{\partial u}\,\frac{du}{dt}\right) \\ &= \left(C + u\,\frac{\partial C}{\partial u}\right)\frac{du}{dt} + u\,\frac{\partial C}{\partial t} \\ &= \frac{\partial q}{\partial u}\,\frac{du}{dt} + u\,\frac{\partial C}{\partial t} \qquad = C_{diff}\,\frac{du}{dt} + u\,\frac{\partial C}{\partial t}. \end{aligned} \tag{2.14}$$

Analog zum Widerstand gilt auch für den allgemeinen Fall beim Kondensator, daß der Kondensatorstrom Komponenten enthält, die einesteils durch die nichtlineare Kennlinie und anderenteils durch die Zeitabhängigkeit des Kondensators bestimmt wird. Es gibt allerdings keine Gleichstromkomponente. Die folgenden Abschnitte behandeln die auftretenden Fälle im einzelnen.

In Bild 2.10 ist versucht worden, die in Gl.(2.14) auftretenden

Ableitungen von C im dreidimensionalen C-u-t-Diagramm etwas zu veranschaulichen.

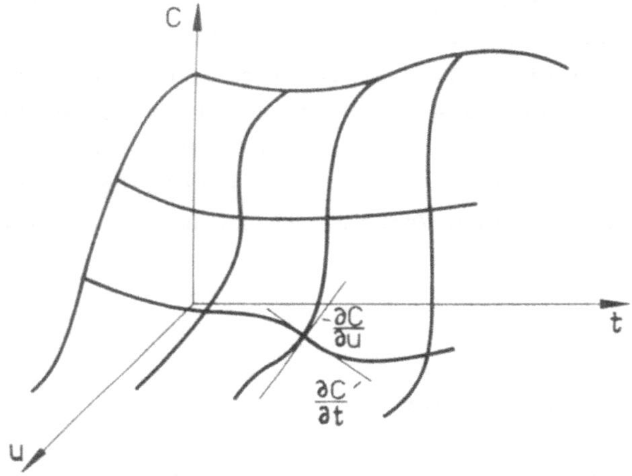

Bild 2.10 Zu Gl.(2.14)

2.3.1 Lineare Kapazität

Ist eine Kapazität linear und zeitinvariant, vereinfacht sich die Gl.(2.14) wegen $\partial C/\partial u = \partial C/\partial t = 0$ zu der bekannten Beziehung, aus der der Kondensatorstrom bei vorgegebener Spannung berechnet werden kann:

$$i(t) = C\,\frac{du(t)}{dt}. \tag{2.15}$$

Ist umgekehrt der Stromverlauf vorgegeben, wird die Kondensatorspannung durch Integration bestimmt:

$$u(t) = u(0) + \frac{1}{C}\int_0^t i(\tau)\,d\tau. \tag{2.16}$$

Ist C linear, aber eine Funktion der Zeit, gilt Gl.(2.13).

Analog zu dem beim zeitvarianten Widerstand in Abschnitt 2.1.1 behandelten Beispiel entstehen wieder Schwingungen mit den Summen- und Differenzfrequenzen, wenn z.B. der Kondensator seine Kapazität sinusförmig ändert und eine sinusförmige Spannung an ihm anliegt. Ein Kondensator mit zeitlich veränderbarer Kapazität kann beispielsweise mit Hilfe eines Drehkondensators verwirklicht werden, dessen Platten durch Drehbewegungen der Achse verstellt werden. Eine weitere Anwendung liegt bei parametrischen Verstärkern in der Mikrowellentechnik.

2.3.2 Nichtlineare Kapazität

Als Beispiel für eine nichtlineare Kapazität wird die Kennlinie einer aus Halbleiterschichten aufgebauten Kapazitätsdiode, die in einigen Verstärkerschaltungen der Mikrowellentechnik eingesetzt wird, in Bild 2.11 eingeführt.

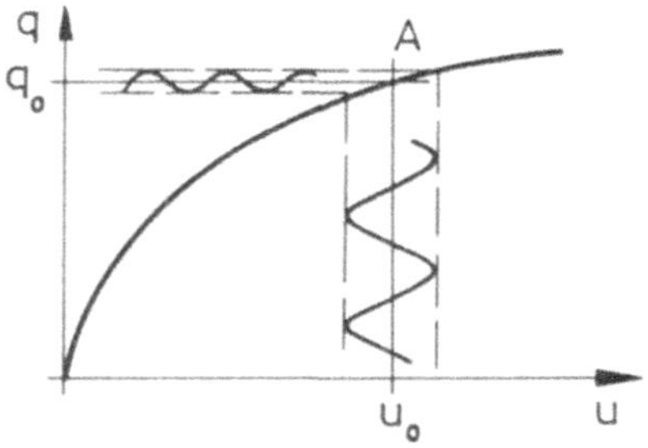

Bild 2.11 Kennlinie einer Kapazitätsdiode

Analog zur Behandlung des nichtlinearen Widerstandes werden auch hier für jeden Arbeitspunkt A zwei Kapazitäten unterschieden:

die *Gleichspannungskapazität* (meistens wird sie nur *Kapazität* genannt):

$$C = \frac{q_o}{u_o} \tag{2.17}$$

und die *differentielle Kapazität*:

$$C_{diff} = \left.\frac{dq}{du}\right|_{u_o} = C + u_o \left.\frac{\partial C}{\partial u}\right|_{u_o} = \left.\frac{\Delta q}{\Delta u}\right|_{u_o} . \qquad (2.18)$$

Beide Werte können je nach der Arbeitspunktlage auf der Kennlinie sehr unterschiedliche Werte haben. Eine Arbeitspunktverschiebung kann durch eine Veränderung der Vorspannung an einer Kapazitätsdiode z.B. dazu führen, daß ein Schwingkreis, in den diese Diode eingebaut ist, eine andere Resonanzfrequenz erhält.

Um dies zu verdeutlichen, werden die Kapazitätswerte und die Ströme bei kleiner Aussteuerung in zwei Arbeitspunkten einer Kapazitätsdiode berechnet. Die Kennlinie der Kapazitätsdiode sei durch die folgende Gleichung gegeben:

$$q = 10^2(1 - e^{-u/10V}) \text{ pAs.} \qquad (2.19)$$

Aus dieser Gleichung ergeben sich mit den Gln.(2.17) und (2.18) folgende Kapazitätswerte:

bei $u_o = 1$ V : $C = 10$ pF, $C_{diff} = 9$ pF,

bei $u_o = 10$ V : $C = 6{,}3$ pF, $C_{diff} = 3{,}7$ pF.

Die differentiellen Kapazitäten unterscheiden sich um mehr als den Faktor 2. Dies trifft auch auf die Ströme zu, die bei gleicher Aussteuerung fließen. Ist die Spannung mit

$$u = u_o + 0{,}1 \text{ V} \cos \omega t, \qquad \omega = 10^9 \text{ s}^{-1}$$

vorgegeben, gilt nach Gl.(2.14) mit $i = C_{diff}\, \hat{u}\, \omega(-\sin \omega t)$

bei $u_o = 1$ V : $i = -0{,}9$ mA $\sin \omega t$,

bei $u_o = 10$ V : $i = -0{,}37$ mA $\sin \omega t$.

Eine Gleichkomponente tritt im Strom nicht mehr auf.

Ein Großsignalverhalten bei Kondensatoren mit nichtlinearer Kapazität tritt praktisch nicht auf, so daß hier auf ein Berechnungsbeispiel verzichtet werden kann. Abschnitt 2.4.2 wird ein für Induktivitäten typisches Beispiel behandeln. Auch die Zeitvarianz von nichtlinearen Kondensatoren ist ohne praktische Bedeutung.

2.4 Spule

Die *Induktivität* einer Spule, genauer als *Selbstinduktivität* bezeichnet, ist, vor allem wenn ein Eisenkern vorhanden ist, eine Funktion des durch die Spule fließenden Stromes. Weiterhin kann sie eine Funktion der Zeit sein. Im allgemeinen Fall gilt für den Zusammenhang zwischen verkettetem Fluß Ψ und dem Strom i:

$$\Psi(t) = L(i,t)\; i(t). \tag{2.20}$$

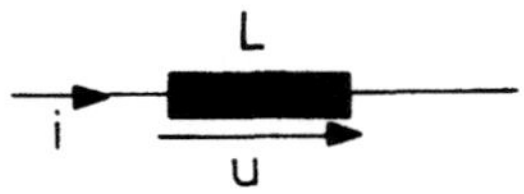

Bild 2.12 Spule

Für den Zusammenhang von Spannung und Strom gilt nach dem Induktionsgesetz:

$$\begin{aligned} u(t) &= \frac{d\Psi(t)}{dt} = L\,\frac{di}{dt} + i\left(\frac{\partial L}{\partial t} + \frac{\partial L}{\partial i}\,\frac{di}{dt}\right) \\ &= \left(L + i\,\frac{\partial L}{\partial i}\right)\frac{di}{dt} + i\,\frac{\partial L}{\partial t} \\ &= \frac{\partial \Psi}{\partial i}\,\frac{di}{dt} + i\,\frac{\partial L}{\partial t} \qquad = L_{diff}\,\frac{di}{dt} + i\,\frac{\partial L}{\partial t}. \end{aligned} \tag{2.21}$$

Gl.(2.21) wurde mit Gl.(2.20) in gleicher Weise wie Gl.(2.14) für den Fall einer nichtlinearen zeitvarianten Kapazität abgeleitet. Es gelten die gleichen Betrachtungen zu den auftretenden Komponenten, nur daß Spannungen und Ströme vertauscht sind. Es treten hier keine Gleichspannungen aufgrund von Gleichströmen auf. Bild 2.10 könnte auch analog die Ableitungen verdeutlichen.

2.4.1 Lineare Induktivität

Für eine lineare zeitinvariante Induktivität mit $\partial L/\partial i = \partial L/\partial t = 0$

gilt der aus Gl.(2.21) ableitbare, bekannte Ausdruck für die Spannung bei vorgegebenem Strom:

$$u = L\,\frac{di(t)}{dt}. \tag{2.22}$$

Ist dagegen die Spannung vorgegeben, läßt sich der Strom mit folgendem Integralausdruck berechnen:

$$i(t) = i(0) + \frac{1}{L}\int_0^t u(\tau)\,d\tau. \tag{2.23}$$

Berechnungsbeispiele sind aus den Grundlagen der Elektrotechnik her bekannt.

Für die zeitvariante lineare Induktivität gilt analog zu Gl. (2.13) die Beziehung

$$u(t) = \frac{d\Psi(t)}{dt} = L\,\frac{di}{dt} + i\,\frac{dL}{dt}. \tag{2.24}$$

Bei sinusförmigen Veränderungen von i und L werden Spannungen mit den Differenzfrequenzen zwischen den Eingangsfrequenzen auftreten, wie schon im Abschnitt 2.1.1 bei sinusförmig veränderlichen Widerständen gezeigt wurde.
In der Praxis treten zeitlich veränderliche Induktivitäten z.B. beim Betrieb einer Synchronmaschine mit Schenkelpolläufer auf (Bild 2.13). Von der Ständerwicklung aus gesehen verändert

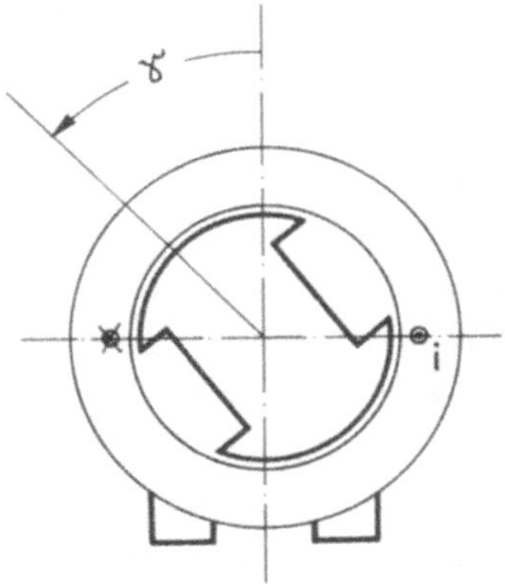

Bild 2.13 Synchronmaschine mit Schenkelpolläufer

sich aufgrund der Rotationsunsymmetrie des Läufers, die durch die Pole und die Pollücken entsteht, die Induktivität der Ständerwicklung periodisch mit den Läuferumdrehungen. Bei der konstruktiven Gestaltung des Läufers strebt man eine sinusförmige Veränderung der Induktivität nach folgender Gleichung an:

$$L = L_o + L_1 \cos 2\gamma . \qquad (2.25)$$

L_1 ist je nach Läuferausführung unterschiedlich groß: bei Wasserkraftgeneratoren beträgt L_1 etwa 20 % von L_o, bei Turbogeneratoren sind es unter 5 %.

Nimmt man im Ständer eine einzelne Spule an, die vom Strom i durchflossen wird (Bild 2.13), ergibt sich für die induzierte Spannung nach Gl.(2.24) mit Gl.(2.25):

$$u = L \frac{di}{dt} - i\, 2\omega\, L_1 \sin 2\gamma \qquad \text{mit } \gamma = \omega t. \qquad (2.26)$$

Darin ist $\omega = d\gamma/dt$ die Winkelgeschwindigkeit des Läufers.

Fließt durch die Spule ein sinusförmiger Strom, z.B. $i = \hat{i} \cos(\omega t + \varphi)$, erhält man für den Spannungsverlauf folgende Gleichung:

$$\begin{aligned} u &= - \omega L_o\, \hat{i} \sin(\omega t + \varphi) - \omega L_1\, \hat{i} \sin(\omega t + \varphi) \cos 2\omega t \\ &\quad - 2\omega L_1\, \hat{i} \cos(\omega t + \varphi) \sin 2\omega t \\ &= - \omega L_o\, \hat{i} \sin(\omega t + \varphi) - \tfrac{1}{2}\omega L_1\, \hat{i} \sin(\omega t - \varphi) \\ &\quad - \tfrac{3}{2}\omega L_1\, \hat{i} \sin(3\omega t + \varphi) . \end{aligned} \qquad (2.27)$$

Im Spannungsverlauf tritt demnach bei sinusförmigem Strom eine dritte Harmonische auf. Diese Tatsache wird vielleicht manchen Leser erstaunen, der zwar das Verhalten der Synchronmaschine kennt, jedoch nichts vom Auftreten einer dritten Harmonischen weiß. In der Tat hat er recht, allerdings nur, wenn er an eine dreiphasige Synchronmaschine denkt; bei ihr fallen die dritten Harmonischen durch die Verkettung der drei Wicklungen weg. In einer einphasigen Maschine tritt sie jedoch auf.

2.4.2 Nichtlineare Induktivität

Das in der Elektrotechnik bekannteste Bauelement mit einer nichtlinearen Kennlinie ist die Eisendrossel, eine Spule mit Eisenkern, bei der aufgrund der magnetischen Sättigungserscheinungen im Eisen die in weiten Bereichen nichtlineare sogenannte Magnetisierungskennlinie auftritt. Diese Kennlinie ist nur in einigen Fällen erwünscht, z.B. bei Magnetverstärkern, in den meisten Fällen jedoch nicht, wie z.B. in Transformatoren und elektrischen Maschinen.

Für das Kleinsignalverhalten einer nichtlinearen Induktivität in einem Arbeitspunkt können, analog zu den für den Widerstand und die Kapazität geltenden Gleichungen, folgende Beziehungen abgeleitet werden:

Gleichstrominduktivität (meistens nur Induktivität genannt):

$$L = \frac{\Psi_o}{i_o}. \tag{2.28}$$

Differentielle Induktivität:

$$L_{diff} = \left.\frac{d\Psi}{di}\right|_{i_o} = L + i_o \left.\frac{\partial L}{\partial i}\right|_{i_o} = \left.\frac{\Delta\Psi}{\Delta i}\right|_{i_o}. \tag{2.29}$$

Ein Berechnungsbeispiel für das Kleinsignalverhalten ist in Abschnitt 2.3.2 gegeben worden. Die dort benutzte Berechnungsart kann hier analog angewendet werden.

Bei der nichtlinearen Induktivität ist das Großsignalverhalten der am häufigsten auftretende Betriebsfall. Dabei ist in der Regel der Nullpunkt der Kennlinie der Arbeitspunkt, d.h.: es tritt keine Gleichkomponente auf. Schwierigkeiten in der Berechnung des Großsignalverhaltens bestehen im wesentlichen darin, eine geeignete Funktion $L = f(i)$ zu finden. In vielen Fällen hilft man sich damit, die Magnetisierungskennlinie stückweise zu linearisieren. Eine andere Möglichkeit besteht in der Beschreibung der Magnetisierungskennlinie durch eine hyperbolische Tangensfunktion. Sie könnte z.B. in folgender Weise formuliert werden:

$$\Psi(i) = \Psi_s \tanh(\frac{i}{i_1}). \tag{2.30}$$

Darin ist Ψ_s der Sättigungsfluß; der Strom i_1 liegt etwa am Beginn des Sättigungsbereiches. Bild 2.14a gibt den Verlauf der Kennlinie wieder.

Die Tangensfunktion stellt nur eine Annäherung dar; sie hat z.B. den Nachteil, daß tanh für hohe Argumente gegen 1 strebt, wohingegen in einer Eisendrossel der Fluß bei hohen Strömen im Sättigungsbereich weiter linear ansteigt, da sich die Eisendrossel dann wie eine Luftspule verhält. Es sind deshalb andere umfangreichere Funktionen aufgestellt worden, die diesen Nachteil aufheben. Sie sollen hier jedoch nicht behandelt werden.

Das folgende Beispiel kennzeichnet die Rechenmethoden beim Großsignalverhalten. Hierbei kann nicht mehr um einen Arbeitspunkt linearisiert werden, wie es beim Kleinsignalverhalten möglich war, sondern es muß im gesamten Arbeitsbereich die sich ändernde wirksame Induktivität

$$L_\sim = L + i\,\frac{\partial L}{\partial i} = \frac{\partial \Psi}{\partial i} \tag{2.31}$$

exakt berechnet und berücksichtigt werden. Ist Gl.(2.30) als Funktion für die Magnetisierungskennlinie vorgegeben und fließt z.B. ein Strom $i = 1{,}5\ i_1 \cos \omega t$, ergibt sich für die wirksame Induktivität

$$L_\sim = \frac{\Psi_s}{i_1 \cosh^2(\frac{i}{i_1})} = \frac{\Psi_s}{i_1 \cosh^2(1{,}5 \cos \omega t)}. \tag{2.32}$$

Diese Gleichung läßt durch die Zeitabhängigkeit des Stromes die nichtlineare Induktivität als eine zeitabhängige Induktivität erscheinen. Für die an der Spule liegende Spannung erhält man:

$$u = L_\sim \frac{di}{dt} = -\frac{1{,}5\ \Psi_s\ \omega \sin \omega t}{\cosh^2(1{,}5 \cos \omega t)}. \tag{2.33}$$

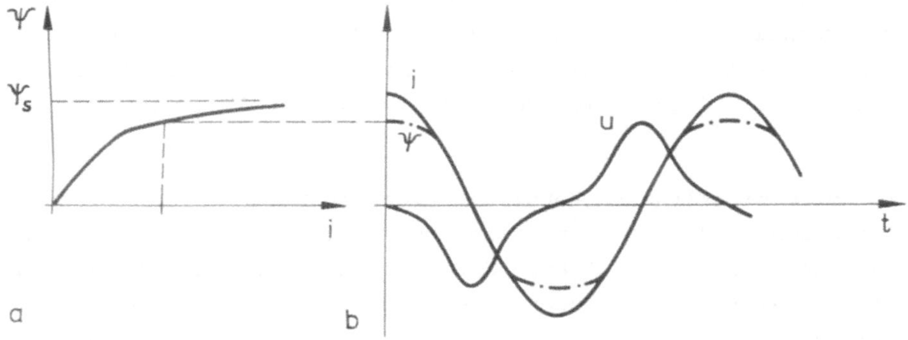

Bild 2.14   Strom- und Spannungsverlauf an einer nichtlinearen Induktivität

Bild 2.14 gibt die Magnetisierungskennlinie und den entstehenden Fluß- und Spannungsverlauf bei sinusförmig vorgegebenem Strom wieder. Der Flußverlauf hat eine etwas flach gedrückte Sinusform, während der Spannungsverlauf einer Sinusschwingung gleicht, die im Bereich der Amplitude etwas auseinandergezogen erscheint. Den Grundschwingungen sind Oberschwingungen überlagert. Der mit oberschwingungshaltigen Schwingungsformen vertraute Leser sieht aus diesem Bild sofort, daß hier nur ungeradzahlige Harmonische vorkommen und daß die 3. Harmonische besonders stark ist. Im Verlauf des Flusses ist deren Phasenlage gegenüber der Grundschwingung so geartet, daß sich beide Amplituden zum Zeitpunkt des Grundschwingungsmaximums voneinander subtrahieren. Im Falle des Spannungsverlaufs addieren sie sich jedoch zu den entsprechenden Zeitpunkten. Dies ist durch die Differentiation bedingt. Der Oberschwingungsgehalt, vor allem die Amplitude der 3. Harmonischen, nimmt stark zu, wenn der Eisenkern weiter in die Sättigung getrieben wird.
Im Fall, daß die Spannung sinusförmig vorgegeben ist, ergibt sich nach dem Induktionsgesetz ein um 90° phasenverschobener, rein sinusförmiger Flußverlauf. Wegen der Krümmung der Magnetisierungskennlinie ist der Stromverlauf verzerrt; er erhält eine ähnliche Form wie die Spannung in Bild 2.14, wie man sich

leicht durch eine punktweise graphische Konstruktion veranschaulichen kann. Eine analytische Berechnung mit der Kennlinienfunktion von Gl. (2.30) ist mit Hilfe der Umkehrfunktion (Arcusfunktion) und einer Reihenentwicklung möglich. Auch hier nimmt die 3. Stromharmonische mit steigender Sättigung stark zu.

Ist eine nichtlineare Kennlinie nicht mehr analytisch zu beschreiben, muß eine graphische Lösung gesucht werden. Die graphische Lösung von Aufgaben der hier beschriebenen Art soll an einem analytisch nur äußerst schwierig zu behandelnden Fall gezeigt werden: an einer Eisendrossel mit einer Hysterese-Charakteristik der Magnetisierungskennlinie. Bild 2.15 zeigt die stark linearisierte Hysterese-Kennlinie und das Lösungsverfahren. Um die punktweise Konstruktion, die dem Leser empfohlen sei, besser nachvollziehbar zu machen, sind der Stromverlauf dreieckförmig und die Hystereseschleife parallelogrammartig vorgegeben. Durch Pfeile ist angegeben, in welcher Richtung die Hystereseschleife durchfahren wird. Der Fluß- und der Spannungsverlauf geben den eingeschwungenen Zustand wieder, d.h. die Eisendrossel nimmt nur Zustände an, die auf der Hystereseschleife und im Sättigungsbereich liegen. Einschaltvorgänge, bei denen auch Zustände innerhalb der Hystereseschleife eingenommen werden können, sind abgeklungen. Zur Zeit $t = 0$, ist der magnetische Zustand des Kerns durch die Koordinaten $i = 0$, $\Psi = -2$ Vs bestimmt. Erst ab $i = 1$ A bei $t = 1$ ms ändert sich der Fluß proportional zum Strom, bis er bei $i = 3$ A den positiven Sättigungsast erreicht, auf dem er von $t = 3...5$ ms bleibt. Anschließend wird der obere Teil der Hystereseschleife durchfahren. An zwei Zeitpunkten $t = 1{,}5$ ms und $9{,}5$ ms ist die Konstruktion des Flußverlaufs noch einmal angedeutet. Der Spannungsverlauf entsteht aus dem Flußverlauf durch Differentiation.

In grober Näherung findet man in Bild 2.15 die in Bild 2.14 aufgezeichneten Formen wieder. Auf einen besonderen Unterschied soll hier jedoch hingewiesen werden: Zwischen den Grundschwingungen von Spannung und Strom, die man sich leicht

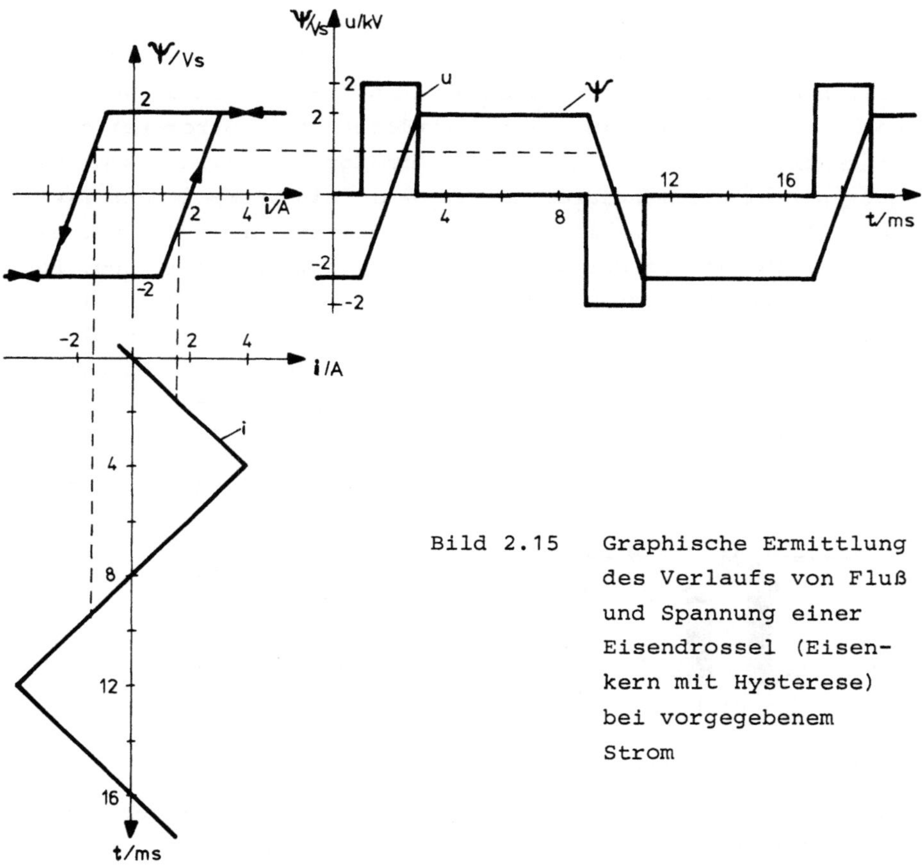

Bild 2.15 Graphische Ermittlung des Verlaufs von Fluß und Spannung einer Eisendrossel (Eisenkern mit Hysterese) bei vorgegebenem Strom

in das Bild 2.15 einzeichnen kann, besteht nicht mehr eine Phasenverschiebung von 90°, wie es sonst bei Induktivitäten der Fall ist, sondern von weniger als 90°. Im hier gezeichneten Beispiel sind es nur noch 45° ($\hat{=}$ 2 ms). Das bedeutet, daß diese Drossel auch Wirkleistung aufnimmt. Diese Leistung ist dazu notwendig, die bei jedem Umlauf der Hystereseschleife auftretende Energie zur Richtungsänderung der magnetischen Dipole im Eisen aufzubringen. Diese Energie wird bekanntlich durch die Fläche der Hystereseschleife dargestellt. Es sind die sogenannten Hystereseverluste.

2.5 Vierpole

Bisher wurden Netzwerkelemente mit einem Klemmenpaar, die allgemein als Zweipole oder auch als Eintore bezeichnet werden, behandelt. Sind in einem Netzwerkelement zwei Stromkreise miteinander gekoppelt, wie in Transformatoren und Transistoren, hat es zwei Klemmenpaare und ist damit ein Vierpol oder Zweitor. Als Beispiel soll ein Transformator mit zwei Spulen, die magnetisch miteinander gekoppelt sind, betrachtet werden. Es wird als bekannt vorausgesetzt, daß jede dieser Spulen eine *Selbstinduktivität* hat und daß zwischen beiden Spulen eine *Gegeninduktivität* besteht. Diese Induktivitäten können im allgemeinen Fall nichtlinear und zeitvariant sein. Zur Vereinfachung wird hier jedoch Linearität und Zeitinvarianz angenommen.

Für zwei gekoppelte Spulen gilt folgendes Gleichungssystem:

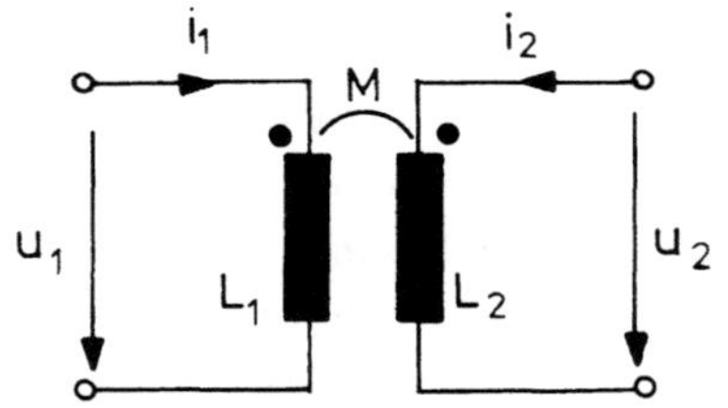

$$u_1 = L_1 \frac{di_1}{dt} + M \frac{di_2}{dt}, \qquad u_2 = M \frac{di_1}{dt} + L_2 \frac{di_2}{dt}. \tag{2.34}$$

Bild 2.16 Gekoppelte Spulen

Für die Vorzeichen in Gl.(2.34) wird folgendes festgelegt: Es wird immer vorausgesetzt, daß die Wicklungen von gekoppelten Spulen gleichsinnig gewickelt sind. Die Wicklungsanfänge sind jeweils gleichartig markiert. Die Gegeninduktivität hat ein positives Vorzeichen, wenn für beide Ströme in miteinander gekoppelten Spulen der positive Richtungssinn so angegeben ist, daß sie an den gleichartig markierten Wicklungsenden entweder hinein- oder herausfließen. Wäre in Bild 2.16 der Zählpfeil für den Strom i_2 in entgegengesetzter Richtung angegeben worden, müßte M ein negatives Vorzeichen erhalten. Gleichzeitig müßte jedoch auch der Zählpfeil für u_2 in entgegengesetzter Richtung verlaufen, da in diesem Buch immer das Verbraucher-Zählpfeilsystem zugrunde gelegt wird, in dem Spannungs- und Stromzählpfeile an einem Netzwerkelement immer in gleicher

Richtung angegeben werden.

Gl.(2.34) gilt für jeden Zeitaugenblick. Betrachtet man sie für eingeschwungene Sinusvorgänge, kann sie mit Zeigern in folgender Weise in Matrixform geschrieben werden (einige wichtige Matrizenregeln sind im Anhang angegeben):

$$\begin{bmatrix} U_1 \\ U_2 \end{bmatrix} = \begin{bmatrix} j\omega L_1 & j\omega M \\ j\omega M & j\omega L_2 \end{bmatrix} \begin{bmatrix} I_1 \\ I_2 \end{bmatrix}. \tag{2.35}$$

Löst man Gl.(2.34) und Gl.(2.35) nach den Strömen auf, erhält man

$$\frac{di_1}{dt} = \Gamma_1 u_1 + \Gamma_M u_2 \qquad \text{bzw.} \qquad \begin{bmatrix} I_1 \\ I_2 \end{bmatrix} = \frac{1}{j\omega} \begin{bmatrix} \Gamma_1 & \Gamma_M \\ \Gamma_M & \Gamma_2 \end{bmatrix} \begin{bmatrix} U_1 \\ U_2 \end{bmatrix} \tag{2.36}$$
$$\frac{di_2}{dt} = \Gamma_M u_1 + \Gamma_2 u_2$$

mit den *inversen Induktivitäten*

$$\Gamma_1 = \frac{L_2}{L_1 L_2 - M^2}, \qquad \Gamma_2 = \frac{L_1}{L_1 L_2 - M^2}, \qquad \Gamma_M = \frac{-M}{L_1 L_2 - M^2}.$$

Sind mehr als zwei Spulen miteinander gekoppelt, erweitern sich die Gl.(2.34) bis (2.36) in analoger Weise um einen Summanden und eine Gleichung.

Bild 2.17 Allgemeiner Vierpol

Mit Gl.(2.35) und (2.36) sind zwei Beschreibungsformen eines speziellen Vierpols gegeben. Ein allgemeiner Vierpol, wie ihn Bild 2.17 zeigt, kann beliebige Impedanzen in sich enthalten. Stellt man Gl.(2.35) dann in allgemeiner Form mit der *Impedanzmatrix* $\underline{Z}$ dar, ergibt sich

$$\underline{U} = \underline{Z}\,\underline{I} \tag{2.37}$$

mit den Impedanzen

$$Z_{11} = \left.\frac{U_1}{I_1}\right|_{I_2=0} \qquad Z_{12} = \left.\frac{U_1}{I_2}\right|_{I_1=0} \qquad Z_{21} = \left.\frac{U_2}{I_1}\right|_{I_2=0} \qquad Z_{22} = \left.\frac{U_2}{I_2}\right|_{I_1=0}$$

Die Verknüpfung der Ein- und Ausgangsgrößen des Vierpols kann auch - wie in Gl.(2.36) - über die Form $\underline{I} = \underline{Y}\,\underline{U}$ mit der *Admittanzmatrix* $\underline{Y}$, deren Elemente im allgemeinen Fall analog zu Gl.(2.37) definiert sind, erfolgen. Es gibt noch 4 weitere Verknüpfungskombinationen, von denen jedoch nur zwei häufiger benutzt werden: die *Hybridmatrix* $\underline{H}$ und die *Kettenmatrix* $\underline{A}$. Die aufgezählten Kombinationen sind in Tabelle 2.1 noch einmal zusammen mit ihren Ersatzbildern dargestellt. Das $\underline{Z}$-Ersatzschaltbild ist vom Ersatzbild eines Transformators her bekannt, wobei allerdings in dem rechten Ersatzbild, das wegen seiner Form auch als T-Ersatzschaltbild bezeichnet wird, die eingezeichnete Spannungsquelle auffällt. Sie ist nur bei $Z_{12} \neq Z_{21}$

$\begin{bmatrix} U_1 \\ U_2 \end{bmatrix} = \underline{Z} \begin{bmatrix} I_1 \\ I_2 \end{bmatrix}$	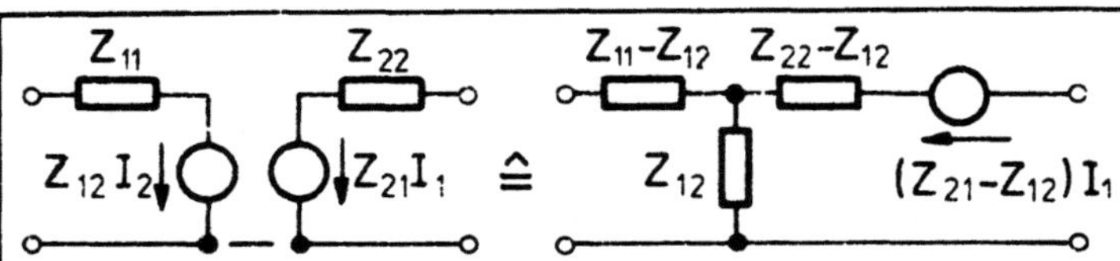
$\begin{bmatrix} I_1 \\ I_2 \end{bmatrix} = \underline{Y} \begin{bmatrix} U_1 \\ U_2 \end{bmatrix}$	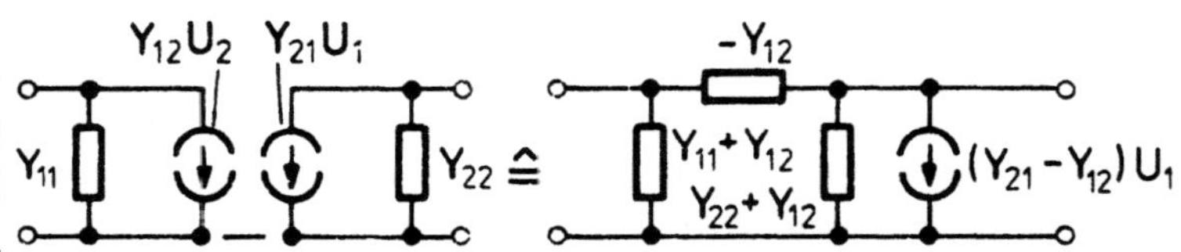
$\begin{bmatrix} U_1 \\ I_2 \end{bmatrix} = \underline{H} \begin{bmatrix} I_1 \\ U_2 \end{bmatrix}$	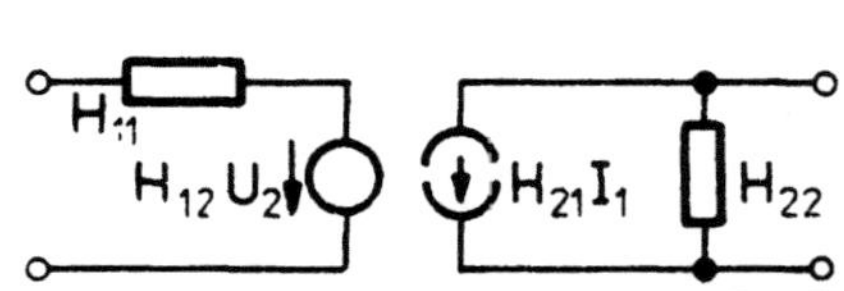
$\begin{bmatrix} U_1 \\ I_1 \end{bmatrix} = \underline{A} \begin{bmatrix} U_2 \\ -I_2 \end{bmatrix}$	

Tabelle 2.1 Vierpolgleichungen und zugehörige Ersatzbilder

vorhanden; beim Transformator ist jedoch immer $Z_{12} = Z_{21}$, da es für die Gegeninduktivitäten immer nur einen Wert gibt (Gl. (2.34)). Das gleiche gilt für die Stromquelle im $\underline{Y}$-Ersatzschaltbild, das in seiner rechts gezeichneten Form auch als π-Ersatzschaltbild bezeichnet wird.

Die $\underline{H}$-Matrix-Schreibweise und das $\underline{H}$-Ersatzschaltbild sind die übliche Darstellung der Verknüpfungen in einem Transistor. Die $\underline{H}$-Elemente - meist als h-Parameter bezeichnet, da sie eigentlich differentielle Werte sind und für das Kleinsignalverhalten gelten - können komplex und abhängig vom Arbeitspunkt sein. Im allgemeinen bezeichnet man sie in folgender Weise:

$H_{11} = R_1 \mathrel{\hat{=}}$ Eingangswiderstand,

$H_{12} = \alpha \mathrel{\hat{=}}$ Spannungsrückwirkungsfaktor,

$H_{21} = \beta =$ Stromverstärkungsfaktor,

$H_{22} = G_2 =$ Ausgangsleitwert.

Für die Kettenmatrix gibt es kein Ersatzschaltbild.

Diese verschiedenen Darstellungsformen haben bei Zusammenschaltungen von Vierpolen jeweils unterschiedliche Vorteile. Sind z.B. zwei Vierpole in Reihe geschaltet, d.h. ihre Eingangs- und Ausgangsspannungen sind jeweils in Reihe geschaltet, wie Bild 2.18a zeigt, erhält man die $\underline{Z}$-Matrix des Gesamtvierpols aus der Addition der beiden Vierpol-$\underline{Z}$-Matrizen: $\underline{Z} = \underline{Z}_1 + \underline{Z}_2$.

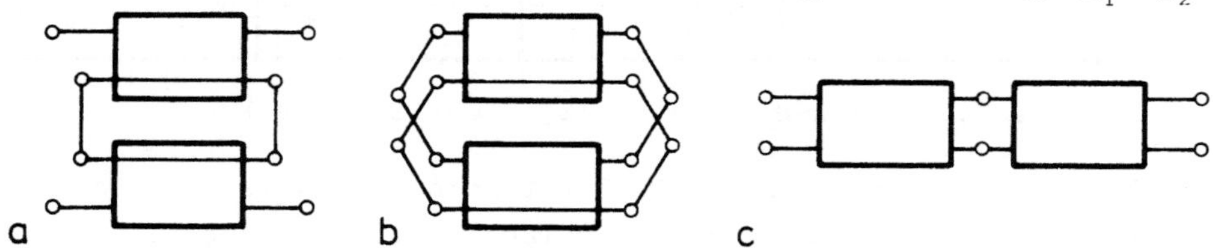

$\underline{Z} = \underline{Z}_1 + \underline{Z}_2$ $\quad$ $\underline{Y} = \underline{Y}_1 + \underline{Y}_2$ $\quad$ $\underline{A} = \underline{A}_1\,\underline{A}_2$

Bild 2.18 Reihen-, Parallel- und Kettenschaltung von Vierpolen

Für eine Parallelschaltung zweier Vierpole nach Bild 2.18b gilt das Analoge für die Admittanzmatrizen: $\underline{Y} = \underline{Y}_1 + \underline{Y}_2$. Eine Kettenschaltung zweier Vierpole nach Bild 2.18c führt zur Gesamtmatrix $\underline{A} = \underline{A}_1\,\underline{A}_2$ (dies ist wegen des negativ gezählten Ausgangsstromwertes möglich). Eine Addition von Hybridmatrizen kann angewendet werden, wenn am Eingang eine Reihenschaltung und am Ausgang eine Parallelschaltung zweier Vierpole vorliegt.

Die verschiedenen Matrixformen sind natürlich ineinander um-

gesucht: \ gegeben:	$\underline{Z}$	$\underline{Y}$	$\underline{H}$	$\underline{A}$
$\underline{Z}$	$\begin{matrix} Z_{11} & Z_{12} \\ Z_{21} & Z_{22} \end{matrix}$	$\begin{matrix} \frac{Y_{22}}{\lvert Y\rvert} & \frac{-Y_{12}}{\lvert Y\rvert} \\ \frac{-Y_{21}}{\lvert Y\rvert} & \frac{Y_{11}}{\lvert Y\rvert} \end{matrix}$	$\begin{matrix} \frac{\lvert H\rvert}{H_{22}} & \frac{H_{12}}{H_{22}} \\ \frac{-H_{21}}{H_{22}} & \frac{1}{H_{22}} \end{matrix}$	$\begin{matrix} \frac{A_{11}}{A_{21}} & \frac{\lvert A\rvert}{A_{21}} \\ \frac{1}{A_{21}} & \frac{A_{22}}{A_{21}} \end{matrix}$
$\underline{Y}$	$\begin{matrix} \frac{Z_{22}}{\lvert Z\rvert} & \frac{-Z_{12}}{\lvert Z\rvert} \\ \frac{-Z_{21}}{\lvert Z\rvert} & \frac{Z_{11}}{\lvert Z\rvert} \end{matrix}$	$\begin{matrix} Y_{11} & Y_{12} \\ Y_{21} & Y_{22} \end{matrix}$	$\begin{matrix} \frac{1}{H_{11}} & \frac{-H_{12}}{H_{11}} \\ \frac{H_{21}}{H_{11}} & \frac{\lvert H\rvert}{H_{11}} \end{matrix}$	$\begin{matrix} \frac{A_{22}}{A_{12}} & \frac{-\lvert A\rvert}{A_{12}} \\ \frac{-1}{A_{12}} & \frac{A_{11}}{A_{12}} \end{matrix}$
$\underline{H}$	$\begin{matrix} \frac{\lvert Z\rvert}{Z_{22}} & \frac{Z_{12}}{Z_{22}} \\ \frac{-Z_{21}}{Z_{22}} & \frac{1}{Z_{22}} \end{matrix}$	$\begin{matrix} \frac{1}{Y_{11}} & \frac{-Y_{12}}{Y_{11}} \\ \frac{Y_{21}}{Y_{11}} & \frac{\lvert Y\rvert}{Y_{11}} \end{matrix}$	$\begin{matrix} H_{11} & H_{12} \\ H_{21} & H_{22} \end{matrix}$	$\begin{matrix} \frac{A_{12}}{A_{22}} & \frac{\lvert A\rvert}{A_{22}} \\ \frac{-1}{A_{22}} & \frac{A_{21}}{A_{22}} \end{matrix}$
$\underline{A}$	$\begin{matrix} \frac{Z_{11}}{Z_{21}} & \frac{\lvert Z\rvert}{Z_{21}} \\ \frac{1}{Z_{21}} & \frac{Z_{22}}{Z_{21}} \end{matrix}$	$\begin{matrix} \frac{-Y_{22}}{Y_{21}} & \frac{-1}{Y_{21}} \\ \frac{-\lvert Y\rvert}{Y_{21}} & \frac{-Y_{11}}{Y_{21}} \end{matrix}$	$\begin{matrix} \frac{-\lvert H\rvert}{H_{21}} & \frac{-H_{11}}{H_{21}} \\ \frac{-H_{22}}{H_{21}} & \frac{-1}{H_{21}} \end{matrix}$	$\begin{matrix} A_{11} & A_{12} \\ A_{21} & A_{22} \end{matrix}$

Tabelle 2.2 Umrechnungen ($\lvert Z\rvert = \det(\underline{Z})$ usw.)

rechenbar. Z.B. gilt: $\underline{Y} = \underline{Z}^{-1}$. Zur Vereinfachung ist die Umrechnung jedes Matrixelementes in Tabelle 2.2 angegeben: Ist z.B. $\underline{Y}$ gegeben, erhält man die Elemente der $\underline{A}$-Matrix dazu auf dem Kreuzungspunkt der senkrechten $\underline{Y}$-Spalte mit der waagerechten $\underline{A}$-Reihe. Diese Tabelle hat Vorteile bei der Berechnung von Vierpolschaltungen nach Bild 2.18, da man nach einer Umrechnung die dort genannten Rechenregeln benutzen kann.

Vierpole können die unterschiedlichsten Schaltungen in sich bergen. Neben dem Transformator und Transistor sind Filter typische Vierpole. Einzelheiten dazu und zur Vierpoltheorie - einem Teil der Netzwerktheorie - im allgemeinen sind z.B. in |8||10||11| nachzulesen. Die Berechnung des Verhaltens von Vierpolen in Abhängigkeit von der Frequenz oder anderen Parametern ist mit Digitalrechnern leicht durchzuführen. Der Aufwand ist so klein geworden, daß er mit programmierbaren Taschenrechnern durchgeführt werden kann. Bücher dazu gibt es schon zahlreich, z.B. |25| bis |28|.

2.6 Übungsaufgaben

1. Die u-i-Kennlinie eines VDR-Widerstandes kann durch die Gleichung

   $$u = C \left(\frac{i}{i_o}\right)^{\beta}$$

   beschrieben werden.

a) Berechnen Sie den Gleichstromwiderstand und den differentiellen Widerstand und zeichnen Sie ein Diagramm von den Funktionen $R = f(i)$ und $R_{diff} = f(i)$.

   Werte: $C = 200$ V; $i_o = 100$ mA; $\beta = 0{,}6$.

b) Berechnen Sie die Spannung $u(t)$, wenn ein Strom $i(t) = i_g + i_w \sin \omega t$ durch den VDR-Widerstand fließt.

   Werte: $i_g = 0{,}9\ i_o$; $i_w = 0{,}1\ i_o$.

c) Berechnen Sie die Amplitude der 2. Harmonischen, die unter b) vernachlässigt wurde, indem Sie das quadratische Glied in der binomischen Reihe berücksichtigen.

   Hinweis: $(1 + x)^a \approx 1 + ax + a(a - 1)\frac{x^2}{2}$.

d) Berechnen Sie den arithmetischen Mittelwert der im Widerstand umgesetzten Augenblicksleistung $p(t)$ unter Einbeziehung der 2. Harmonischen.

2. Eine Tunneldiode mit der gezeichneten Kennlinie wird an eine Stromquelle mit $i_o = 4$ mA und $R_i = 1{,}25$ kΩ angeschlossen. Bestimmen Sie die stabilen Arbeitspunkte der Schaltung.

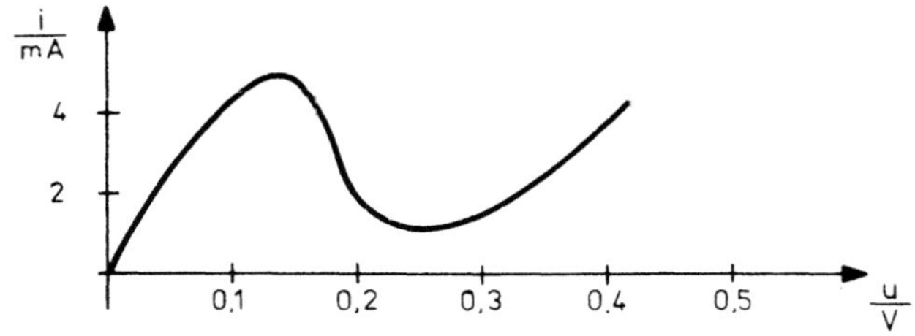

3. Die Kapazität C eines Drehkondensators hängt von dem Drehwinkel α wie folgt ab:

   $C(\alpha) = C_o + (C_1 - C_o)\frac{\alpha}{\pi}.$

   Werte: C_o = 50 pF; C_1 = 300 pF.

   Der Drehkondensator ist an eine Spannungsquelle mit U_o = 1 V = const. in der Stellung α = 0 angeschlossen und voll aufgeladen. Berechnen und skizzieren Sie den Zeitverlauf des Stromes i(t) durch den Kondensator, wenn der Drehkondensator mit konstanter Winkelgeschwindigkeit $\omega = 4\pi$ 1/s aus der Stellung α = 0 bis zur Stellung $\alpha = \pi$ bewegt wird.

4. Gegeben ist eine nichtlineare zeitinvariante Spule (mit vernachlässigbarem Wicklungswiderstand), deren Magnetisierungskennlinie mit folgender Gleichung beschrieben werden kann:

   $\Psi(i) = \Psi_s \frac{2}{\pi} \arctan \frac{i}{i_o}.$

   Werte: Ψ_s = 1 Vs; i_o = 5 A.

a) Berechnen Sie L = f(i) und L_{diff} = f(i).

b) Berechnen und skizzieren Sie den Strom- und Flußverlauf, wenn diese Spule an eine Spannungsquelle mit vernachlässigbarem Innenwiderstand gelegt wird, die einen Spannungspuls

   $u(t) = U_o(\sigma(t) - \sigma(t - T)), \quad U_o = 100 \text{ V}, \quad T = 8 \text{ ms}$

   abgibt. Zum Zeitpunkt t = 0 ist ψ = 0.

c) Wie groß ist die in der Spule gespeicherte Energie bei $t = 2T$? Wie würde sich das Ergebnis ändern, wenn ein endlicher Wicklungs- und Innenwiderstand angenommen würde?

5. An den Eingang eines Transformators, dessen Wicklungswiderstände vernachlässigt werden sollen, wird eine Spannung angelegt, die die Form einer Rampenfunktion hat. Berechnen und skizzieren Sie die Spannung am Lastwiderstand R.

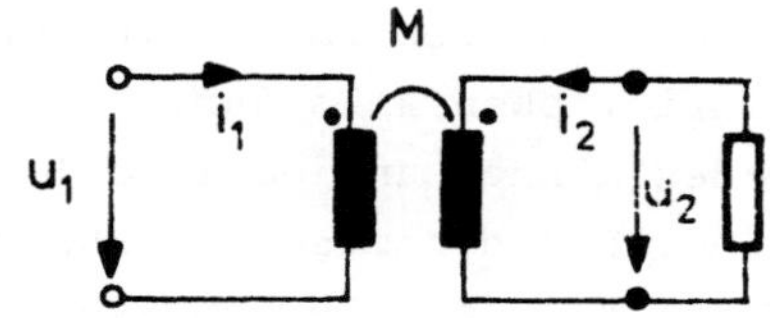

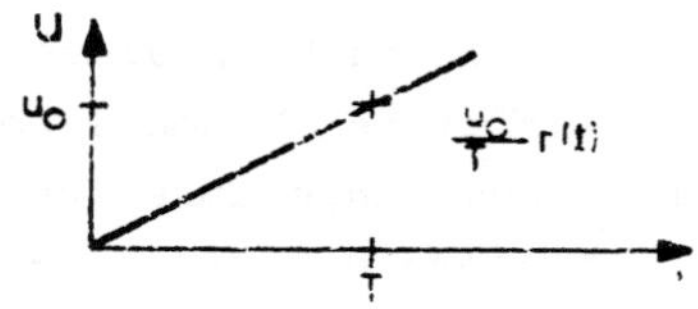

6. Ermitteln Sie die Elemente der $\underline{H}$-Matrix für den abgebildeten Vierpol.

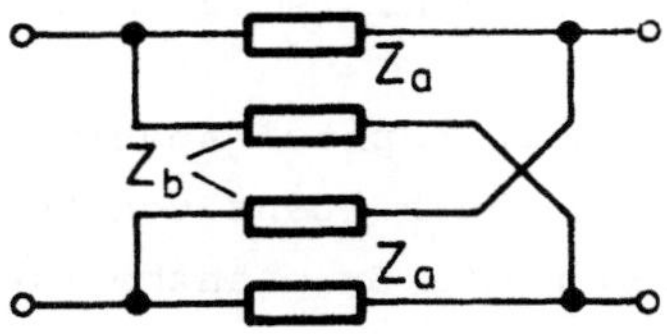

3. Maschen- und Knotenanalyse

Bei der Berechnung des Verhaltens von Netzwerken unterscheidet man zwei Fälle, die Berechnung des stationären und die des dynamischen Verhaltens. Stationäres Verhalten zeigt ein Netzwerk im eingeschwungenen Zustand, wenn alle Netzwerkgrößen bei Erregung des Netzwerkes durch eine periodische Eingangsgröße (Gleichspannungen und -ströme fallen als Grenzfälle mit der Frequenz Null auch in diese Kategorie) ebenfalls durch periodische Funktionen beschrieben werden können und damit alle Ausgleichsvorgänge abgeklungen sind. Das dynamische Verhalten schließt neben dem stationären Verhalten das Übergangsverhalten zwischen zwei stationären Zuständen des Netzwerkes mit ein und ist gekennzeichnet durch das Auftreten von nichtperiodischen Funktionen, z.B. e - Funktionen, in der Lösung. Für $t \to \infty$ geht gewöhnlich das dynamische Verhalten in das stationäre Verhalten über. Der stationäre Lösungsanteil ist damit als Spezialfall in der Lösung für das dynamische Verhalten enthalten.

Die in diesem und dem folgenden Kapitel abgeleiteten Berechnungsmethoden des stationären Verhaltens von Netzwerken sind systematische Methoden, denen die Graphentheorie zugrunde liegt. Sie führen zu Gleichungssystemen mit linear unabhängigen Gleichungen. Systematische Methoden sind immer dann vorteilhaft, wenn größere Netzwerke berechnet werden sollen, bei denen man wegen der Vielzahl der Gleichungen leicht die Übersicht darüber verlieren kann, welche der Gleichungen wesentlich sind. Vor allem erfordert ein Berechnungsverfahren von Netzwerken durch einen Digitalrechner ein systematisches Verfahren.

Die jeweils hier behandelten Beispiele sind nicht so umfangreich, daß in jedem Fall die systematische Methode auch die schnellere Methode ist. Der Leser wird jedoch die Vorteile systematischer Methoden erkennen lernen.

3.1 Einführung

Bei der Berechnung von Netzwerken besteht grundsätzlich das Problem,mit welchen und mit wieviel Gleichungen das Netzwerk vollständig berechnet werden kann. Grundsätzlich gibt es 3 Arten von Gleichungen: Stromgleichungen auf der Basis des 1. Kirchhoffschen Gesetzes, Spannungsgleichungen auf der Basis des 2. Kirchhoffschen Gesetzes und die Strom-Spannungs-Beziehungen an den Netzwerkelementen, wie sie im vorangegangenen Kapitel erläutert wurden. Systematische Methoden der Netzwerkberechnung bestehen nun darin, daß man nicht willkürlich Gleichungen zusammensucht, sondern daß, wenn man einer bestimmten Verfahrensweise folgt, sich automatisch die richtige Anzahl der notwendigen Gleichungen einstellt. Dabei ergibt sich - dies wird im nächsten Kapitel bewiesen -, daß man dazu entweder nur Stromgleichungen oder nur Spannungsgleichungen, in jedem Fall aber immer Gleichungen der 3. Art aufstellen muß. Auf dem 1. Kirchhoffschen Gesetz beruhen die *Knotenanalyse* - auch Knotenpotentialverfahren genannt - und die umfassendere *Schnittmengenanalyse* ; auf dem 2. Kirchhoffschen Gesetz beruhen die *Maschenanalyse* und die umfassendere *Schleifenanalyse* . Dieses Kapitel beschreibt die Maschen- und Knotenanalyse, das nächste die Schleifen- und Schnittmengenanalyse.

3.2 Maschenanalyse

Die Maschenanalyse geht davon aus, daß für jede Masche eines Netzwerkes die Spannungsgleichung unter der Annahme eines Maschenstromes aufgestellt wird. Anhand des Netzwerkes von Bild 3.1 soll dies erläutert werden:

Das Netzwerk hat drei Maschen, wie man am besten an der schematischen Zeichnung - dem Graphen, wie im nächsten Kapitel erklärt wird - sieht: in ihr sind die Netzwerkelemente, die jeweils in einem Netzwerkzweig sind, durch eine Linie und die Knoten durch Punkte ersetzt. Daraus wird deutlich, daß die

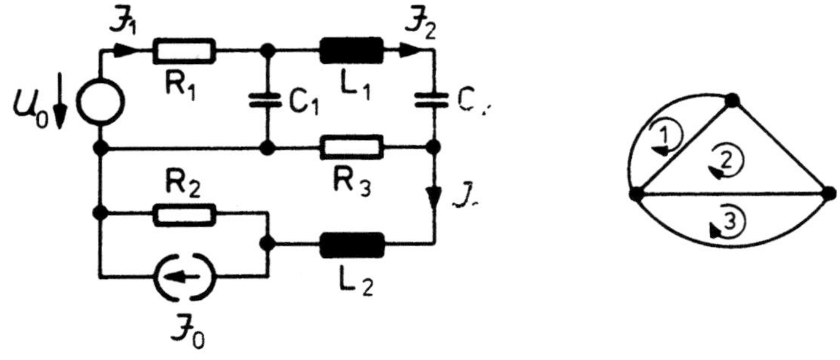

Bild 3.1 Netzwerk

angedeuteten Maschenströme, die alle den gleichen Richtungssinn haben müssen, mit den wirklichen Strömen in den Außenzweigen übereinstimmen. In den inneren Zweigen fließt jeweils ein Strom, der aus der Differenz der beiden anliegenden Maschenströme gebildet wird. Mit den drei Maschenströmen I_1, I_2 und I_3 können nun die Spannungsgleichungen für die drei Maschen aufgestellt werden:

$$R_1 I_1 + \frac{1}{j\omega C_1}(I_1 - I_2) = U_0$$

$$(j\omega L_1 + \frac{1}{j\omega C_2}) I_2 + R_3(I_2 - I_3) + \frac{1}{j\omega C_1}(I_2 - I_1) = 0 \quad (3.1)$$

$$(j\omega L_2 + R_2) I_3 + R_3 (I_3 - I_2) = R_2 I_0 .$$

Dies ist ein Gleichungssystem mit den drei Maschenströmen als Unbekannten. Am deutlichsten wird dies, wenn man dieses Gleichungssystem in Matrizenform schreibt:

$$\underline{Z}(j\omega)\, \underline{J} = \underline{U}_q \quad (3.2)$$

mit dem Maschenstromvektor $\underline{J}^T = \left[I_1 \; I_2 \; I_3 \right]$,

mit dem Spannungsquellenvektor $\underline{U}_q^T = \left[U_0 \; 0 \; R_2 I_0 \right]$

und der *Maschenimpedanzmatrix*

$$\underline{Z}(j\omega) = \begin{bmatrix} R_1 + \frac{1}{j\omega C_1} & -\frac{1}{j\omega C_1} & 0 \\ -\frac{1}{j\omega C_1} & R_3 + j\omega L_1 + \frac{1}{j\omega C_1} + \frac{1}{j\omega C_2} & -R_3 \\ 0 & -R_3 & R_2 + R_3 + j\omega L_2 \end{bmatrix} . \quad (3.3)$$

$\underline{Z}(j\omega)$ ist eine quadratische Matrix und damit invertierbar (s. Anhang). Daraus folgt, daß die Maschenströme und damit alle Netzwerkströme durch folgende Gleichung ausgerechnet werden können:

$$\underline{I} = \underline{Z}(j\omega)^{-1}\, \underline{U}_q. \tag{3.4}$$

Ein näheres Betrachten von $\underline{Z}(j\omega)$ zeigt besondere Eigenschaften:
- $\underline{Z}(j\omega)$ ist symmetrisch,
- die Matrixelemente auf der Diagonalen enthalten jeweils die Summe aller Widerstände der zugehörigen Masche,
- die Matrixelemente außerhalb der Diagonalen enthalten immer die Widerstände, die zwei Maschen gemeinsam haben: z.B. $|Z_{23}| = |Z_{32}| = R_3$ ist der gemeinsame Widerstand der 2. und 3. Masche, $Z_{13} = Z_{31} = 0$ wegen fehlendem gemeinsamen Widerstand,
- die Widerstände außerhalb der Diagonalen haben immer ein negatives Vorzeichen.

Diese Eigenschaften befähigen dazu, $\underline{Z}(j\omega)$ aufzustellen, ohne vorher die einzelnen Spannungsgleichungen aufzuschreiben. Auch $\underline{U}_q$ ist leicht zu bilden: die Leerlaufspannungen der in einer Masche enthaltenen Quellen sind positiv einzusetzen, wenn sie der Maschenstromrichtung entgegenwirken.

Mit diesen Regeln kann Gl.(3.2) unmittelbar gebildet werden. Gl.(3.4) führt sofort zur Lösung. Ein Beweis für dieses Verfahren wird im nächsten Kapitel gegeben.

Ist in einem Netzwerk ein Transformator enthalten, gibt es Spannungen in einer Masche, die aufgrund der Gegeninduktivität von anderen Maschenströmen abhängig sind. Hier ist am günstigsten das T-Ersatzschaltbild des Transformators (Tabelle 2.1) einzusetzen. Ist jedoch eine Spannungs- oder Stromquelle vorhanden, die von anderen Maschenströmen oder -spannungen abhängig ist wie beim Transistor, ist zunächst so zu verfahren, als ob diese Quellen unabhängig sind - d.h. sie erscheinen damit im Spannungsquellenvektor -, und dann sind die Faktoren, die die Abhängigkeit kennzeichnen - beim Transistor die Faktoren α und β - in $\underline{Z}(j\omega)$ zu überführen. Am Beispiel des Ersatzschaltbildes im Bild 3.2, das für das Kleinsignalverhalten

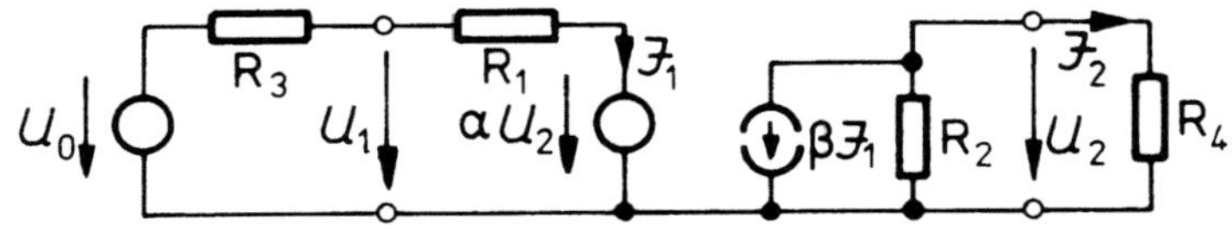

Bild 3.2 Schaltbild einer einfachen Verstärkerschaltung

eines einfachen Transistorverstärkers gilt, soll dies kurz erläutert werden. Stellt man Gl.(3.2) für diese Schaltung auf, erhält man:

$$\begin{bmatrix} R_1 + R_3 & 0 \\ 0 & R_2 + R_4 \end{bmatrix} \begin{bmatrix} I_1 \\ I_2 \end{bmatrix} = \begin{bmatrix} U_o - \alpha U_2 \\ -\beta R_2 I_1 \end{bmatrix}. \tag{3.5}$$

Überführt man I_1 und $U_2 = R_4 I_2$ von der rechten auf die linke Seite der Gleichung, ergibt sich:

$$\begin{bmatrix} R_1 + R_3 - \alpha\beta R_2 & \alpha R_4 \\ -\beta R_2 & R_2 + R_4 \end{bmatrix} \begin{bmatrix} I_1 \\ I_2 \end{bmatrix} = \begin{bmatrix} U_o \\ 0 \end{bmatrix}. \tag{3.6}$$

Hier ist $\underline{Z}(j\omega)$ nicht mehr symmetrisch, da einseitig wirkende Abhängigkeiten vorhanden sind.

3.3 Knotenanalyse

Bei der Knotenanalyse werden - statt der Maschengleichungen - Knotengleichungen aufgestellt, d.h. es wird für jeden Knoten, außer für einen frei wählbaren Bezugsknoten, eine Stromgleichung gebildet. Am Beispiel des Netzwerks von Bild 3.3 und des zugehörigen Graphen soll dies erläutert werden: Knoten 0 wird als Bezugsknoten gewählt. Gegenüber diesem Knoten haben die anderen drei Knoten ein Knotenpotential, ausgedrückt durch die Knotenspannungen E_1, E_2 und E_3, weshalb dieses Verfahren auch *Knotenpotentialverfahren* genannt wird. Mit ihnen können die Stromgleichungen in folgender Weise geschrieben werden:

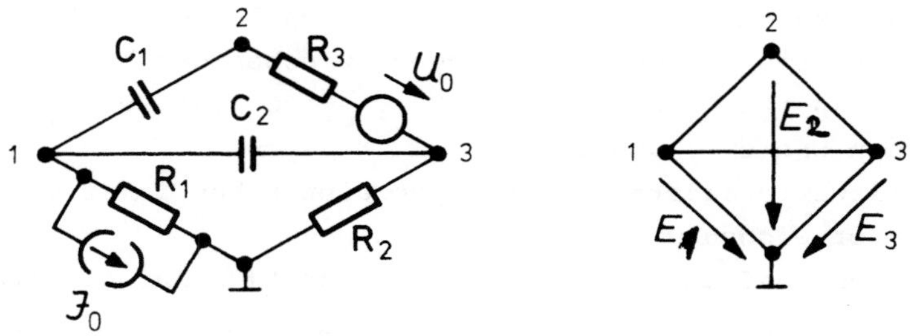

Bild 3.3 Netzwerk

$$\begin{aligned}
&\frac{1}{R_1} E_1 + j\omega C_1 (E_1 - E_2) + j\omega C_2 (E_1 - E_3) = - I_o \\
&j\omega C_1 (E_2 - E_1) + \frac{1}{R_3} (E_2 - E_3) = \frac{U_o}{R_3} \\
&\frac{1}{R_3} E_3 + j\omega C_2 (E_3 - E_1) + \frac{1}{R_3} (E_3 - E_2) = - \frac{U_o}{R_3} .
\end{aligned} \tag{3.7}$$

In diesem Gleichungssystem sind die Knotenspannungen die Unbekannten. Schreibt man es in Matrizenform, erhält man:

$$\underline{Y}(j\omega)\ \underline{E} = \underline{I}_q \tag{3.8}$$

mit dem Knotenspannungsvektor $\underline{E}^T = \begin{bmatrix} E_1 & E_2 & E_3 \end{bmatrix}$,

mit dem Stromquellenvektor $\underline{I}_q^T = \begin{bmatrix} -I_o & U_o/R_3 & -U_o/R_3 \end{bmatrix}$

und der *Knotenadmittanzmatrix*

$$\underline{Y}(j\omega) = \begin{bmatrix} \frac{1}{R_1} + j\omega C_1 + j\omega C_2 & - j\omega C_1 & - j\omega C_2 \\ - j\omega C_1 & \frac{1}{R_3} + j\omega C_1 & - \frac{1}{R_3} \\ - j\omega C_2 & - \frac{1}{R_3} & \frac{1}{R_2} + \frac{1}{R_3} + j\omega C_2 \end{bmatrix} . \tag{3.9}$$

Da $\underline{Y}(j\omega)$ quadratisch und invertierbar ist, können die Knotenspannungen und damit alle anderen Spannungen berechnet werden:

$$\underline{E} = \underline{Y}(j\omega)^{-1}\ \underline{I}_q . \tag{3.10}$$

$\underline{Y}(j\omega)$ zeigt zu $\underline{Z}(j\omega)$ analoge Eigenschaften:

- $\underline{Y}(j\omega)$ ist symmetrisch,
- die Matrixelemente auf der Diagonalen enthalten jeweils die Summe aller Leitwerte in den Zuführungen zum zugehörigen Knoten,

- die Matrixelemente außerhalb der Diagonalen enthalten immer die Leitwerte in den Verbindungen zwischen den beiden zugehörigen Knoten: z.B. $|Y_{13}| = |Y_{31}| = j\omega C_2$ ist der Leitwert zwischen Knoten 1 und 3,
- die Leitwerte außerhalb der Diagonalen haben immer ein negatives Vorzeichen.

Diese Eigenschaften befähigen dazu, auch $\underline{Y}(j\omega)$ auf direkte Weise zu bilden. Auch $\underline{I}_q$ erhält man, indem man die auf die jeweiligen Knoten zufließenden Kurzschlußströme der Quellen positiv zählt. Dadurch ist Gl.(3.8) unmittelbar aufstellbar und das Netzwerk durch Gl.(3.10) vollständig berechenbar.

Sind im Netzwerk Quellen enthalten, die von anderen Netzwerkgrößen abhängig sind, ist analog zu dem durch die Gln.(3.5) und (3.6) beschriebenen Verfahren vorzugehen.

Maschen- und Knotenanalyse sind gleichwertige Berechnungsverfahren für ein Netzwerk. Welche Analyse angewendet werden sollte, hängt meistens vom Rechenaufwand für die Invertierung (s. Anhang) von $\underline{Z}(j\omega)$ bzw. $\underline{Y}(j\omega)$ und damit von der Anzahl der Maschen bzw. Knoten ab, die die Größe der Matrizen bestimmen. Die kleinere Zahl von beiden legt fest, welche Analyse am wenigsten rechenaufwendig ist.

Nicht alle Netzwerke können mit diesen Analysen berechnet werden. Z.B. bereitet es Schwierigkeiten, gleichsinnige Maschenumlaufrichtungen in nicht-ebenen Netzwerken - d.h. in dreidimensionalen Netzwerken, deren Schaltung nicht überschneidungsfrei in einer Ebene dargestellt werden können - festzulegen. Wenn man sich deshalb z.B. von der Vorschrift der gleichsinnig durchlaufenen Masche trennt - mit Hilfe der Graphentheorie ist dies möglich -, kommt man zu den allgemein gültigen Verfahren der Schleifen- und Schnittmengenanalyse, die im nächsten Kapitel beschrieben werden. Die Maschen- und Knotenanalyse stellen sich dann als Spezialfälle dieser Analysen dar.

3.3 Übungsaufgaben

1. Bilden Sie $\underline{Z}(j\omega)$ und $\underline{U}_q$ zu dem gezeichneten Netzwerk.

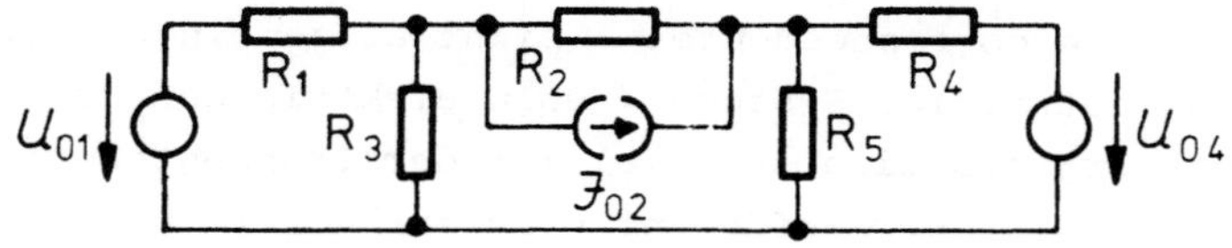

2. Bilden Sie $\underline{Y}(j\omega)$ und $\underline{I}_q$ zu dem gezeichneten Netzwerk.

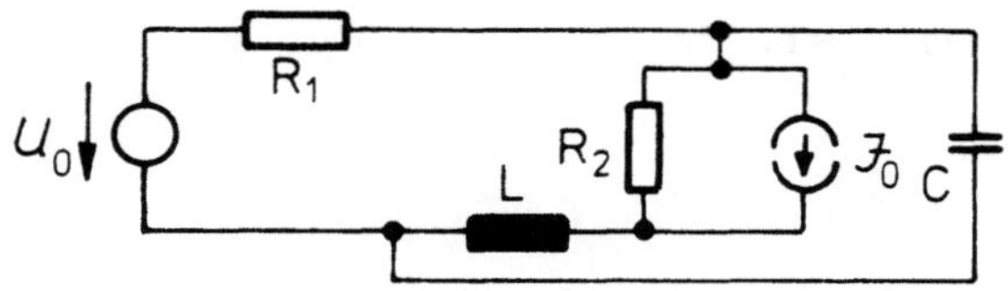

Folgende Werte sind für das Netzwerk gegeben:
$u_o(t) = \sqrt{2}\ \mathrm{V} \sin 100\,t$, $i_o(t) = \sqrt{2}\ \mathrm{A} \sin 100\,t$,
$R_1 = R_2 = 1\ \Omega$, $j\omega L = j\,1\ \Omega$, $j\omega c = j\,1\ \Omega^{-1}$.
Für $u_o(t)$ wird sich im stationären Zustand ergeben:
$u_L(t) = \hat{u}_L \sin(\omega t + \phi_L)$. Bestimmen Sie $\hat{u}_L$, ω und ϕ_L!

3. Bilden Sie $\underline{Y}(j\omega)$ und $\underline{I}_q$ zum im Bild 3.2 gezeichneten Netzwerk.

4. SCHLEIFEN- UND SCHNITTMENGENANALYSE

Die im vorangegangenen Kapitel vorgestellten beiden Analyseverfahren sind - wie dort angedeutet - nicht allgemeingültig. Allgemein werden netzartige Systeme (neben elektrischen Netzwerken z.B. auch Organisationssysteme) mit der Graphentheorie |1| beschrieben. Nach einer Einführung graphentheoretischer Begriffe wird mathematisch bewiesen, daß die auch in der Schleifen- und Schnittmengenanalyse vorkommenden Matrizen $\underline{Z}(j\omega)$ und $\underline{Y}(j\omega)$ zu linear unabhängigen Gleichungen für die vollständige Berechnung des Netzwerkverhaltens führen.

4.1 Grundbegriffe aus der Graphentheorie

4.1.1 Graph

Den *Graphen* eines Netzwerks erhält man, wenn man alle Elemente eines Netzwerks durch eine Linie, genannt *Zweig*, und alle Verzweigungen durch einen Punkt, genannt *Knoten*, ersetzt. Ein Zweig liegt immer zwischen zwei Knoten. Bild 4.1b zeigt den Graphen des elektrischen Netzwerks von Bild 4.1a, der z = 7 Zweige und k = 5 Knoten hat. Die Form des Graphen ist nicht vorgeschrieben. Bild 4.1c zeigt z.B. einen Graphen, der ebenfalls das Netzwerk von Bild 4.1a zur Grundlage hat. Netzwerkelemente können zusammengefaßt werden, wie am Beispiel des Zweiges 7 gezeigt wird.

Gerichteter Graph:
Aus einem Graphen entsteht ein *gerichteter Graph* mit *gerichteten Zweigen*, wenn den Zweigen durch eingezeichnete Pfeile Richtungen zugeordnet werden: Bild 4.1d. Der Richtungssinn ist

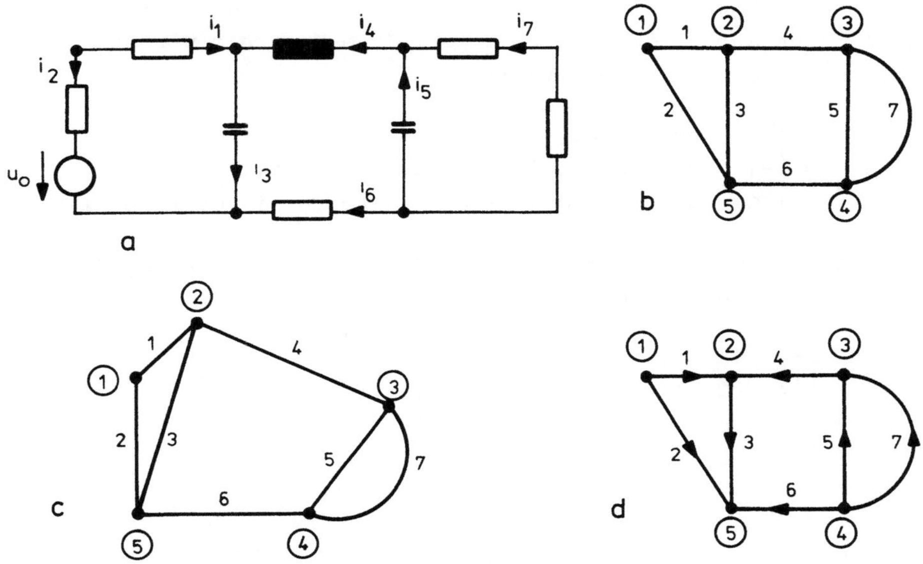

Bild 4.1 a elektrisches Netzwerk, b und c Graph, d gerichteter Graph

durch die in der Schaltung gewählten Spannungs- und Stromzählpfeile an den Netzwerkelementen festgelegt. Spannungs- und Stromzählpfeile sind immer gleichgerichtet, da hier das Verbraucherzählpfeilsystem zugrunde gelegt wird. Hierauf ist besonders bei den Zweigen mit Spannungs- und Stromquellen zu achten.

Ebener Graph:
Ein Graph wird *ebener Graph* genannt, wenn er in einer zweidimensionalen Ebene aufgezeichnet werden kann, ohne daß sich Zweige schneiden, es sei denn, der Schnittpunkt ist ein Knoten. (Ein würfelförmiger Graph, dessen Raumdiagonalen ebenfalls Zweige sind, ist z.B. kein ebener Graph; ohne diese diagonalen Zweige kann er jedoch als ebener Graph dargestellt werden.)

Ein gerichteter Graph wird vollständig durch die *Verbindungsmatrix*, genauer Knoten-Zweig-Verbindungsmatrix, auch Inzidenzmatrix genannt, beschrieben. Sie ist eine $k \times z$-Matrix, deren

Zeilenzahl gleich der Knotenzahl k und deren Spaltenzahl gleich der Anzahl der Zweige z ist. Ihre Elemente werden nach folgender Vorschrift bestimmt:

$$a_{ij} = \begin{cases} +1 & \text{wenn Zweig j in Knoten i beginnt,} \\ -1 & \text{wenn Zweig j in Knoten i endet,} \\ 0 & \text{wenn Zweig j nicht mit Knoten i verbunden ist.} \end{cases}$$

Für den gerichteten Graphen in Bild 4.1d ergibt sich beispielsweise folgende Verbindungsmatrix:

$$\underline{A} = \begin{bmatrix} +1 & +1 & 0 & 0 & 0 & 0 & 0 \\ -1 & 0 & +1 & -1 & 0 & 0 & 0 \\ 0 & 0 & 0 & +1 & -1 & 0 & -1 \\ 0 & 0 & 0 & 0 & +1 & +1 & +1 \\ 0 & -1 & -1 & 0 & 0 & -1 & 0 \end{bmatrix}. \qquad (4.1)$$

In jeder Zeile findet man diejenigen Zeilenelemente mit ±1 besetzt, deren zugehörige Zweige den entsprechenden Knoten berühren. Jede Spalte darf nur ein Element mit +1 und eines mit -1 enthalten, da jeder Zweig nur in jeweils einem Knoten beginnt und endet.

Die Verbindungsmatrix stellt die einfachste Form der mathematischen Beschreibung eines Graphen dar. Sie ist vor allem für die Speicherung von Netzwerkkonfigurationen und die darauf aufbauende Berechnung der Netzwerke in Rechnern gut geeignet.

4.1.2 Schleife

Graphen können in Teilgraphen aufgespalten werden. Ein Teilgraph eines Graphen ist eine *Schleife* (engl.: loop), wenn der Teilgraph zusammenhängend ist und von jedem seiner Knoten genau zwei Zweige ausgehen. Für den in Bild 4.1d gegebenen Netzwerkgraphen bildet z.B. die Menge der Zweige {1,2,3} oder {3,4,7,6} jeweils eine Schleife. Keine Schleife würde die Menge der Zweige $\{1,2,3,5,7\}$ bilden.

Mit Hilfe dieser Definition einer Schleife kann das *zweite Kirchhoff'sche Gesetz* wie folgt formuliert werden:

> Die Summe der Zweigspannungen entlang einer Schleife ist für eine Schleife unter Berücksichtigung der Zweigrichtungen in jedem Zeitpunkt gleich Null.

Masche:
Eine Schleife in einem ebenen Graphen, die keine inneren Zweige hat, ist eine *Masche*. Für den gegebenen Graphen von Bild 4.1d bilden die Zweige $\{1,2,3\}$ oder $\{5,7\}$ jeweils eine Masche, jedoch nicht die Zweige $\{1,2,4,5,6\}$.

Das zweite Kirchhoff'sche Gesetz gilt natürlich auch für die Spannungen einer Masche und hat von ihr die - etwas einschränkende - Bezeichnung Maschenregel erhalten.

4.1.3 Schnittmenge

Eine *Schnittmenge* (engl.: cut - set) ist diejenige Menge von Zweigen eines Graphen, die von einem geschlossenen, nicht durch Knoten verlaufenden Schnitt einmal geschnitten wird und deren Herausnahme aus dem Graphen diesen in zwei getrennte, aber jeweils in sich zusammenhängende Teilgraphen teilt. Für den in Bild 4.1d gegebenen Netzwerkgraphen sind z.B. die Mengen der Zweige $\{4,6\}$, $\{2,3,4\}$ oder $\{4,5,7\}$ Schnittmengen. Aus dem letzten Beispiel geht hervor, daß auch ein einzelner Knoten ein Teilgraph sein kann.

Mit Hilfe dieser Definition kann das *erste Kirchhoff'sche Gesetz* wie folgt formuliert werden:

> Die Summe der Ströme in den Zweigen einer Schnittmenge ist für eine Schnittmenge unter Berücksichtigung der Zweigrichtungen in jedem Zeitpunkt gleich Null.

Dieses Gesetz, das häufig - etwas einschränkend - mit Knotenregel bezeichnet wird, gilt damit auch für die Ströme in den Zweigen, die zwei Teilnetzwerke miteinander verbinden.

4.1.4 Baum

Ein Teilgraph eines Graphen ist ein *Baum* (engl.: tree), wenn der Teilgraph zusammenhängend ist und sämtliche Knoten des Graphen, aber keine Schleifen enthält. Durch den Baum ist jeweils ein eindeutiger Weg zwischen zwei Knoten entlang der zum Baum gehörigen Zweige festgelegt.

Die Form des Baumes ist nicht vorgeschrieben. Für den in Bild 4.1d gegebenen gerichteten Graphen gibt Bild 4.2 drei der 19 möglichen Bäume wieder.

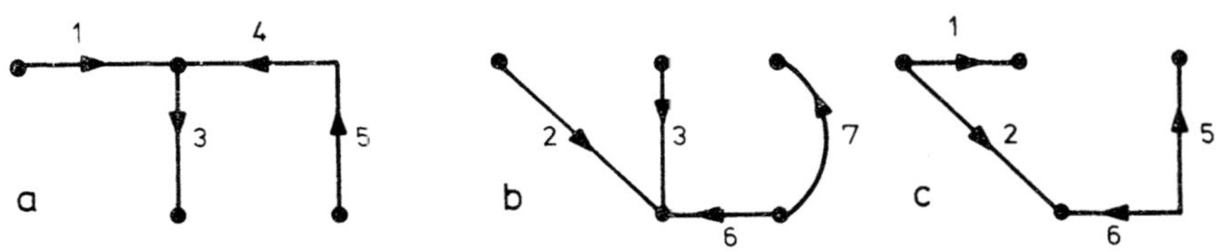

Bild 4.2 Bäume des gerichteten Graphen von Bild 4.1d

Die Zweige eines Baumes werden *Baumzweige* (engl.: tree branch) genannt. Ein Graph mit k Knoten hat immer k-1 Baumzweige, wie aus der Definition des Baumes leicht abzuleiten ist.

Die Zweige des Graphen, die nicht Baumzweige sind, heißen *Verbindungszweige* (engl.: link). Ein Graph mit z Zweigen hat $v = z - k + 1$ Verbindungszweige (in Bild 4.3 gestrichelt gezeichnet).
Die Einführung des Begriffes Baum wird, wie die folgenden Abschnitte zeigen, dazu führen, linear unabhängige Gleichungen für die Berechnung eines Netzwerkes zu finden. Bevor jedoch die eigentliche Netzwerkanalyse begonnen wird, müssen noch besondere Schleifen und Schnittmengen, die Fundamentalschleifen

und Fundamentalschnittmengen, eingeführt werden, die sich aufgrund der Einführung des Baumes ergeben.

Für die *Fundamentalschleife* (engl.: fundamental loop) gilt folgende Definition:

Jede Schleife, die nur einen Verbindungszweig und im übrigen nur Baumzweige enthält, ist eine Fundamentalschleife. Ein Graph mit festgelegtem Baum hat v Fundamentalschleifen. Die Richtung der Fundamentalschleife ist mit der Richtung des zugehörigen Verbindungszweiges identisch.

Für den Baum in Bild 4.2a, zu dem drei Verbindungszweige gehören, sind z.B. die Mengen der Zweige {2,3,1}, {6,3,4,5} und {7,5} die drei Fundamentalschleifen, die in Bild 4.3a dargestellt sind.

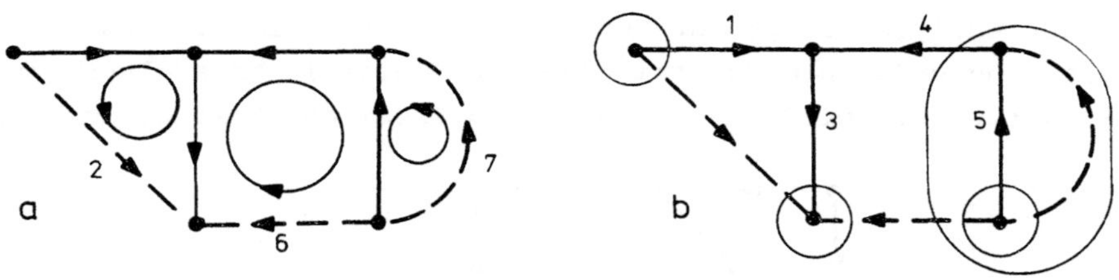

Bild 4.3 Fundamentalschleifen (a) und Fundamentalschnittmengen (b)

Die *Fundamentalschnittmenge* (engl.: fundamental cut - set) ist wie folgt definiert:

Jede Schnittmenge, die nur einen Baumzweig und im übrigen nur Verbindungszweige enthält, ist eine Fundamentalschnittmenge. Ein Graph mit festgelegtem Baum hat k-1 Fundamentalschnittmengen. Die Richtung der Fundamentalschnittmenge ist mit der des zugehörigen Baumzweiges identisch.

Für den Baum von Bild 4.2a ergeben sich die vier Fundamentalschnittmengen {1,2}, {3,2,6}, {4,6} und {5,6,7}. In Bild 4.3b sind die Fundamentalschnittmengen durch geschlossene Linien, die die zugehörigen Zweige schneiden, gekennzeichnet, innerhalb und außerhalb derer jeweils ein Teilgraph liegt. Welcher der Teilgraphen innerhalb liegen soll, ist nicht vorgeschrieben, so daß die Linien auch um den jeweils anderen Teilgraphen geschlossen werden könnten.

4.2 Schleifenanalyse

Zur Berechnung des stationären Verhaltens von Netzwerken mit Hilfe der im vorangegangenen Abschnitt eingeführten Graphen gibt es zwei gleichwertige Methoden, die *Schleifenanalyse*, die auf der Einführung der Fundamentalschleifen beruht, und die *Schnittmengenanalyse*, die auf der Einführung der Fundamentalschnittmengen beruht. In den folgenden Abschnitten werden beide Analysen abgeleitet und anschließend miteinander verglichen. Beiden Analysen liegt der Netzwerkgraph von Bild 4.4 als Beispiel zugrunde. Die Nummerierung der Zweige in zu analysierenden Netzwerken wird im folgenden aus Zweckmäßigkeitsgründen so

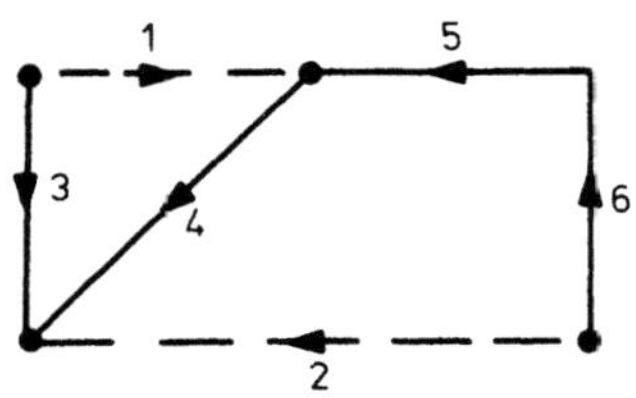

Bild 4.4 Gerichteter Netzwerkgraph mit Baum

durchgeführt, daß die Verbindungszweige die Nummern 1...v und die Baumzweige die Nummern v+1...z erhalten.

4.2.1 Grundlagen

Wie eingangs erwähnt, beruht die Schleifenanalyse darauf, daß in einem Graphen mit festgelegtem Baum Fundamentalschleifen definiert werden können. Das zweite Kirchhoff'sche Gesetz, auf die beiden Fundamentalschleifen angewendet, führt zu folgenden Gleichungen:

$$\begin{aligned} &\text{Fundamentalschleife 1:} \quad u_1 + u_4 - u_3 = 0, \\ &\text{Fundamentalschleife 2:} \quad u_2 - u_4 - u_5 - u_6 = 0. \end{aligned} \qquad (4.2)$$

Schreibt man diese Gleichungen in Matrizenform erhält man:

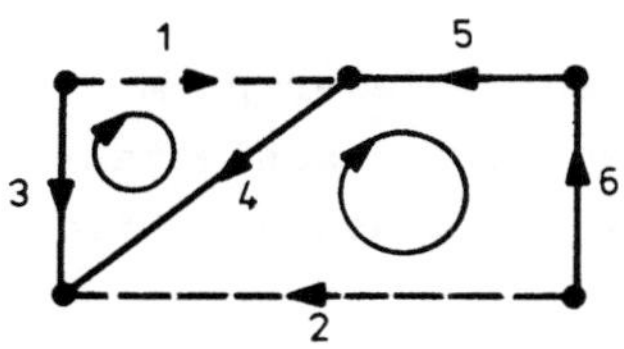

$$\begin{bmatrix} 1 & 0 & -1 & 1 & 0 & 0 \\ 0 & 1 & 0 & -1 & -1 & -1 \end{bmatrix} \begin{bmatrix} u_1 \\ u_2 \\ u_3 \\ u_4 \\ u_5 \\ u_6 \end{bmatrix} = \begin{bmatrix} 0 \\ 0 \end{bmatrix},$$

bzw.

$$\underline{B}\ \underline{u} = \underline{0}. \qquad (4.3)$$

Die Matrix $\underline{B}$ ist die *Fundamentalschleifenmatrix*. Sie hat v Zeilen und z Spalten.

Da der Richtungssinn des Umlaufs in einer Fundamentalschleife mit dem des Verbindungszweiges gleichgesetzt wurde, können die Elemente von $\underline{B}$ ohne Aufstellung der Kirchhoff'schen Gleichungen nach folgender Vorschrift bestimmt werden:

$$b_{ij} = \begin{cases} +1 & \text{wenn Zweig j zur Fundamentalschleife i gehört und die Richtungssinne übereinstimmen,} \\ -1 & \text{wenn Zweig j zur Fundamentalschleife i gehört und die Richtungssinne nicht übereinstimmen,} \\ 0 & \text{wenn Zweig j nicht zur Fundamentalschleife i gehört.} \end{cases}$$

Die Matrix $\underline{B}$ kann, wie aus Gl.(4.3) sofort zu erkennen ist, in zwei Untermatrizen aufgeteilt werden:

$$\underline{B} = \begin{bmatrix} \underline{E} & \underline{F} \end{bmatrix}. \qquad (4.4)$$

Sie hat damit den Rang v, da $\underline{E}$ eine $v \times v$-Matrix und regulär ist. Das bedeutet, daß die Spannungsgleichungen der Fundamentalschleifen zu einem linear unabhängigen Gleichungssystem mit v Spannungsgleichungen führen. Alle anderen Schleifenspannungsgleichungen sind von Gl.(4.3) linear abhängig. Dies ist allgemeingültig und stellt eine wichtige Aussage über die Berechenbarkeit eines Netzwerks dar.

Bevor diese wichtige Aussage im folgenden Abschnitt bei der Berechnung des Netzwerkverhaltens berücksichtigt wird, muß noch der Begriff Schleifenstrom eingeführt werden. Der in einer Fundamentalschleife fließende *Schleifenstrom* j ist identisch mit dem zugehörigen Strom im Verbindungszweig; jeder Baumzweigstrom kann als eine lineare Überlagerung von Schleifenströmen dargestellt werden. Für den Netzwerkgraphen von Bild 4.4 gilt z.B. folgendes:

$$i_1 = j_1, \quad i_2 = j_2, \quad i_3 = -j_1, \quad i_4 = j_1 - j_2, \quad i_5 = -j_2, \quad i_6 = -j_2. \tag{4.5}$$

In Matrizenform lauten diese Gleichungen:

$$\begin{bmatrix} i_1 \\ i_2 \\ i_3 \\ i_4 \\ i_5 \\ i_6 \end{bmatrix} = \begin{bmatrix} 1 & 0 \\ 0 & 1 \\ -1 & 0 \\ 1 & -1 \\ 0 & -1 \\ 0 & -1 \end{bmatrix} \begin{bmatrix} j_1 \\ j_2 \end{bmatrix},$$

bzw.

$$\underline{i} = \underline{C}\,\underline{j} = \underline{B}^T\,\underline{j}. \tag{4.6}$$

Aus Gl.(4.6) ergibt sich, daß die Matrix $\underline{C}$ identisch mit $\underline{B}^T$ ist. Dies ist allgemeingültig. (Der Beweis steht z.B. in |2|.)

4.2.2 Analyse von Netzwerken mit Ohmschen Widerständen

Für die Berechnung eines Netzwerks soll zunächst angenommen werden, daß seine Zweige nur Spannungs- und Stromquellen und lineare Ohmsche Widerstände enthalten. Da in diesem Fall keine Übergangsvorgänge auftreten, d.h. Eingangs- und Ausgangsgrößen immer einander proportional sind, gelten die in diesem Abschnitt abgeleiteten Gleichungen für jeden zeitlichen Verlauf der Eingangsgrößen, d.h. insbesondere für Gleich- und Wechselgrößen.

Ein typischer Netzwerkzweig ist in Bild 4.5 aufgezeichnet. Der

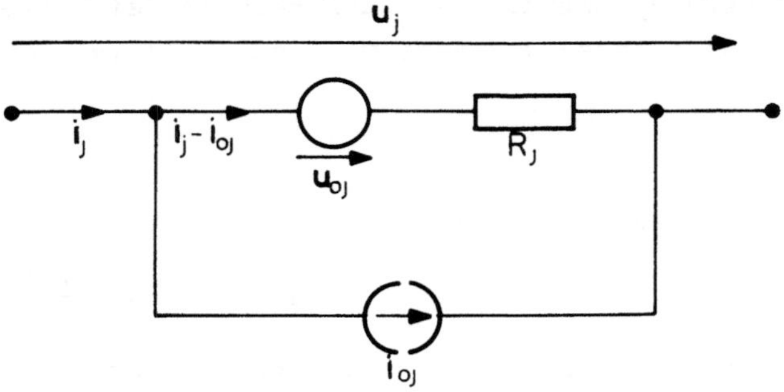

Bild 4.5 Allgemeiner Netzwerkzweig

Zusammenhang zwischen Zweigspannung und Zweigstrom ist für diesen Netzwerkzweig durch folgende Gleichung mit den Augenblickswerten u und i gegeben:

$$u_j = R_j\, i_j + u_{oj} - R_j\, i_{oj} \qquad \text{mit } j = 1,2,\dots z.$$

Die Spannungen in allen Netzwerkzweigen ergeben sich nach folgender Matrizengleichung:

$$\underline{u} = \underline{R}\,\underline{i} + \underline{u}_o - \underline{R}\,\underline{i}_o \tag{4.7}$$

mit

$$\underline{R} = \begin{bmatrix} R_1 & & & 0 \\ & R_2 & & \\ & & \ddots & \\ 0 & & & R_z \end{bmatrix}; \qquad \underline{u}_o = \begin{bmatrix} u_{o1} \\ u_{o2} \\ \vdots \\ u_{oz} \end{bmatrix}; \qquad \underline{i}_o = \begin{bmatrix} i_{o1} \\ i_{o2} \\ \vdots \\ i_{oz} \end{bmatrix}.$$

Multipliziert man Gl.(4.7) mit der Fundamentalschleifenmatrix $\underline{B}$, erhält man mit Gl.(4.3):

$$\underline{B}\,\underline{u} = \underline{B}\,\underline{R}\,\underline{i} + \underline{B}\,\underline{u}_o - \underline{B}\,\underline{R}\,\underline{i}_o = \underline{O}. \tag{4.8}$$

Wird der Spaltenvektor $\underline{i}$ nach Gl.(4.6) durch den Vektor der Schleifenströme $\underline{j}$ ersetzt, kann Gl.(4.8) wie folgt umgeschrieben werden:

$$\underline{B}\,\underline{R}\,\underline{B}^T\,\underline{j} = -\,\underline{B}\,\underline{u}_o + \underline{B}\,\underline{R}\,\underline{i}_o . \qquad (4.9)$$

In dieser Gleichung stehen auf der linken Seite die unbekannten Schleifenströme, multipliziert mit einer Matrix, die die Netzwerkwiderstände enthält; auf der rechten Seite stehen die vorgegebenen Spannungs- und Stromquellen. Gl.(4.9) hat die Form:

$$\underline{Z}\,\underline{j} = \underline{u}_q \qquad (4.10)$$

mit der *Schleifenimpedanzmatrix* $\underline{Z} = \underline{B}\,\underline{R}\,\underline{B}^T$

und dem *Spannungsquellenvektor* $\underline{u}_q = -\,\underline{B}\,\underline{u}_o + \underline{B}\,\underline{R}\,\underline{i}_o$.

Die Schleifenimpedanzmatrix ist quadratisch, regulär und vom Rang v. Gl.(4.10) stellt damit aufgrund der in Gl.(4.4) festgestellten Eigenschaft der Matrix $\underline{B}$ ein linear unabhängiges Gleichungssystem dar, mit dem durch Invertierung von $\underline{Z}$ zunächst die unbekannten Schleifenströme nach der Gleichung

$$\underline{j} = \underline{Z}^{-1}\,\underline{u}_q \qquad (4.11)$$

und dann nachfolgend mit den Gln.(4.6) und (4.7) alle Ströme und alle Spannungen des Netzwerks berechnet werden können. Die Berechnung des stationären Verhaltens eines Netzwerks ist damit formal ein sehr einfacher Vorgang, wenn man die in der Graphentheorie festgelegten Regeln beachtet. Die eigentliche Rechenarbeit liegt nur in der Invertierung der Schleifenimpedanzmatrix $\underline{Z}$, die bei größeren v-Werten zwar formal ebenfalls einfach, aber zeitaufwendig wird und für größere Netzwerke praktisch nur von einem Digitalrechner bewältigt werden kann.

Ein Beispiel soll den Berechnungsvorgang erläutern. Bild 4.6 zeigt ein Netzwerk, in dem Spannung und Strom im Zweig 4 ermittelt werden sollen. Bild 4.4 gibt einen der möglichen Bäume im Graphen dieses Netzwerks wieder; er soll dieser Berechnung zugrunde gelegt werden. Damit kann die Fundamentalschleifen-

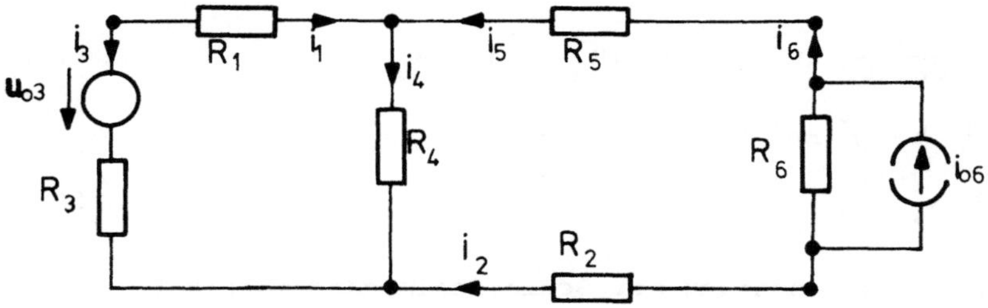

Bild 4.6 Netzwerk

matrix $\underline{B}$ aus Gl.(4.3) übernommen werden. $\underline{R}$ ist eine Diagonalmatrix mit den 6 Widerständen als Elementen:

$$\underline{R} = \text{diag}\ (R_1, R_2, R_3, R_4, R_5, R_6).$$

Für die Schleifenimpedanzmatrix erhält man nach Multiplikation der Matrizen $\underline{B}$ und $\underline{R}$ nach Gl.(4.10):

$$\underline{Z} = \underline{B}\ \underline{R}\ \underline{B}^T = \begin{bmatrix} R_1+R_3+R_4 & -R_4 \\ -R_4 & R_2+R_4+R_5+R_6 \end{bmatrix}. \tag{4.12}$$

Für den Spannungsquellenvektor ergibt sich ebenfalls mit Gl.(4.10):

$$\underline{u}_q = -\ \underline{B}\ \underline{u}_o + \underline{B}\ \underline{R}\ \underline{i}_o = \begin{bmatrix} u_{o3} \\ -R_6\ i_{o6} \end{bmatrix}. \tag{4.13}$$

Die Schleifenströme $\underline{j}$ lassen sich nun nach Inversion von $\underline{Z}$ in folgender Weise nach Gl.(4.11) berechnen:

$$\underline{j} = \underline{Z}^{-1}\ \underline{u}_q$$

$$= \frac{1}{\det(\underline{Z})} \begin{bmatrix} R_2+R_4+R_5+R_6 & R_4 \\ R_4 & R_1+R_3+R_4 \end{bmatrix} \begin{bmatrix} u_{o3} \\ -R_6\ i_{o6} \end{bmatrix}$$

mit $\det(\underline{Z}) = (R_2+R_4+R_5+R_6)(R_1+R_3+R_4) - R_4^2.$

Die gesuchten Werte für Strom und Spannung in Zweig 4 erhält man aus $\underline{i} = \underline{B}^T \underline{j}$ zu

$$i_4 = \frac{1}{\det(\underline{Z})} (u_{o3} (R_2+R_5+R_6) + i_{o6} R_6 (R_1+R_3)) \tag{4.14}$$

und aus $\underline{u} = \underline{R}\ \underline{i} + \underline{u}_o - \underline{R}\ \underline{i}_o$ zu

$$u_4 = R_4\ i_4. \tag{4.15}$$

Eine nähere Betrachtung der Schleifenimpedanzmatrix $\underline{Z}$ in Gl. (4.12) führt zu einer Methode, die die Berechnung dieser Matrix, die symmetrisch ist, wesentlich vereinfacht. Die Elemente auf der Diagonalen, hier a_{11} und a_{22}, bestehen jeweils aus den Summen der Widerstände, die in den Zweigen der zugehörigen Fundamentalschleifen enthalten sind, mit positivem Vorzeichen und ohne Rücksicht auf Quellen. Die anderen Elemente enthalten die Widerstände, die den beiden Fundamentalschleifen, deren Nummern jeweils durch die Indizes festgelegt sind, gemeinsam sind. Im vorliegenden Fall ist der Zweig 4 den beiden Fundamentalschleifen 1 und 2 gemeinsam, so daß R_4 in den Elementen $a_{12} = a_{21}$ enthalten ist. Das negative Vorzeichen ist dadurch bedingt, daß die Umlaufrichtung der beiden zugehörigen Fundamentalschleifen im Zweig 4 nicht gleichsinnig ist. Wäre sie gleichsinnig, selbst wenn die Zweigrichtung zu beiden Umlaufsinnen entgegengesetzt wäre, würde das Vorzeichen positiv sein. Am leichtesten sind die gemeinsamen Zweige und die Vorzeichen aus $\underline{B}$ zu entnehmen. Da die Zeilen von $\underline{B}$ jeweils zu einer Fundamentalschleife gehören, kennzeichnen eine +1 bzw. -1 in derselben Spalte der jeweils betrachteten zwei Zeilen gemeinsame Zweige und damit gemeinsame Widerstände. Sind die Vorzeichen in dieser Spalte gleich, erhält der gemeinsame Widerstand in $\underline{Z}$ ein positives, bei Unterschiedlichkeit ein negatives Vorzeichen. Berücksichtigt man diese Betrachtung bei der Aufstellung von $\underline{Z}$, ist $\underline{Z}$ ohne Matrizenmultiplikationen berechenbar.

Um den Rechenumfang in Netzwerkberechnungen klein zu halten, sollten möglichst viele Widerstände zusammengefaßt werden, und Strom- und Spannungsquellen sollten immer Innenwiderstände enthalten. Dadurch wird die Anzahl der Zweige und Knoten und folglich auch der Fundamentalschleifen verringert.

Bei Zweigen mit Spannungs- oder Stromquellen ohne Innenwiderstände, für die man formal R = O bzw. R = ∞ setzen muß, kann es zu Schwierigkeiten in der Berechnung kommen. Netzwerke mit solchen Zweigen sollten umgeformt werden. Bild 4.7 zeigt zwei Beispiele. In Bild 4.7a wird eine innenwiderstandslose Spannungsquelle so in zwei andere Zweige verlegt, daß ein Zweig

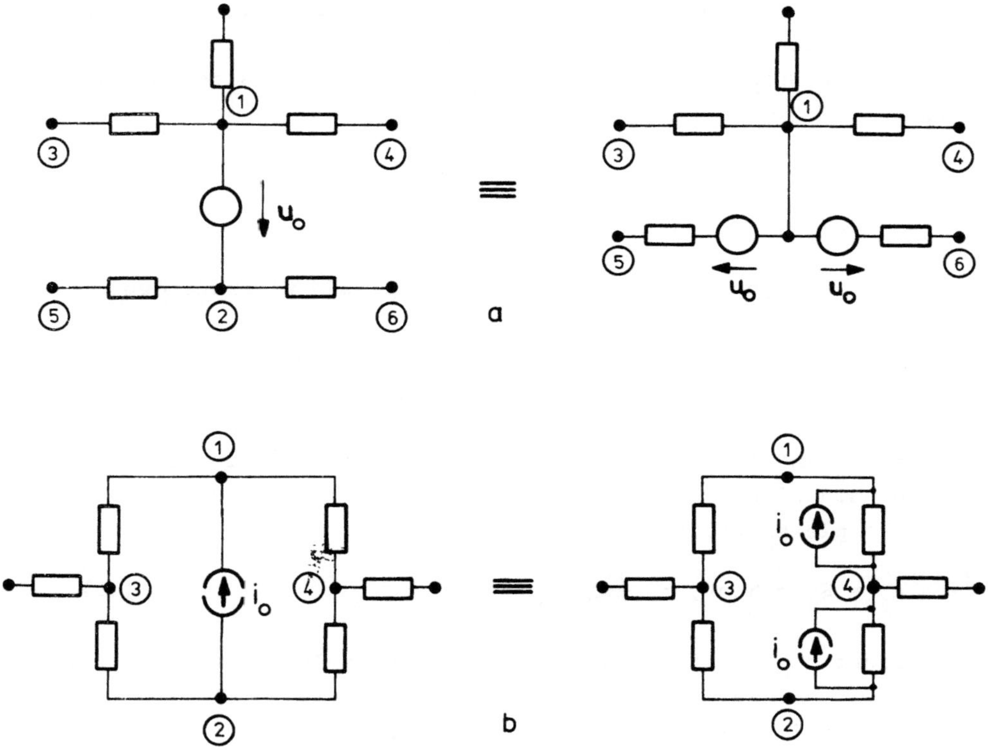

Bild 4.7 Umformung von Netzwerken mit innenwiderstandslosen Quellen

und der Knoten 2 wegfallen, aber die Spannungsbeziehungen zwischen den anderen Knoten, z.B. zwischen Knoten 3 und 5 bzw. zwischen Knoten 4 und 6, nicht verändert werden. In Bild 4.7b ist die Stromquelle verlegt worden, ohne daß der 1. Kirchhoff'sche Satz an den Knoten 1,2,3 und 4 verletzt wurde. Auch hier fällt ein Zweig weg. Es muß betont werden, daß durch diese Umwandlung die Spannungs- und Stromverteilung im Netzwerk, insbesondere in den einzelnen Widerständen, nicht verändert werden. Auch leistungsmäßig hat sich nichts verändert, auch wenn aus einer Quelle jeweils zwei Quellen gebildet wurden. Die Leistungsabgabe der zwei neuen Quellen ist zusammengenommen genauso groß wie die der einen alten Quelle, da die neuen Spannungsquellen in Bild 4.7a bei gleicher Spannung mit Strömen belastet werden, deren Summe dem Strom durch die alte Quelle entspricht. Bei den neuen Stromquellen in Bild 4.7b gilt, daß die Summe der Spannungen gleich der Spannung an der alten Quelle ist.

4.2.3 Analyse von Netzwerken mit komplexen Widerständen

Die Erweiterung der im vorangegangenen Abschnitt abgeleiteten Analyse auf Netzwerke mit komplexen Widerständen birgt keinerlei Schwierigkeiten in sich. Wenn man statt der Augenblickswerte u_j und i_j und der Ohmschen Widerstände R_j die bei stationären sinusförmigen Vorgängen benutzten Zeiger U_j und I_j und die komplexen Widerstände

$$Z_j = R_j + j(\omega L_j - \frac{1}{\omega C_j}) \tag{4.16}$$

einführt und mit ihnen die Matrizen und Spaltenvektoren $\underline{Z}$, $\underline{U}$, $\underline{U}_o$, $\underline{I}$, $\underline{I}_o$, $\underline{J}$ definiert, erhält man die Gln.(4.6) bis (4.11) in folgender Form in komplexer Schreibweise:

$$\underline{U} = \underline{Z}\,\underline{I} + \underline{U}_o - \underline{Z}\,\underline{I}_o, \tag{4.17}$$

$$\underline{I} = \underline{B}^T\,\underline{J}, \tag{4.18}$$

$$\underline{Z}(j\omega)\,\underline{J} = \underline{U}_q, \qquad \text{bzw.} \qquad \underline{J} = \underline{Z}(j\omega)^{-1}\,\underline{U}_q, \tag{4.19}$$

mit der Schleifenimpedanzmatrix $\underline{Z}(j\omega) = \underline{B}\,\underline{Z}\,\underline{B}^T$

und dem Spannungsquellenvektor $\underline{U}_q = -\,\underline{B}\,\underline{U}_o + \underline{B}\,\underline{Z}\,\underline{I}_o$.

Mit diesen Gleichungen kann das stationäre Verhalten von Netzwerken mit Ohmschen Widerständen, Spulen und Kondensatoren bei Wechselspannungen und -strömen in der gleichen Weise berechnet werden wie das für Netzwerke mit nur Ohmschen Widerständen.

Bei der Aufstellung der Schleifenimpedanzmatrix $\underline{Z}(j\omega)$ ist dasselbe vereinfachte Verfahren anwendbar, das schon im vorangegangenen Abschnitt beschrieben wurde. Es wird noch darauf hingewiesen, daß Gegeninduktivitäten nicht in $\underline{Z}$ einbezogen werden können. Berechnungen von Netzwerken mit gekoppelten Spulen werden im Abschnitt 4.6 behandelt.

Im vorangegangenen Abschnitt wurde von der Schleifenimpedanzmatrix $\underline{Z}$ behauptet, daß sie immer vom Rang v und regulär sei. Diese Behauptung beruht auf der Tatsache, daß es keine linearen Ohmschen Widerstände mit negativem Widerstandswert gibt. Dabei gilt ebenfalls, daß $\det(\underline{Z}) > 0$ ist.

Aussagen in dieser Allgemeinheit können über $\underline{Z}(j\omega)$ nicht gemacht werden. Die Determinante von $\underline{Z}(j\omega)$ kann wegen positiver und negativer Blindwiderstände durchaus negative Werte erhalten. Kritisch sind allerdings Netzwerke, bei deren Berechnung die Determinante von $\underline{Z}(j\omega)$ Null ist. Folgendes einfache Beispiel soll diesen Fall erläutern.

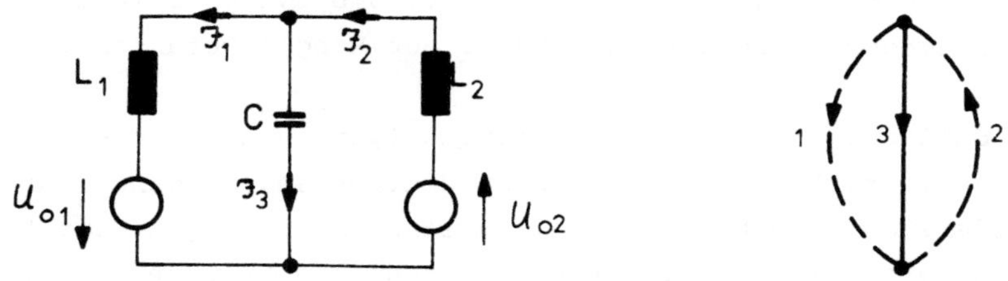

Bild 4.8 Netzwerk, Schaltungsaufbau und Graph

Bild 4.8 gibt ein Netzwerk und den zugehörigen Graphen mit Baum- und Verbindungszweigen wieder. Es soll gelten:

$$\omega L_1 = \omega L_2 = 10\ \Omega, \qquad \frac{1}{\omega C} = 5\ \Omega.$$

Bildet man $\underline{Z}(j\omega)$, erhält man mit v = 2:

$$\underline{Z}(j\omega) = j \begin{bmatrix} 5 & 5 \\ 5 & 5 \end{bmatrix} \Omega. \tag{4.20}$$

Die Berechnung der Determinante dieser Matrix ergibt: $\det(\underline{Z}) = 0$. Dieses Ergebnis sagt aus, daß $\underline{Z}(j\omega)$ nicht den Rang v haben kann, und widerspräche damit der in Abschnitt 4.2.1 gemachten Aussage, daß v die Anzahl der linear unabhängigen Gleichungen angibt. Eine nähere Betrachtung zeigt jedoch, daß das Netzwerk mit den hier vorgegebenen Elementen überhaupt nicht berechenbar ist. Bildet man eine Ersatzschaltung, die beide Spannungsquellen zusammenfaßt und den Kondensator als Belastung ansieht (Bild 4.9), errechnet man für den Innenwiderstand der Ersatzspannungsquelle, der aus der Parallelschaltung der beiden Induktivitäten besteht, den Wert $Z_i = j\ 5\ \Omega$. Der Laststrom I_3

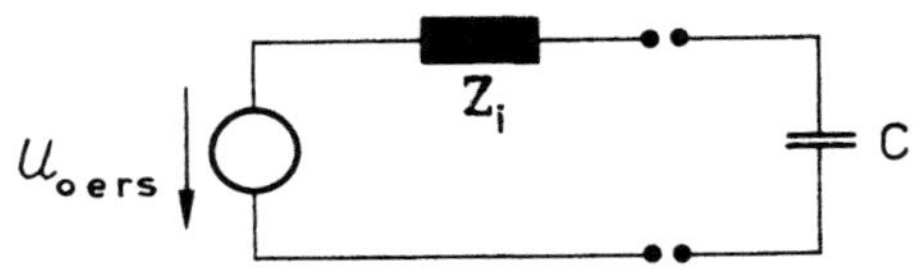

Bild 4.9 Ersatzschaltung für das Netzwerk von Bild 4.8

ist damit theoretisch unendlich groß, da der Gesamtwiderstand aus Innen- und Lastwiderstand Null ist. Die Zweigströme sind nicht berechenbar, selbst wenn für $\underline{Z}$ der Rang 1 gefunden werden kann.
Dieser Fall zeigt, daß eine Vernachlässigung von Ohmschen Wicklungswiderständen der Spulen in Netzwerken, in denen nur Blindwiderstände vorhanden sind, in einigen Fällen zu Berechnungsschwierigkeiten führen kann. Ohmsche Widerstände in Netzwerken führen immer zu $\det(\underline{Z}) \neq 0$, so daß dann der beschriebene Fall nicht vorkommen kann.

Dieser Abschnitt läßt die Vermutung aufkommen, daß die Schleifenimpedanzmatrix und die in Gl.(3.3) definierte Maschenimpedanzmatrix bei in besonderer Weise gewähltem Baum identisch sein können. Daß diese Identität tatsächlich immer herbeigeführt werden kann, wird in Abschnitt 4.4 gezeigt.

4.2.4 Beispiel:
Berechnung des Übertragungsverhaltens eines Bandfilters

Dieses Beispiel soll die Anwendung der Schleifenanalyse in einer Aufgabe der Nachrichtentechnik verdeutlichen und gleichzeitig eine mögliche Methode angeben, mit der ein Transformator in die Schleifenanalyse einbezogen werden kann. Die allgemeine Methode für die Einbeziehung von gekoppelten Spulen, die vorgezogen werden sollte, wird jedoch erst in Abschnitt 4.4 behandelt.

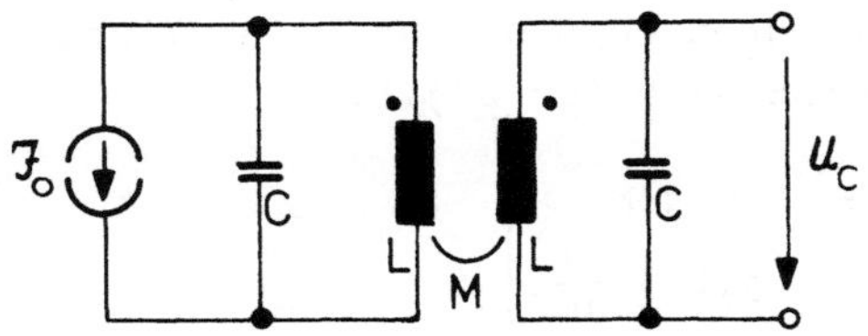

Bild 4.10 Verlustloses Bandfilter

Aufgabenstellung:
Für das in Bild 4.10 aufgezeichnete verlustlose Bandfilter ist mit Hilfe der Schleifenanalyse das Verhältnis U_c/I_o in Abhängigkeit von ω/ω_o mit $\omega_o = (L\ C)^{-1/2}$ und dem Kopplungsfaktor $k = M/L$ zu berechnen.

Lösung:
Da eine direkte Einbeziehung von Gegeninduktivitäten noch nicht behandelt wurde, wird zunächst die Schaltung von Bild 4.10 so umgewandelt, daß in ihr die Ersatzschaltung des Transformators enthalten ist. Bild 4.11 zeigt die dabei entstehende Schaltung und den für sie geltenden Graphen mit einem - frei gewählten - Baum, der Grundlage für die folgende Berechnung ist. Da zwei Verbindungszweige vorhanden sind, gibt es zwei Fundamentalschleifen. Bildet man die Fundamentalschleifenmatrix $\underline{B}$ nach der zu Gl.(4.3) erläuterten Vorschrift, erhält man:

$$\underline{B} = \begin{bmatrix} 1 & 0 & -1 & 1 & 0 \\ 0 & 1 & 0 & 1 & -1 \end{bmatrix}.$$

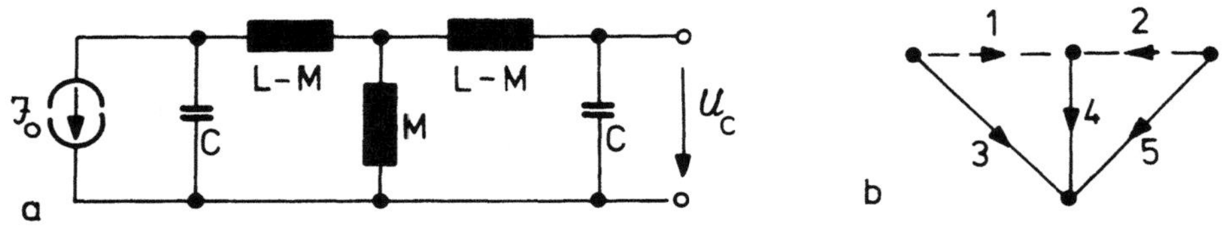

Bild 4.11 a Schaltung mit Ersatzschaltung des Übertragers,
b Graph mit Baum

Mit Hilfe der vereinfachten Methode zur Aufstellung der Schleifenimpedanzmatrix ergibt sich für $\underline{Z}(j\omega)$:

$$\underline{Z}(j\omega) = \begin{bmatrix} j\omega L + \frac{1}{j\omega C} & j\omega M \\ j\omega M & j\omega L + \frac{1}{j\omega C} \end{bmatrix}. \tag{4.21}$$

Der Spannungsquellenvektor lautet nach Berechnung von $\underline{U}_q$ in Gl. (4.19):

$$\underline{U}_q = \begin{bmatrix} -I_o \frac{1}{j\omega C} \\ 0 \end{bmatrix}. \tag{4.22}$$

Die Inversion von $\underline{Z}(j\omega)$ führt zu den Schleifenströmen

$$\underline{J} = \frac{1}{\det(\underline{Z})} \begin{bmatrix} j\omega L + \frac{1}{j\omega C} & -j\omega M \\ -j\omega M & j\omega L + \frac{1}{j\omega C} \end{bmatrix} \begin{bmatrix} -I_o \frac{1}{j\omega C} \\ 0 \end{bmatrix}$$

$$= \frac{1}{\det(\underline{Z})} \begin{bmatrix} -I_o (\frac{L}{C} - \frac{1}{\omega^2 C^2}) \\ I_o \frac{M}{C} \end{bmatrix} \tag{4.23}$$

$$\text{mit} \quad \det(\underline{Z}) = -\frac{\omega^4 C^2 (L^2 - M^2) - 2\omega^2 LC + 1}{\omega^2 C^2}.$$

Den Strom I_5 und die Spannung U_c erhält man unter Beachtung von $\underline{B}^T$ nach Gl. (4.18) zu

$$I_5 = [0 \quad -1] \; \underline{J}$$

bzw.

$$\mathcal{U}_c = \frac{I_5}{j\omega C} = \frac{-j\omega M\ I_o}{\omega^4 C^2 (L^2-M^2) - 2\omega^2 LC + 1}.$$

Nach Einführung von k und ω_o bzw. ω/ω_o ist die auf den Eingangsstrom normierte Ausgangsspannung des Bandfilters

$$\frac{\mathcal{U}_c}{I_o} = \frac{-j\ \frac{\omega}{\omega_o}\ \omega_o M}{(\frac{\omega}{\omega_o})^4 (1-k^2) - 2(\frac{\omega}{\omega_o})^2 + 1}. \qquad (4.24)$$

Damit ist das Übertragungsverhalten berechnet. Um den Leser etwas in die Interpretation solcher Gleichungen einzuführen, sei eine kurze Analyse dieser Gleichung angefügt. Bei Filtern interessiert immer das Betragsverhältnis und die Phasenverschiebung zwischen der Ausgangs- und Eingangsgröße in Abhängigkeit von der Eingangsfrequenz.

Das Betragsverhältnis wird im vorliegenden Fall stark vom Nenner bestimmt. Eine nähere Betrachtung zeigt, daß der Nenner zwei Nullstellen hat, an denen das Betragsverhältnis unendlich groß wird. Sie ergeben sich aus

$$(\frac{\omega}{\omega_o})^4 - \frac{2}{1 - k^2} (\frac{\omega}{\omega_o})^2 + \frac{1}{1 - k^2} = 0$$

nach kurzer Berechnung zu

$$(\frac{\omega}{\omega_o})^2 = \frac{1 \pm k}{1 - k^2}.$$

Die Frequenzen, an denen das Betragsverhältnis $|\mathcal{U}_c/I_o|$ unendlich groß würde - es ist in der Praxis begrenzt durch die Wicklungswiderstände des Übertragers, die berücksichtigt werden müßten -, sind dann

$$\omega_1 = \omega_o\sqrt{\frac{1 - k}{1 - k^2}}, \qquad \omega_2 = \omega_o\sqrt{\frac{1 + k}{1 - k^2}}. \qquad (4.25)$$

Den Verlauf des Betragsverhältnisses, über der normierten Frequenz aufgetragen, gibt Bild 4.12 wieder. Man erhält einen Übertragungsbereich (Bandbreite), der stark vom Kopplungsfaktor k, der zwischen 0 und 1 liegen kann, abhängig ist. Bei

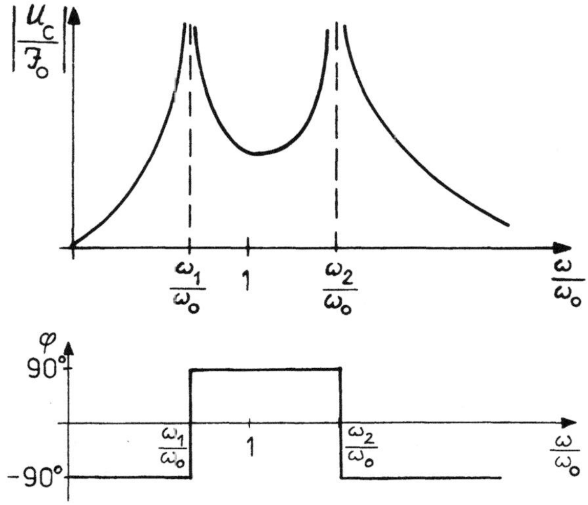

Bild 4.12 Bandfilterkennlinie

Berücksichtigung der Ohmschen Widerstände des Übertragers würde die Kennlinie etwas unterhalb der gezeichneten verlaufen und endliche Maxima bei ω_1 und ω_2 haben. Die Phasenverschiebung φ zwischen Ausgangsspannung und Eingangsstrom beträgt bei $\omega < \omega_1$ und $\omega > \omega_2$ genau -90°, da der Nenner von Gl.(4.24) in diesen Bereichen positiv ist und der Zähler den Faktor -j enthält. Im Bereich ω_1 bis ω_2 ist φ = +90°, weil der Nenner negativ ist.

4.3 Schnittmengenanalyse

Eine zweite, der Schleifenanalyse völlig gleichwertige Netzwerkanalyse ist die Schnittmengenanalyse, die auf der Definition der Fundamentalschnittmengen in einem Netzwerkgraphen mit Baum beruht. Die folgende Ableitung wird in einer Weise durchgeführt, die derjenigen bei der Schleifenanalyse völlig analog ist. Um Vergleiche zwischen beiden Analysen zu erleichtern, wird dasselbe Netzwerk wie bei der Schleifenanalyse als Beispiel benutzt.

4.3.1 Grundlagen

Die Anzahl der Fundamentalschnittmengen ist definitionsgemäß mit der Anzahl der Baumzweige identisch. Wendet man das 1. Kirchhoff'sche Gesetz auf die im Beispiel gegebenen vier Fundamentalschnittmengen an und gibt dabei dem Baumzweigstrom immer ein positives Vorzeichen, erhält man (wegen der besseren Übersichtlichkeit sind die Nummern der Schnittmengen mit den zugehörigen Baumzweignummern gleichgesetzt):

$$\begin{aligned} &\text{Fundamentalschnittmenge 3:} && i_1 + i_3 = 0, \\ &\text{Fundamentalschnittmenge 4:} && -i_1 + i_2 + i_4 = 0, \\ &\text{Fundamentalschnittmenge 5:} && i_2 + i_5 = 0, \\ &\text{Fundamentalschnittmenge 6:} && i_2 + i_6 = 0. \end{aligned} \qquad (4.26)$$

In Matrizenform lautet Gl.(4.26):

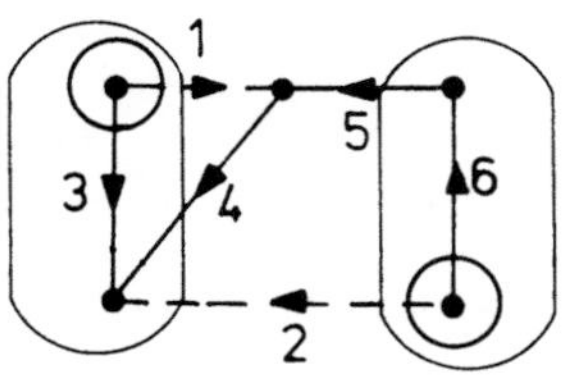

$$\begin{bmatrix} 1 & 0 & 1 & 0 & 0 & 0 \\ -1 & 1 & 0 & 1 & 0 & 0 \\ 0 & 1 & 0 & 0 & 1 & 0 \\ 0 & 1 & 0 & 0 & 0 & 1 \end{bmatrix} \begin{bmatrix} i_1 \\ i_2 \\ i_3 \\ i_4 \\ i_5 \\ i_6 \end{bmatrix} = \begin{bmatrix} 0 \\ 0 \\ 0 \\ 0 \end{bmatrix}$$

bzw.

$$\underline{Q}\,\underline{i} = \underline{0}. \qquad (4.27)$$

Die Matrix $\underline{Q}$ ist die *Fundamentalschnittmengenmatrix*. Sie hat $z-v = k-1$ Zeilen und z Spalten.

Die Elemente von $\underline{Q}$ können ohne Aufstellung der Kirchhoff'schen Gleichungen nach folgender Vorschrift bestimmt werden, wenn der Richtungssinn einer Fundamentalschnittmenge jeweils mit dem des zugehörigen Baumzweigstromes gleichgesetzt wird:

$$q_{ij} = \begin{cases} +1 & \text{wenn Zweig } j \text{ zur Fundamentalschnittmenge } i \text{ gehört und die Richtungssinne übereinstimmen,} \\ -1 & \text{wenn Zweig } j \text{ zur Fundamentalschnittmenge } i \text{ gehört und die Richtungssinne nicht übereinstimmen,} \\ 0 & \text{wenn Zweig } j \text{ nicht zur Fundamentalschnittmenge gehört.} \end{cases}$$

Die Matrix $\underline{Q}$ kann in zwei Untermatrizen aufgeteilt werden:

$$\underline{Q} = \begin{bmatrix} \underline{H} & \underline{E} \end{bmatrix}. \tag{4.28}$$

Da eine der Untermatrizen $\underline{E}$ ist, hat $\underline{Q}$ den Rang k-1. Das bedeutet, daß die Stromgleichungen der Fundamentalschnittmengen zu einem Gleichungssystem mit linear unabhängigen Gleichungen führen. Mit Hilfe der Fundamentalschnittmengenmatrix $\underline{Q}$ und dadurch mit k-1 Stromgleichungen ist deshalb ein Netzwerk vollständig berechenbar.

Um das endgültige Gleichungssystem abzuleiten, müssen noch in Analogie zu den Schleifenströmen $\underline{j}$ in der Schleifenanalyse die *Baumzweigspannungen* $\underline{e}$ eingeführt werden, die mit den Spannungen an den Baumzweigen identisch sind. Die Verbindungszweigspannungen sind eindeutige Linearkombinationen von Baumzweigspannungen, wie man sich leicht an der Definition des Baumes verdeutlichen kann. Man findet:

$$\begin{aligned} &u_3 = e_3, \quad u_4 = e_4, \quad u_1 = e_3 - e_4, \\ &u_5 = e_5, \quad u_6 = e_6, \quad u_2 = e_4 + e_5 + e_6. \end{aligned} \tag{4.29}$$

In Matrizenform lautet Gl.(4.29):

$$\begin{bmatrix} u_1 \\ u_2 \\ u_3 \\ u_4 \\ u_5 \\ u_6 \end{bmatrix} = \begin{bmatrix} 1 & -1 & 0 & 0 \\ 0 & 1 & 1 & 1 \\ 1 & 0 & 0 & 0 \\ 0 & 1 & 0 & 0 \\ 0 & 0 & 1 & 0 \\ 0 & 0 & 0 & 1 \end{bmatrix} \begin{bmatrix} e_3 \\ e_4 \\ e_5 \\ e_6 \end{bmatrix}$$

bzw.

$$\underline{u} = \underline{Q}^T \, \underline{e}. \tag{4.30}$$

Analog zu der Beziehung zwischen Zweigströmen und Verbindungszweigströmen in der Schleifenanalyse sind Zweigspannungen und Baumzweigspannungen mit Hilfe der Fundamentalschnittmengenmatrix $\underline{Q}$ ineinander überführbar.

4.3.2 Analyse von Netzwerken mit Ohmschen Leitwerten

Zur Berechnung eines Netzwerkes müssen - analog zum Vorgehen bei der Schleifenanalyse - nach der Bildung von $\underline{Q}$ die Inhalte der einzelnen Netzwerkzweige in die Gleichungen eingeführt werden. Betrachtet man zuerst wieder nur Netzwerke mit Ohmschen Widerständen/Leitwerten, gilt der allgemeine, in Bild 4.13 noch einmal gezeichnete Netzwerkzweig auch hier. Der Zusammenhang zwischen Zweigstrom und Zweigspannung ist durch folgende Gleichung gegeben:

$$i_j = G_j\, u_j + i_{oj} - G_j\, u_{oj} \qquad \text{mit} \quad j = 1,2...z.$$

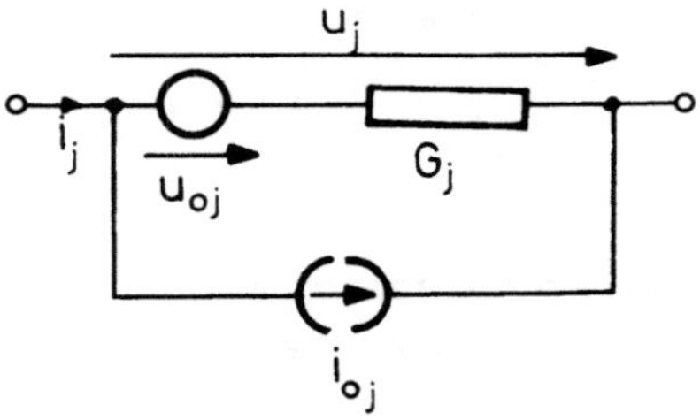

Bild 4.13 Allgemeiner Netzwerkzweig

Die Ströme in allen Netzwerkzweigen ergeben sich nach folgender Matrizengleichung:

$$\underline{i} = \underline{G}\,\underline{u} + \underline{i}_o - \underline{G}\,\underline{u}_o \tag{4.31}$$

mit

$$\underline{G} = \begin{bmatrix} G_1 & & 0 \\ & G_2 & \\ & & \ddots \\ 0 & & & G_z \end{bmatrix}; \qquad \underline{i}_o = \begin{bmatrix} i_{o1} \\ i_{o2} \\ \vdots \\ i_{oz} \end{bmatrix}; \qquad \underline{u}_o = \begin{bmatrix} u_{o1} \\ u_{o2} \\ \vdots \\ u_{oz} \end{bmatrix}.$$

Nach Multiplikation von Gl.(4.31) mit $\underline{Q}$ erhält man:

$$\underline{Q}\,\underline{i} = \underline{Q}\,\underline{G}\,\underline{u} + \underline{Q}\,\underline{i}_o - \underline{Q}\,\underline{G}\,\underline{u}_o = \underline{O}. \tag{4.32}$$

Nach Einführung der Baumzweigspannungen $\underline{e}$ nach Gl.(4.30) kann Gl.(4.32) wie folgt zu der für die Berechnung des Netzwerks maßgebenden Gleichung, in der die unbekannten Baumzweigspannungen in Beziehung zu den bekannten Netzwerkelementen und

Quellen gesetzt werden, umgeschrieben werden:

$$\underline{Q}\ \underline{G}\ \underline{Q}^T\ \underline{e} = -\ \underline{Q}\ \underline{i}_o + \underline{Q}\ \underline{G}\ \underline{u}_o$$

bzw.

$$\underline{Y}\ \underline{e} = \underline{i}_q \tag{4.33}$$

mit der *Schnittmengenadmittanzmatrix* $\underline{Y} = \underline{Q}\ \underline{G}\ \underline{Q}^T$

und dem *Stromquellenvektor* $\underline{i}_q = -\ \underline{Q}\ \underline{i}_o + \underline{Q}\ \underline{G}\ \underline{u}_o$.

Die Schnittmengenadmittanzmatrix ist quadratisch, regulär und vom Rang k-1. Gl.(4.33) stellt damit ein linear unabhängiges Gleichungssystem dar, mit dem durch Invertierung von $\underline{Y}$ zunächst die Baumzweigspannungen nach der Gleichung

$$\underline{e} = \underline{Y}^{-1}\ \underline{i}_q \tag{4.34}$$

und dann nachfolgend mit den Gln.(4.30) und (4.31) alle Spannungen und Ströme des Netzwerks berechnet werden können. Wie bei der Schleifenanalyse ist damit die Berechnung eines Netzwerks mit der Schnittmengenanalyse formal sehr einfach. Die Schwierigkeiten liegen in der Praxis nur bei der Invertierung der Matrix $\underline{Y}$, die bei größeren Matrizen nur von einem Digitalrechner bewältigt werden kann.

Als Beispiel soll wieder das in Bild 4.6 aufgezeichnete Netzwerk mit dem in Bild 4.4 definierten Baum berechnet werden. Mit der in Gl.(4.27) angegebenen Fundamentalschnittmengenmatrix $\underline{Q}$ und der Diagonalmatrix $\underline{G} = \text{diag}\ (G_1, G_2, G_3, G_4, G_5, G_6)$ erhält man die Schnittmengenadmittanzmatrix

$$\underline{Y} = \underline{Q}\ \underline{G}\ \underline{Q}^T = \begin{bmatrix} G_1+G_3 & -G_1 & 0 & 0 \\ -G_1 & G_1+G_2+G_4 & G_2 & G_2 \\ 0 & G_2 & G_2+G_5 & G_2 \\ 0 & G_2 & G_2 & G_2+G_6 \end{bmatrix} \tag{4.35}$$

und den Stromquellenvektor

$$\underline{i}_q^T = \begin{bmatrix} G_3\, u_{03} & 0 & 0 & -i_{06} \end{bmatrix}. \tag{4.36}$$

Die Invertierung von $\underline{Y}$ ist nicht schwierig, jedoch etwas langwierig. Sind die Werte G_1 = 0,1 S, G_2 = 0,05 S, G_3 = 0,25 S, G_4 = 0,04 S, G_5 = 0,2 S und G_6 = 0,01 S gegeben, erhält man:

$$\underline{Y}^{-1} = \begin{bmatrix} 3,54 & 2,39 & -0,096 & -1,91 \\ 2,39 & 8,37 & -0,33 & -6,7 \\ -0,096 & -0,33 & 4,81 & -3,73 \\ -1,91 & -6,7 & -3,73 & 25,36 \end{bmatrix}. \qquad (4.37)$$

(alle Werte in S^{-1})

Sind wieder Spannung und Strom in Zweig 4 gefragt, müssen e_4 = u_4 und i_4 aus den Gln.(4.34) und (4.31) mit Hilfe von Gl.(4.37) berechnet werden.

Ähnlich wie die Schleifenimpedanzmatrix $\underline{Z}$ kann auch die Schnittmengenadmittanzmatrix $\underline{Y}$ nach einer vereinfachten Methode aufgestellt werden. Auf der Diagonalen stehen jeweils die Summen der zu jeder Fundamentalschnittmenge gehörenden Leitwerte in den Zweigen, mit positivem Vorzeichen und ohne Rücksicht auf Quellen. Die anderen Elemente der symmetrischen Matrix enthalten die Leitwerte, die den jeweils den Zeilen und Spalten zugeordneten Fundamentalschnittmengen gemeinsam sind. Diese Leitwerte befinden sich immer in Verbindungszweigen und können am schnellsten anhand der Fundamentalschnittmengenmatrix $\underline{Q}$ in Gl.(4.27) ermittelt werden. Haben 2 Zeilen in einer Spalte Werte ungleich Null, gibt es einen gemeinsamen Leitwert für die betreffenden Fundamentalschnittmengen. Bei Gleichheit der Vorzeichen hat der gemeinsame Leitwert ein positives, bei Ungleichheit ein negatives Vorzeichen. Man findet diese Vorschrift an $\underline{Y}$ in Gl.(4.35) für das betrachtete Netzwerk bestätigt, z.B. für die Elemente $y_{12} = y_{21}$, deren zugeordnete Fundamentalschnittmengen 3 und 4 den Leitwert G_1 gemeinsam haben und deren zugehörige Elemente in $\underline{Q}$ ungleiche Vorzeichen haben.

Um den Rechenumfang klein zu halten, sollten auch hier möglichst viele Leitwerte zusammengefaßt werden. Für Spannungs- und Stromquellen ohne Innenleitwerte gilt ebenfalls das, was in Abschnitt 4.2.2 in Zusammenhang mit Bild 4.7 geschrieben wurde.

Die Schnittmengenadmittanzmatrix $\underline{Y}(j\omega)$ scheint - analog zu $\underline{Z}(j\omega)$ bei der Schleifen- und Maschenanalyse - eine sehr enge Verwandtschaft zur Knotenadmittanzmatrix zu haben. Daß diese beiden Matrizen bei in besonderer Weise gewähltem Baum -alle Baumzweige gehen von einem Knoten aus - immer in Übereinstimmung gebracht werden können, wird in Abschnitt 4.4 gezeigt.

4.3.3 Analyse von Netzwerken mit komplexen Leitwerten

Bei Netzwerken mit komplexen Leitwerten, die von sinusförmigen Spannungen oder Strömen gespeist werden, ändert sich bei der Berechnung des stationären Verhaltens grundsätzlich nichts gegenüber dem im vorangegangenen Abschnitt abgeleiteten Berechnungsvorgang; es müssen nur die Zeiger und die zugehörigen Spaltenvektoren der Spannungen und Ströme $\underline{I}$, $\underline{I}_o$, $\underline{U}$, $\underline{U}_o$, und $\underline{E}$ sowie die komplexen Leitwerte

$$Y_j = G_j + j(\omega C_j - \frac{1}{\omega L_j}) \tag{4.38}$$

in die Gln. (4.30) bis (4.34) eingesetzt werden. Man erhält dann:

$$\underline{I} = \underline{Y}\,\underline{U} + \underline{I}_o - \underline{Y}\,\underline{U}_o, \tag{4.39}$$

$$\underline{U} = \underline{Q}^T\,\underline{E}, \tag{4.40}$$

$$\underline{Y}(j\omega)\,\underline{E} = \underline{I}_q \qquad \text{bzw.} \qquad \underline{E} = \underline{Y}(j\omega)^{-1}\,\underline{I}_q \tag{4.41}$$

mit der Schnittmengenadmittanzmatrix $\underline{Y}(j\omega) = \underline{Q}\,\underline{Y}\,\underline{Q}^T$

und dem Stromquellenvektor $\underline{I}_q = -\,\underline{Q}\,\underline{I}_o + \underline{Q}\,\underline{Y}\,\underline{U}_o$.

Die Schnittmengenadmittanzmatrix $\underline{Y}(j\omega)$ ist im allgemeinen regulär. Berechnungsschwierigkeiten treten nur in besonderen Fällen auf, die denen in Abschnitt 4.2.3 beschriebenen gleichen. Die Unmöglichkeit, das Netzwerk von Bild 4.8 zu berechnen, tritt bei Betrachtung von $\underline{Y}(j\omega)$ für dieses Netzwerk besonders deutlich hervor: $\underline{Y}(j\omega)$ ist eine 1×1-Matrix mit dem Element Null, da die Summe der Leitwerte Null ist.

4.3.4 Beispiel: Berechnung der Spannungen und Ströme in einer Brückenschaltung

Im allgemeinen können Brückenschaltungen nur durch Umwandlungen der Schaltung (Stern - Dreieck - Umwandlung) berechnet werden. Die Schnittmengenanalyse ermöglicht eine direkte Berechnung.

Aufgabenstellung:
Für die in Bild 4.14a aufgezeichnete Brückenschaltung sind Spannung und Strom im Brückenwiderstand R_m zu berechnen.

Werte: $U_o = 10$ V, $R_i = 1\Omega$, $R_a = 2\Omega$, $R_b = 3\Omega$, $R_c = 4\Omega$, $R_d = 5\Omega$, $R_m = 1\Omega$.

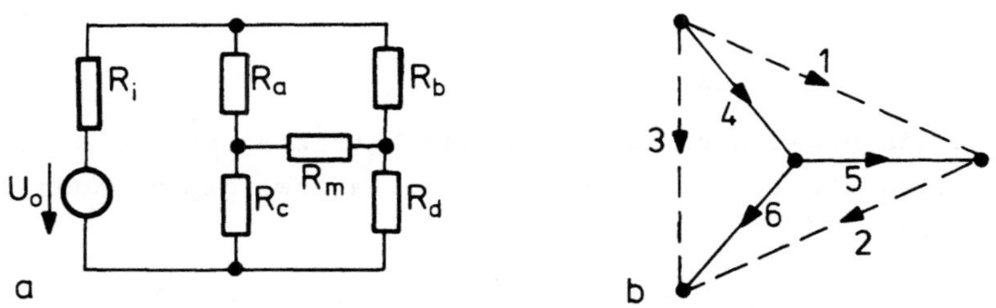

Bild 4.14 Brückenschaltung und zugehöriger Graph mit Baum

Lösung:
Der für die Berechnung gewählte Baum im Graphen des gegebenen Netzwerks ist in Bild 4.14b aufgezeichnet. Er enthält drei Baumzweige, so daß die Schnittmengenadmittanzmatrix $\underline{Y}$ eine 3×3-Matrix sein wird. Die nach der Vorschrift in Gl. (4.27) zu bildende Fundamentalschnittmengenmatrix $\underline{Q}$ erhält man zu

$$\underline{Q} = \begin{bmatrix} 1 & 0 & 1 & 1 & 0 & 0 \\ 1 & -1 & 0 & 0 & 1 & 0 \\ 0 & 1 & 1 & 0 & 0 & 1 \end{bmatrix}. \qquad (4.42)$$

Die Leitwertmatrix und die Spaltenvektoren der Spannungs- und Stromquellen lauten

$$\underline{G} = \mathrm{diag}\,(G_b,\ G_d,\ G_i,\ G_a,\ G_m,\ G_c),$$

$$\underline{u}_o^T = \begin{bmatrix} 0 & 0 & U_o & 0 & 0 & 0 \end{bmatrix},$$

$$\underline{i}_o = \underline{0}.$$

Mit $\underline{Q}$ ergeben sich die Schnittmengenadmittanzmatrix $\underline{Y}$ und der Stromquellenvektor $\underline{i}_q$ zu

$$\underline{Y} = \underline{Q}\ \underline{G}\ \underline{Q}^T = \begin{bmatrix} G_a+G_b+G_i & G_b & G_i \\ G_b & G_m+G_b+G_d & -G_d \\ G_i & -G_d & G_c+G_d+G_i \end{bmatrix},$$

$$\underline{i}_q = \underline{Q}\ \underline{G}\ \underline{u}_o = \begin{bmatrix} G_i\ U_o \\ 0 \\ G_i\ U_o \end{bmatrix}. \qquad (4.43)$$

Setzt man die gegebenen Werte in diese Matrizen ein und bildet die Inversion von $\underline{Y}$, erhält man für die Baumzweigspannungen folgende Werte

$$\underline{e} = \begin{bmatrix} u_4 \\ u_5 \\ u_6 \end{bmatrix} = \begin{bmatrix} 1{,}004 & -0{,}314 & -0{,}736 \\ -0{,}314 & 0{,}763 & 0{,}322 \\ -0{,}736 & 0{,}322 & 1{,}241 \end{bmatrix} \Omega \begin{bmatrix} 10 \\ 0 \\ 10 \end{bmatrix} \mathrm{A} = \begin{bmatrix} 2{,}68 \\ 0{,}08 \\ 5{,}05 \end{bmatrix} \mathrm{V}.$$

In $\underline{e}$ ist die gewünschte Spannung u_5 an R_m enthalten. Sie beträgt 0,08 V. Aus ihr ergibt sich für den gesuchten Strom i_5 nach Gl.(4.31) 80 mA.

4.4 Zusammenhänge zwischen den Analysen

Die vorangehenden Abschnitte deuteten an, daß zwischen den Analysen Beziehungen bestehen. Dieser Abschnitt wird deutlich machen, daß dies nicht nur zwischen der Maschen- und Schleifenanalyse bzw. zwischen der Knoten- und Schnittmengenanalyse der Fall ist, sondern auch zwischen der Schleifen- und Schnittmengenanalyse.

Der Zusammenhang zwischen der Maschen- und Schleifenanalyse erklärt sich daraus, daß die Masche lt. Definition eine spezielle Schleife ist. Wählt man deshalb für ein Netzwerk den Baum und die Richtungen der Verbindungszweige so, daß die Umlaufrichtungen immer gleichsinnig sind und nie mehr als ein Zweig für zwei Umläufe gemeinsam sind - d.h. daß alle Schleifen Maschen sind -, sind Maschen- und Schleifenanalyse völlig identisch. An der Schaltung in Bild 3.1 ist dies sofort nachzuprüfen: Wählt man den Baum so, daß er aus den beiden Innenzweigen besteht und damit die Außenzweige zu Verbindungszweigen werden, ist für den Fall einer gleichsinnig gewählten Richtung der Verbindungszweige $\underline{Z}(j\omega)$ für beide Analysen identisch. Die Verbindungszweige werden nämlich als Außenzweige immer nur bei einem Maschenumlauf, nie bei zwei Umläufen erfaßt.

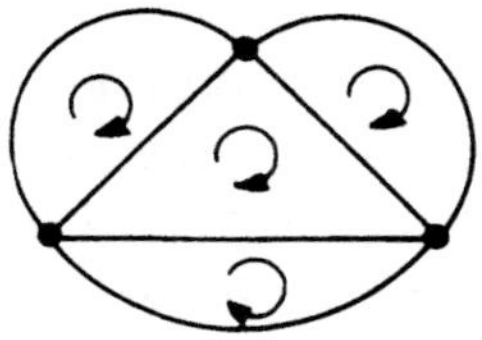
a

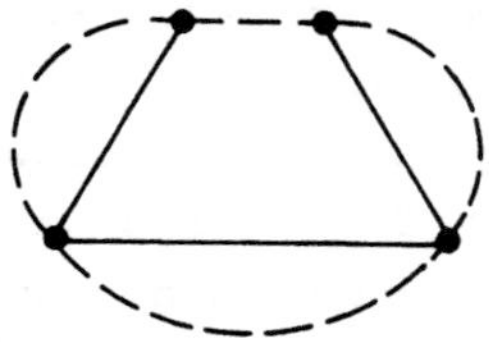
b

Bild 4.15 Netzwerkgraphen

Schwierigkeiten würde bei dieser Vorgehensweise allerdings ein Netzwerk bereiten, daß durch den Graphen von Bild 4.15a repräsentiert würde. Die inneren Zweige würden, falls sie alle Baumzweige wären, eine geschlossene Schleife von Baumzweigen ergeben; dies würde die Definition des Baumes verletzen. Teilt man jedoch einen Knoten in zwei Knoten auf und legt zwischen sie einen widerstandslosen (fiktiven) Zweig, erhält man einen

Baum - wie in Bild 4.15b gezeichnet -, der eine Schleifenanalyse gleich der Maschenanalyse erlaubt, da der fiktive Zweig zu einem Verbindungszweig wird. Der Widerstandswert des fiktiven Zweiges taucht in $\underline{Z}(j\omega)$ nicht auf, er verändert deshalb in keiner Weise die Berechnung des Netzwerkes. Dieses Verfahren kann man in jedem Fall anwenden, um die Übereinstimmung der beiden Analysen zu zeigen, wobei sogar eine Aufteilung eines Knoten in mehr als zwei Knoten notwendig sein kann. Damit ist bewiesen, daß die Maschenanalyse immer eine spezielle Schleifenanalyse ist und deshalb auch Gl.(3.2) ein linear unabhängiges Gleichungssystem darstellt.

Das Verhältnis zwischen Knoten- und Schnittmengenanalyse kann in ähnlicher Weise beschrieben werden. Ist der eine der beiden Teilgraphen, in den bei der Herausnahme der geschnittenen Zweige der Graph zerfällt, immer ein Knoten - dies ist dann der Fall, wenn alle Baumzweige in einem Knoten (dem Bezugsknoten) beginnen oder enden - und haben alle Baumzweige bezüglich des Bezugsknotens dieselbe Richtung, ist für beide Analysen $\underline{Y}(j\omega)$ gleich und die Knotenanalyse als spezielle Schnittmengenanalyse verstehbar.

Auch hier können bei einigen Netzwerken Schwierigkeiten entstehen, weil nicht immer jeder Knotenpunkt über ein Netzwerkelement mit dem Bezugsknoten in Verbindung steht. Diese Schwierigkeit ist ebenfalls durch die Einfügung eines fiktiven Zweiges, diesmal eines Baumzweiges, der den Leitwert Null hat, beseitigbar. Anhand des Netzwerkes in Bild 3.3 ist dies z.B. sofort einzusehen, wenn vom Knoten 2 zum Bezugsknoten ein leitwertloser Zweig eingefügt wird. Damit ist auch hier bewiesen, daß die Knotenanalyse immer eine spezielle Schnittmengenanalyse ist und deshalb auch Gl.(3.8) ein linear unabhängiges Gleichungssystem darstellt.

Es bleibt noch übrig, den Zusammenhang zwischen Schleifen- und Schnittmengenanalyse zu diskutieren. Da beide Analysen gleichwertig sind und immer zu gleichen Ergebnissen kommen müssen, sollte eine Beziehung zwischen Fundamentalschleifen und -schnittmengen, genauer zwischen der Fundamentalschleifenmatrix $\underline{B}$ und der Fundamentalschnittmengenmatrix $\underline{Q}$ des zu berechnenden Netzwerks bestehen. Nach Gl.(4.3) und (4.30) ergibt sich folgende Gleichung:

$$\underline{B}\ \underline{u} = \underline{B}\ \underline{Q}^T\ \underline{e} = \underline{0}.$$

Dieser Ausdruck kann für alle $\underline{e}$ nur Null sein, wenn $\underline{B}\ \underline{Q}^T = \underline{0}$ ist. Mit den Gln.(4.4) und (4.28) erhält man

$$\underline{B}\ \underline{Q}^T = \begin{bmatrix} \underline{E} & \underline{F} \end{bmatrix} \begin{bmatrix} \underline{H}^T \\ \underline{E} \end{bmatrix} = \underline{H}^T + \underline{F} = \underline{0},$$

$$\underline{H}^T = -\underline{F}. \tag{4.44}$$

Diese Gleichung dokumentiert den gesuchten Zusammenhang zwischen der Schleifen- und Schnittmengenanalyse, der auch durch eine analoge Betrachtung mit den Gln.(4.6) und (4.27), d.h. mit $\underline{Q}\ \underline{i} = \underline{Q}\ \underline{B}^T\ \underline{j} = \underline{0}$, gefunden werden kann. Der Leser kann dieses Ergebnis in den Matrizen $\underline{B}$ und $\underline{Q}$ des berechneten Netzwerks bestätigt finden.

Zum Abschluß muß ein Vergleich zwischen den Analyseverfahren erörtert werden. Wie schon erwähnt, sind die Schleifen- und Schnittmengenanalyse bei der Berechnung des stationären Verhaltens eines Netzwerkes gleichberechtigt anwendbar. Vergleicht man jedoch den Rechenaufwand in den Analysen anhand des Netzwerks von Bild 4.6, das beiden Analysen als Beispiel diente, ist sofort erkennbar, daß in diesem Fall die Schleifenanalyse günstiger ist, da weniger Gleichungen vorhanden sind und die Invertierung der Schleifenimpedanzmatrix, einer 2 x 2-Matrix, einen geringeren Rechenaufwand erfordert als die Invertierung der Schnittmengenadmittanzmatrix, einer 4 x 4-Matrix. Verallgemeinert man diese Aussage, führt das zu folgenden Sätzen:

Die Schleifenanalyse ist günstiger bei Netzwerken, deren Graph nach Festlegung eines Baumes *weniger* Verbindungszweige als Baumzweige hat.

Die Schnittmengenanalyse ist günstiger bei Netzwerken, deren Graph nach Festlegung eines Baumes *mehr* Verbindungszweige als Baumzweige hat.

Überträgt man dies auf die Maschen- und Knotenanalyse, so lauten diese Sätze:

> Die Maschenanalyse ist günstiger bei Netzwerken, die *weniger* Maschen als Knoten - den Bezugsknoten nicht mitgezählt - hat.
>
> Die Knotenanalyse ist günstiger bei Netzwerken, die *mehr* Maschen als Knoten - den Bezugsknoten nicht mitgezählt - hat.

4.5 Dualität

Beim Vergleich der Schleifen- und Schnittmengenanalyse fällt eine gewisse Ähnlichkeit auf. Dort, wo bei der einen Analyse Widerstände stehen, sind bei der anderen Leitwerte; dort, wo Spannungen bei der einen stehen, werden bei der anderen Ströme eingesetzt und umgekehrt. Dieses Verhalten der beiden Analysen zueinander nennt man *dual*. Auch Netzwerke können zueinander dual sein, dann wenn das Stromverhalten des einen Netzwerks identisch mit dem Spannungsverhalten des anderen Netzwerks ist und damit z.B. die Schleifenanalyse des einen Netzwerks mit der Schnittmengenanalyse des anderen Netzwerks im Aufwand der Gleichungen wegen der Gleichheit der Anzahl der Verbindungszweige im einen mit der der Baumzweige im anderen völlig übereinstimmt. Das führt zu dem folgenden Satz:

> Zwei Netzwerke verhalten sich dual zueinander, wenn die Reihenschaltung von Widerständen im einen Netzwerk der Parallelschaltung von Leitwerten im anderen Netzwerk entspricht und umgekehrt. Zusätzlich müssen Kondensatoren im einen Netzwerk Spulen im anderen Netzwerk entsprechen und umgekehrt. Auch Spannungs- und Stromquellen vertauschen sich in dualen Netzwerken. Die Baumzweige im einen Netzwerk entsprechen den Verbindungszweigen im anderen und umgekehrt.

Als bestes Beispiel für duale Netzwerke sind der Reihen- und der Parallelschwingkreis zu nennen. Auch Stern- und Dreieckschaltung in der Drehstromtechnik sind dual zueinander. Mit Hilfe des Baumes eines Netzwerkes kann das zu ihm duale Netzwerk gefunden werden. Bild 4.15 verdeutlicht die Verfahrensweise. Bild 4.15a zeigt das Ausgangsnetzwerk.

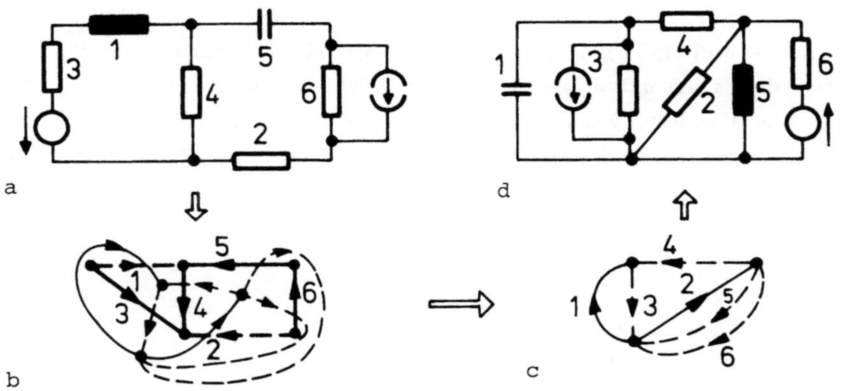

Bild 4.15 Duale Netzwerke

Da die Fundamentalschleifen in Fundamentalschnittmengen übergehen müssen, ist jeder Schleife eine Schnittmenge zuzuordnen. Um dies zeichnerisch durchzuführen, ist es am günstigsten, in jede Schleife des Ausgangsnetzwerks einen Knoten für das duale Netzwerk zu legen und zusätzlich noch einen Knoten außerhalb des Netzwerks anzuordnen (Bild 4.15b). Die Zuordnung der Zweige zueinander erhält man nun dadurch, daß zwischen diesen Knoten immer Zweige so gezeichnet werden, daß die Zweige des Ausgangsnetzwerks einmal gekreuzt werden. Dabei werden Baumzweige zu Verbindungszweigen und umgekehrt. Die Richtungen der dualen Zweige werden so ermittelt, daß zwischen denen des Ausgangsnetzwerk und ihnen immer im gleichen Uhrzeigersinn übergegangen wird. In Bild 4.15c ist der so entstandene Graph etwas übersichtlicher gezeichnet. Nach der Vertauschung der Elemente wie oben beschrieben entsteht das duale Netzwerk in Bild 4.15d. Ermittelt man für das Ausgangsnetzwerk die Fundamentalschleifenmatrix $\underline{B}$ und für das duale Netzwerk die Fundamentalschnittmengenmatrix $\underline{Q}$ (wobei die nach Gl.(4.28) gebildeten Untermatrizen $\underline{E}$ und $\underline{H}$ durch die veränderte Nummerierung vertauscht sind), erhält man:

$$\underline{B} = \begin{bmatrix} 1 & 0 & -1 & 1 & 0 & 0 \\ 0 & 1 & 0 & -1 & -1 & -1 \end{bmatrix}, \quad \underline{Q} = \begin{bmatrix} 1 & 0 & -1 & 1 & 0 & 0 \\ 0 & 1 & 0 & -1 & -1 & -1 \end{bmatrix}.$$

Man sieht daraus, daß für duale Netzwerke $\underline{B}$ und $\underline{Q}$ identisch sind.

Maschen- und Knotenanalyse sind, wie diese Ausführungen zeigen, wegen der fehlenden graphentheoretischen Untermauerung nicht dual zueinander. Erst wenn Sie mit Hilfe notwendiger fiktiver Zweige als spezielle Formen der Schleifen- und Schnittmengenanalyse aufgefaßt werden können, sind sie es.

4.6 Einbeziehung von Vierpolen

In den bisherigen Abschnitten über die Schleifen- und Schnittmengenanalyse sind Vierpole noch nicht einbezogen worden. Im Beispiel des Bandfilters in Abschnitt 4.2.4 wurde die Gegeninduktivität durch Anwendung des T-Ersatzschaltbildes für den Übertrager direkt in Netzwerkelemente umgesetzt. Am Beispiel der Verstärkerschaltung in Bild 3.2 wurde ein anderes Verfahren behandelt: die von anderen Zweiggrößen abhängigen Quellen wurden zunächst als unabhängige Quellen behandelt und dann durch eine Transaktion in die Systemmatrix einbezogen. Diese beiden Verfahren könnten den Eindruck vermitteln, daß man Vierpole, die immer eine Verkopplung der Eingangs- und Ausgangsgrößen in sich haben, nur mit Hilfe solcher Tricks, die allerdings bei einfachen Netzwerken das Rechenverfahren erheblich abkürzen können, in die Netzwerkanalysen einbeziehen kann. Ein Rechner, der auch größere Netzwerke bearbeiten können muß, braucht jedoch ein systematisches Verfahren. Im folgenden soll deshalb ein solches Verfahren, das auf der Einführung von Verkopplungsmatrizen beruht, abgeleitet werden.

Grundsätzlich handelt es sich um das Problem, daß Zweiggrößen sich gegenseitig beeinflussen, d. h. nicht unabhängig voneinander sind; es können jeweils Ströme und Spannungen eines Zweiges die Ströme oder Spannungen eines anderen Zweiges beeinflussen. Die Beeinflussung kann symmetrisch sein wie beim Transformator oder unsymmetrisch wie beim Transistor. Im folgenden wird zunächst der Transformator behandelt. In Abschnitt 4.7 folgt die Einbeziehung des Transistors. Abschnitt 4.8 enthält eine allgemeine Theorie, die alle Verkopplungen umfaßt.

Wie in Abschnit 2.5 über Vierpole erläutert worden ist, werden magnetische Kopplungen zweier Zweige in einem Netzwerk mit Hilfe der Gegeninduktivität M bzw. der inversen Gegeninduktivität Γ_M beschrieben. Führt man für die Differentialgleichungen (2.34) und (2.36) die für stationäre Vorgänge übliche Zeigerschreibweise ein, erhält man:

$$\begin{aligned} U_1 &= j\omega L_1 I_1 + j\omega M I_2, \\ U_2 &= j\omega M I_1 + j\omega L_2 I_2, \end{aligned} \qquad (4.45)$$

bzw.

$$\begin{aligned} I_1 &= \frac{\Gamma_1}{j\omega} U_1 + \frac{\Gamma_M}{j\omega} U_2, \\ I_2 &= \frac{\Gamma_M}{j\omega} U_1 + \frac{\Gamma_2}{j\omega} U_2. \end{aligned} \qquad (4.46)$$

Die Gl. (4.45) kann man so interpretieren, daß die aufgrund der Gegeninduktivität entstehenden Spannungen $j\omega M\, I_1$ und $j\omega M\, I_2$ in den Zweigen, in denen sie auftreten, als zusätzliche Spannungsquellen aufzufassen sind. Diese zusätzlichen Spannungsquellen sind von jeweils anderen Zweigströmen gesteuerte (oder abhängige) Spannungsquellen, im Gegensatz zu den unabhängigen, von außen dem Netzwerk vorgegebenen Spannungsquellen in einem Zweig. Zu dem Spaltenvektor $\underline{U}_o$ mit den unabhängigen Quellenspannungen kommt deshalb ein weiterer, der mit $\underline{V}_{ui}\, \underline{I}$ bezeichnet werden soll, hinzu. Die $z \times z$-Matrix $\underline{V}_{ui}$ soll allgemein kennzeichnen, daß innerhalb des Netzwerks eine Beeinflussung einer Zweigspannung (1. Index u) durch einen anderen Zweigstrom

(2. Index i) stattfindet. Die Diagonale von $\underline{V}_{ui}$ enthält deshalb immer Nullen. Liegen wie im vorliegenden Fall Gegeninduktivitäten vor, ist $\underline{V}_{ui}$ symmetrisch und enthält als Elemente $j\omega M$ an den Stellen, deren Indizes die gekoppelten Zweige bezeichnen. Sind z.B. in einem Netzwerk mit 4 Zweigen, wie es Bild 4.16a zeigt, die Zweige 2 und 4 magnetisch miteinander gekoppelt, lautet $\underline{V}_{ui}$:

$$\underline{V}_{ui} = \begin{bmatrix} 0 & 0 & 0 & 0 \\ 0 & 0 & 0 & j\omega M \\ 0 & 0 & 0 & 0 \\ 0 & j\omega M & 0 & 0 \end{bmatrix} . \qquad (4.47)$$

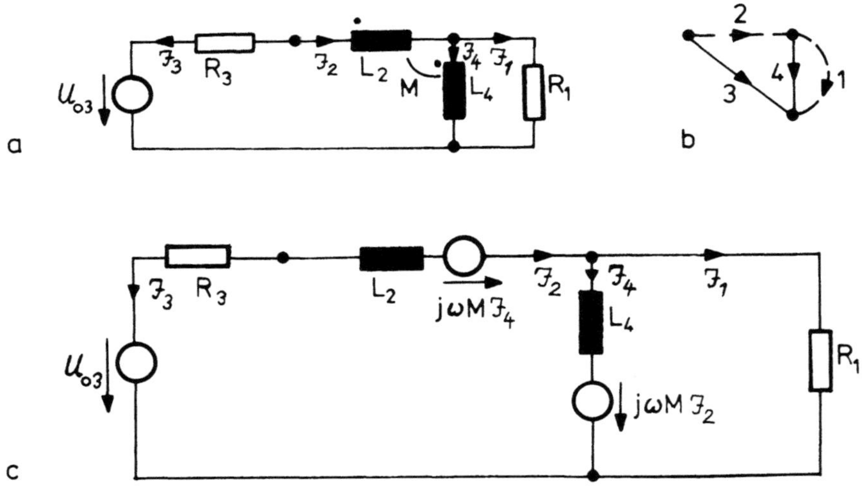

Bild 4.16 Netzwerk mit gekoppelten Spulen

Die Aussage, daß durch $\underline{V}_{ui}\,\underline{I}$ zusätzliche gesteuerte Spannungsquellen vorhanden sind, kann man auch im Ersatzschaltbild einer Schaltung andeuten. Bild 4.16c zeigt dies für das in Bild 4.16a gegebene Netzwerk.

Berücksichtigt man $\underline{V}_{ui}$ bei der Schleifenanalyse in Gl.(4.17), erhält man

$$\underline{U} = \underline{Z}\,\underline{I} + \underline{U}_o - \underline{Z}\,\underline{I}_o + \underline{V}_{ui}\,\underline{I}$$

$$= \underline{Z}'\,\underline{I} + \underline{U}_o - \underline{Z}\,\underline{I}_o \qquad (4.48)$$

mit $\underline{Z}' = \underline{Z} + \underline{V}_{ui}$.

$\underline{Z}'$ verwandelt $\underline{Z}$ aus einer Diagonalmatrix in eine Matrix, in der auch Elemente außerhalb der Diagonalen von Null verschieden sind.

Der Berechnungsweg in der Schleifenanalyse ändert sich nur dahingehend, daß in der Schleifenimpedanzmatrix $\underline{Z}(j\omega)$ jetzt $\underline{Z}'$ statt $\underline{Z}$ auftritt:

$$\underline{Z}(j\omega) = \underline{B}\,\underline{Z}'\,\underline{B}^T \qquad (4.49)$$

Der Spannungsquellenvektor $\underline{U}_q$ bleibt unverändert.

Würde man $\underline{V}_{ui}$ bei der Schnittmengenanalyse berücksichtigen, wäre der Rechengang durch eine zusätzliche Inversion komplizierter, wovon sich der Leser schnell selbst anhand der dabei entstehenden Gleichung für die Zweigströme überzeugen kann:

$$\underline{I} = \underline{Y}\,\underline{U} + \underline{I}_o - \underline{Y}\,(\underline{U}_o + \underline{V}_{ui}\,\underline{I}).$$

Bei der Schnittmengenanalyse ist es deshalb günstiger, von Gl. (4.46) Gebrauch zu machen. Hier kann man - analog zu dem oben Gesagten - die Ausdrücke $\Gamma_M\,U/j\omega$ als zusätzliche Stromquellen auffassen, die jeweils von anderen Zweigspannungen gesteuert werden. Zu dem Quellenstromvektor $\underline{I}_o$ kommt deshalb ein weiterer Vektor $\underline{V}_{iu}\,\underline{U}$ hinzu, in dem die $z \times z$-Matrix $\underline{V}_{iu}$ die Beeinflussung eines Zweigstromes (1. Index) durch eine andere Zweigspannung (2. Index) ausweist. Im Fall des Netzwerks von Bild 4.16 hat $\underline{V}_{ui}$ den gleichen Aufbau wie $\underline{V}_{iu}$, nur die Elemente sind unterschiedlich:

$$\underline{V}_{iu} = \begin{bmatrix} 0 & 0 & 0 & 0 \\ 0 & 0 & 0 & \frac{\Gamma_M}{j\omega} \\ 0 & 0 & 0 & 0 \\ 0 & \frac{\Gamma_M}{j\omega} & 0 & 0 \end{bmatrix}. \qquad (4.50)$$

Bei Einführung von $\underline{V}_{iu}$ in die Schnittmengenanalyse lautet Gl. (4.39):

$$\underline{I} = \underline{Y}\,\underline{U} + \underline{I}_o - \underline{Y}\,\underline{U}_o + \underline{V}_{iu}\,\underline{U}$$

$$= \underline{Y}'\,\underline{U} + \underline{I}_o - \underline{Y}\,\underline{U}_o \qquad (4.51)$$

mit $\underline{Y}' = \underline{Y} + \underline{V}_{iu}$.

$\underline{Y}'$ verwandelt auch hier die Diagonalmatrix $\underline{Y}$ in eine Matrix mit Elementen außerhalb der Diagonalen.

Im Rechnungsgang der Schnittmengenanalyse wird wiederum nur die Schnittmengenadmittanzmatrix beeinflußt:

$$\underline{Y}(j\omega) = \underline{Q}\,\underline{Y}'\,\underline{Q}^T. \qquad (4.52)$$

Eine Einbeziehung von $\underline{V}_{iu}$ in die Schleifenanalyse würde hier die gleichen, oben schon angedeuteten Schwierigkeiten machen.

Mit Hilfe der Matrizen $\underline{V}_{ui}$ bzw. $\underline{V}_{iu}$ ist eine elegante Einbeziehung magnetischer Kopplungen in die Schleifen- bzw. Schnittmengenanalyse gelungen. Es muß nur betont werden, daß man sich für eine der beiden Matrizen entscheiden muß, da nicht beide gleichzeitig für eine einzige magnetische Kopplung eingeführt werden dürfen.

4.7 Berücksichtigung von Verstärkerschaltungen

Im vorangegangenen Abschnitt wurde mit Hilfe von zusätzlichen symmetrischen $\underline{V}$-Matrizen die Einbeziehung von gekoppelten Spulen in die Netzwerkanalyse ermöglicht. Die gezeigte Methode kann sehr leicht dahingehend erweitert werden, daß allgemein auch andersartige Beeinflussungen zwischen Netzwerkströmen und -spannungen erfaßt werden, die unsymmetrisch oder einseitig sein können und zu unsymmetrischen $\underline{V}$-Matrizen führen. Desgleichen können sich auch Netzwerkspannungen untereinander und Netzwerkströme untereinander beeinflussen. In diesen Fällen sind zwei weitere $\underline{V}$-Matrizen $\underline{V}_{uu}$ und $\underline{V}_{ii}$ einzuführen. Als Beispiel dafür dient das Transistorersatzschaltbild für Kleinsignalverhalten in Tabelle 2.1, das in das Schaltbild einer einfachen Verstärkerschaltung (Bild 4.17) einbezogen wurde. Dieses Netzwerk soll im folgenden betrachtet werden.

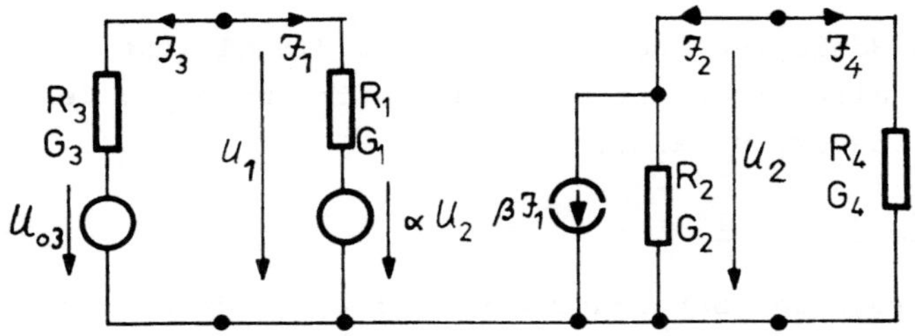

Bild 4.17 Schaltbild einer einfachen Verstärkerschaltung

Die Besonderheit an diesem Netzwerk ist, daß sich Transistoreingangs- und -ausgangsspannung durch den Verstärkungsfaktor α und Transistoreingangs- und -ausgangsstrom durch den Verstärkungsfaktor β gegenseitig beeinflussen. Die $\underline{V}$-Matrizen dafür lauten:

$$\underline{V}_{uu} = \begin{bmatrix} 0 & \alpha & 0 & 0 \\ 0 & 0 & 0 & 0 \\ 0 & 0 & 0 & 0 \\ 0 & 0 & 0 & 0 \end{bmatrix}; \qquad \underline{V}_{ii} = \begin{bmatrix} 0 & 0 & 0 & 0 \\ \beta & 0 & 0 & 0 \\ 0 & 0 & 0 & 0 \\ 0 & 0 & 0 & 0 \end{bmatrix}. \tag{4.53}$$

Berücksichtigt man diese Matrizen, ergibt sich für den Vektor der Zweigspannungen in Erweiterung der Gl.(4.17)

$$\underline{U} = \underline{Z}\ \underline{I} + \underline{U}_o - \underline{Z}\ \underline{I}_o + \underline{V}_{uu}\ \underline{U} - \underline{Z}\ \underline{V}_{ii}\ \underline{I}. \tag{4.54}$$

Faßt man gleichartige Vektoren zusammen, erhält man

$$(\underline{E} - \underline{V}_{uu})\ \underline{U} = \underline{Z}\ (\underline{E} - \underline{V}_{ii})\ \underline{I} + \underline{U}_o - \underline{Z}\ \underline{I}_o. \tag{4.55}$$

Durch Inversion des ersten Klammerausdrucks läßt sich daraus dann die für die Schleifenanalyse notwendige Gleichung

$$\underline{U} = \underline{Z}' \; \underline{I} + \underline{V}_u \; \underline{U}_o - \underline{Z}'' \; \underline{I}_o \tag{4.56}$$

mit $\underline{V}_u = (\underline{E} - \underline{V}_{uu})^{-1}$,

$\underline{Z}' = \underline{V}_u \; \underline{Z} \; (\underline{E} - \underline{V}_{ii})$,

$\underline{Z}'' = \underline{V}_u \; \underline{Z}$

ableiten. Die Schleifenimpedanzmatrix hat die gleiche Form wie in Gl.(4.49), allerdings mit dem hier definierten $\underline{Z}'$. Der Spannungsquellenvektor lautet jetzt:

$$\underline{U}_q = - \underline{B} \; \underline{V}_u \; \underline{U}_o + \underline{B} \; \underline{Z}'' \; \underline{I}_o . \tag{4.57}$$

Nach der vorliegenden Schaltung von Bild 4.17 würde wegen fehlender unabhängiger Stromquellen der zweite Summand in dieser Gleichung wegfallen.

Die Einbeziehung der $\underline{V}$-Matrizen von Gl.(4.53) in die Schnittmengenanalyse geschieht völlig analog. Ausgehend von der Zweigstromvektorgleichung

$$\underline{I} = \underline{Y} \; \underline{U} + \underline{I}_o - \underline{Y} \; \underline{U}_o + \underline{V}_{ii} \; \underline{I} - \underline{Y} \; \underline{V}_{uu} \; \underline{U} \tag{4.58}$$

läßt sich durch Zusammenfassung die folgende, für die Schnittmengenanalyse notwendige Gleichung aufstellen:

$$\underline{I} = \underline{Y}' \; \underline{U} + \underline{V}_i \; \underline{I}_o - \underline{Y}'' \; \underline{U}_o \tag{4.59}$$

mit $\underline{V}_i = (\underline{E} - \underline{V}_{ii})^{-1}$,

$\underline{Y}' = \underline{V}_i \; \underline{Y} \; (\underline{E} - \underline{V}_{uu})$,

$\underline{Y}'' = \underline{V}_i \; \underline{Y}$.

Die in den Gln.(4.56) und (4.59) aufgeführten Matrizen haben für die in Bild 4.17 aufgezeichnete Verstärkerschaltung folgendes Aussehen:

$\underline{Z} = \text{diag}\;(R_1, R_2, R_3, R_4)$; $\quad \underline{Y} = \text{diag}\;(G_1, G_2, G_3, G_4)$;

$$\underline{V}_u = \begin{bmatrix} 1 & \alpha & 0 & 0 \\ 0 & 1 & 0 & 0 \\ 0 & 0 & 1 & 0 \\ 0 & 0 & 0 & 1 \end{bmatrix}; \qquad \underline{V}_i = \begin{bmatrix} 1 & 0 & 0 & 0 \\ \beta & 1 & 0 & 0 \\ 0 & 0 & 1 & 0 \\ 0 & 0 & 0 & 1 \end{bmatrix};$$

$$\underline{Z}' = \begin{bmatrix} R_1-\alpha\beta R_2 & \alpha R_2 & 0 & 0 \\ -\beta R_2 & R_2 & 0 & 0 \\ 0 & 0 & R_3 & 0 \\ 0 & 0 & 0 & R_4 \end{bmatrix}; \quad \underline{Y}' = \begin{bmatrix} G_1 & -\alpha G_1 & 0 & 0 \\ \beta G_1 & G_2-\alpha\beta G_1 & 0 & 0 \\ 0 & 0 & G_3 & 0 \\ 0 & 0 & 0 & G_4 \end{bmatrix};$$

$$\underline{Z}'' = \begin{bmatrix} R_1 & \alpha R_2 & 0 & 0 \\ 0 & R_2 & 0 & 0 \\ 0 & 0 & R_3 & 0 \\ 0 & 0 & 0 & R_4 \end{bmatrix}; \quad \underline{Y}'' = \begin{bmatrix} G_1 & 0 & 0 & 0 \\ \beta G_1 & G_2 & 0 & 0 \\ 0 & 0 & G_3 & 0 \\ 0 & 0 & 0 & G_4 \end{bmatrix}. \qquad (4.60)$$

4.8 Allgemeine Theorie mit Berücksichtigung von gesteuerten Quellen jeder Art

In den beiden vorangegangenen Abschnitten wurden besondere, häufig vorkommende Abhängigkeiten von Netzwerkzweigen untereinander so in die Zweigspannungs- und Zweigstromgleichungen einbezogen, daß sie sich in den beiden Netzwerkanalyseverfahren jeweils nur durch geringfügig veränderte Matrizen auswirkten. In diesem Abschnitt wird eine zusammenhängende Theorie für die Einbeziehung aller möglichen Abhängigkeiten innerhalb einer Schaltung abgeleitet, die aufgrund der Ausführungen in den vorangegangenen Abschnitten dem Leser trotz der vielfältigen Zusammenhänge leicht verständlich sein wird.

Neben den schon behandelten Abhängigkeiten der Zweigspannungen und -ströme untereinander, die durch die $\underline{V}$-Matrizen ausgedrückt werden, sollten auch noch - in der Praxis allerdings selten vorkommende - Quellen einbezogen werden, die von den unabhängigen Spannungs- und Stromquellen eines anderen Zweiges abhängen. Dies kann durch $\underline{K}$-Matrizen geschehen, die eine zu den $\underline{V}$-Matrizen analoge Indizierung haben.

Mit Hilfe der $\underline{V}$- und $\underline{K}$-Matrizen können alle vorkommenden Spannungs- und Stromquellen in einem Netzwerk zu den Vektoren $\underline{U}_0^*$ und $\underline{I}_0^*$ zusammengefaßt werden, um so die abhängigen Quellen mit einem allgemeinen Ansatz in die Schleifen- und Schnittmengenanalyse einzubeziehen:

$$\underline{U}_o^* = \underline{U}_o + \underline{V}_{uu}\,\underline{U} + \underline{V}_{ui}\,\underline{I} + \underline{K}_{uu}\,\underline{U}_o + \underline{K}_{ui}\,\underline{I}_o\,,$$
$$\underline{I}_o^* = \underline{I}_o + \underline{V}_{iu}\,\underline{U} + \underline{V}_{ii}\,\underline{I} + \underline{K}_{iu}\,\underline{U}_o + \underline{K}_{ii}\,\underline{I}_o\,. \qquad (4.61)$$

Die in dieser Gleichung aufgeführten Spaltenvektoren werden im folgenden noch einmal einzeln beschrieben:

Spannungsquellen:

$\underline{U}_o^*$ Vektor aller Spannungsquellen

$\underline{U}_o$ Vektor der unabhängigen Spannungsquellen

$\underline{V}_{uu}\,\underline{U}$ Vektor der durch Zweigspannungen gesteuerten Spannungsquellen

$\underline{V}_{ui}\,\underline{I}$ Vektor der durch Zweigströme gesteuerten Spannungsquellen

$\underline{K}_{uu}\,\underline{U}_o$ Vektor der durch unabhängige Spannungsquellen gesteuerten Spannungsquellen

$\underline{K}_{ui}\,\underline{I}_o$ Vektor der durch unabhängige Stromquellen gesteuerten Spannungsquellen

Stromquellen:

$\underline{I}_o^*$ Vektor aller Stromquellen

$\underline{I}_o$ Vektor der unabhängigen Stromquellen

$\underline{V}_{iu}\,\underline{U}$ Vektor der durch Zweigspannungen gesteuerten Stromquellen

$\underline{V}_{ii}\,\underline{I}$ Vektor der durch Zweigströme gesteuerten Stromquellen

$\underline{K}_{iu}\,\underline{U}_o$ Vektor der durch unabhängige Spannungsquellen gesteuerten Stromquellen

$\underline{K}_{ii}\,\underline{I}_o$ Vektor der durch unabhängige Stromquellen gesteuerten Stromquellen

Bedeutung der Indizes:

1. Index: u bzw. i → Wirkung auf eine Spannungs- bzw. Stromquelle

2. Index: u bzw. i → Herkunft von einer Spannung bzw. von einem Strom

Die Einbeziehung der Spannungsquellen $\underline{U}_o^*$ und der Stromquellen $\underline{I}_o^*$ in den allgemeinen Netzwerkzweig, der den Analysen zugrunde liegen soll, zeigt Bild 4.18.

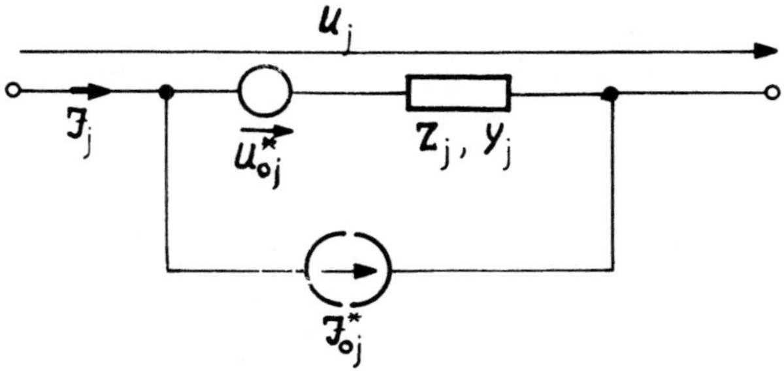

Bild 4.18 Allgemeiner Netzwerkzweig

Die Gleichungen für die Zweigspannungs- und Zweigstromspaltenvektoren lauten für den allgemeinen Netzwerkzweig von Bild 4.17:

$$\begin{aligned} \underline{U} &= \underline{Z}\,\underline{I} + \underline{U}_o^* - \underline{Z}\,\underline{I}_o^*, \\ \underline{I} &= \underline{Y}\,\underline{U} + \underline{I}_o^* - \underline{Y}\,\underline{U}_o^*. \end{aligned} \tag{4.62}$$

Sie unterscheiden sich von den Gln.(4.17) und (4.39) nur durch die Sterne an den Quellenvektoren. Setzt man Gl.(4.61) in diese Gleichungen ein, ergibt sich nach Zusammenfassung gleicher Größen:

$$(\underline{E} - \underline{V}_{uu} + \underline{Z}\,\underline{V}_{iu})\underline{U} =$$
$$(\underline{Z} + \underline{V}_{ui} - \underline{Z}\,\underline{V}_{ii})\underline{I} + (\underline{E} + \underline{K}_{uu} - \underline{Z}\,\underline{K}_{iu})\underline{U}_o - (\underline{Z} - \underline{K}_{ui} + \underline{Z}\,\underline{K}_{ii})\underline{I}_o,$$
$$(\underline{E} - \underline{V}_{ii} + \underline{Y}\,\underline{V}_{ui})\underline{I} =$$
$$(\underline{Y} + \underline{V}_{iu} - \underline{Y}\,\underline{V}_{uu})\underline{U} + (\underline{E} + \underline{K}_{ii} - \underline{Y}\,\underline{K}_{ui})\underline{I}_o - (\underline{Y} - \underline{K}_{iu} + \underline{Y}\,\underline{K}_{uu})\underline{U}_o.$$

Löst man diese Gleichungen nach $\underline{U}$ und $\underline{I}$ auf, erhält man:

$$\underline{U} = \underline{Z}'\,\underline{I} + \underline{V}_u\,\underline{U}_o - \underline{Z}''\,\underline{I}_o,$$
$$\underline{I} = \underline{Y}'\,\underline{U} + \underline{V}_i\,\underline{I}_o - \underline{Y}''\,\underline{U}_o \qquad (4.63)$$

mit

$$\begin{aligned}
\underline{V}_u' &= (\underline{E} - \underline{V}_{uu} + \underline{Z}\,\underline{V}_{iu})^{-1}, \\
\underline{Z}' &= \underline{V}_u'\,(\underline{Z} + \underline{V}_{ui} - \underline{Z}\,\underline{V}_{ii}) &&= (\underline{Y}')^{-1}, \\
\underline{V}_u &= \underline{V}_u'\,(\underline{E} + \underline{K}_{uu} - \underline{Z}\,\underline{K}_{iu}) &&= (\underline{Y}')^{-1}\,\underline{Y}'', \\
\underline{Z}'' &= \underline{V}_u'\,(\underline{Z} - \underline{K}_{ui} + \underline{Z}\,\underline{K}_{ii}) &&= (\underline{Y}')^{-1}\,\underline{V}_i, \\
\underline{V}_i' &= (\underline{E} - \underline{V}_{ii} + \underline{Y}\,\underline{V}_{ui})^{-1}, \\
\underline{Y}' &= \underline{V}_i'\,(\underline{Y} + \underline{V}_{iu} - \underline{Y}\,\underline{V}_{uu}) &&= (\underline{Z}')^{-1}, \\
\underline{V}_i &= \underline{V}_i'\,(\underline{E} + \underline{K}_{ii} - \underline{Y}\,\underline{K}_{ui}) &&= (\underline{Z}')^{-1}\,\underline{Z}'', \\
\underline{Y}'' &= \underline{V}_i'\,(\underline{Y} - \underline{K}_{iu} + \underline{Y}\,\underline{K}_{uu}) &&= (\underline{Z}')^{-1}\,\underline{V}_u.
\end{aligned}$$

Die aus diesen Gleichungen ableitbaren Beziehungen zwischen den $\underline{Z}$ - und $\underline{Y}$ - Matrizen sind ebenfalls angegeben.

Führt man mit den Gl.(4.63) die Schleifen- und Schnittmengenanalyse durch, ergeben sich, wie schon im vorangegangenen Abschnitt erwähnt, die folgenden Matrizen und Quellenvektoren, mit denen die Netzwerkberechnungen nach den Gl.(4.19) bzw. (4.41) durchgeführt werden können:

Schleifenimpedanzmatrix	$\underline{Z}(j\omega) = \underline{B}\,\underline{Z}'\,\underline{B}^T$,	
Schnittmengenadmittanzmatrix	$\underline{Y}(j\omega) = \underline{Q}\,\underline{Y}'\,\underline{Q}^T$,	(4.64)
Spannungsquellenvektor	$\underline{U}_q = -\underline{B}\,\underline{V}_u\,\underline{U}_o + \underline{B}\,\underline{Z}''\,\underline{I}_o$,	
Stromquellenvektor	$\underline{I}_q = -\underline{Q}\,\underline{V}_i\,\underline{I}_o + \underline{Q}\,\underline{Y}''\,\underline{U}_o$.	

Da in der Praxis meistens die $\underline{K}$-Matrizen Null sind - d.h. es gibt keine Beeinflussung der unabhängigen Quellen von einem Zweig in einen anderen -, erhält man folgende Vereinfachungen in Gl.(4.63)

$$\underline{V}_u = \underline{V}_u'; \quad \underline{V}_i = \underline{V}_i'; \quad \underline{Z}'' = \underline{V}_u\,\underline{Z}; \quad \underline{Y}'' = \underline{V}_i\,\underline{Y}. \qquad (4.65)$$

Mit Hilfe der zusätzlichen $\underline{V}$- und $\underline{K}$-Matrizen ist es nun möglich, das stationäre Verhalten von jeder möglichen Netzwerkkonfiguration zu berechnen. Damit ist eine allgemeine Theorie aufgestellt.

4.9 Schematische Lösungswege für die Analysen

Um dem Leser das Arbeiten mit den Gleichungen der Analysen zu erleichtern, wird hier in Tabellenform ein Vorschlag für den Lösungsweg bei einer Netzwerkanalyse gemacht. Die Tabelle enthält die vorzunehmenden Schritte und die aufzustellenden Gleichungen.

	Schleifenanalyse		Schnittmengenanalyse	
1.	Konstruktion des Graphen und eines Baumes			
2.	Nummerierung der Verbindungszweige und Fundamentalschleifen mit 1...v und der Baumzweige und Fundamentalschnittmengen mit v+1...z			
3.	Entscheidung für eine Analyse:			
	v < z-v		z-v < v	
	Aufstellen von			
4.	$\underline{B}$	(4.3)	$\underline{Q}$	(4.27)
5.	$\underline{Z}$, $\underline{U}_o$, $\underline{I}_o$	(4.7/4.17)	$\underline{Y}$, $\underline{I}_o$, $\underline{U}_o$	(4.31/4.39)
6.	$\underline{V}$- und $\underline{K}$-Matrizen	(4.61)	$\underline{V}$- und $\underline{K}$-Matrizen	(4.61)
7.	$\underline{Z}'$, $\underline{Z}''$, $\underline{V}_u$	(4.63)	$\underline{Y}'$, $\underline{Y}''$, $\underline{V}_i$	(4.63)
8.	$\underline{Z}(j\omega)$	(4.10/4.19/4.64)	$\underline{Y}(j\omega)$	(4.33/4.41/4.64)
9.	$\underline{Z}(j\omega)^{-1}$		$\underline{Y}(j\omega)^{-1}$	
10.	$\underline{U}_q$	(4.10/4.19/4.64)	$\underline{I}_q$	(4.33/4.41/4.64)
11.	$\underline{J} = \underline{Z}(j\omega)^{-1}\, \underline{U}_q$		$\underline{E} = \underline{Y}(j\omega)^{-1}\, \underline{I}_q$	
12.	$\underline{I} = \underline{B}^T\, \underline{J}$	(4.6/4.18)	$\underline{U} = \underline{Q}^T\, \underline{E}$	(4.30/4.40)
13.	$\underline{U}$	(4.7/4.17/4.63)	$\underline{I}$	(4.31/4.39/4.63)

4.10 Übungsaufgaben

1. Ein Drehstromgenerator in Sternschaltung speist über eine lange Leitung mit den Impedanzen Z_R, Z_S und Z_T einen Verbraucher in Dreieckschaltung mit den Strangimpedanzen Z_{RS}, Z_{ST} und Z_{TR}. Zeichnen Sie die Schaltung mit allen Zählpfeilen für die Spannung und stellen Sie einen Graphen für dieses Netzwerk auf. Geben Sie die Verbindungsmatrix $\underline{A}$, zwei verschiedene Bäume und zu jedem Baum zwei Fundamentalschleifen und zwei Fundamentalschnittmengen an.

2. Ermitteln Sie für das skizzierte Netzwerk die Schleifenimpedanzmatrix.

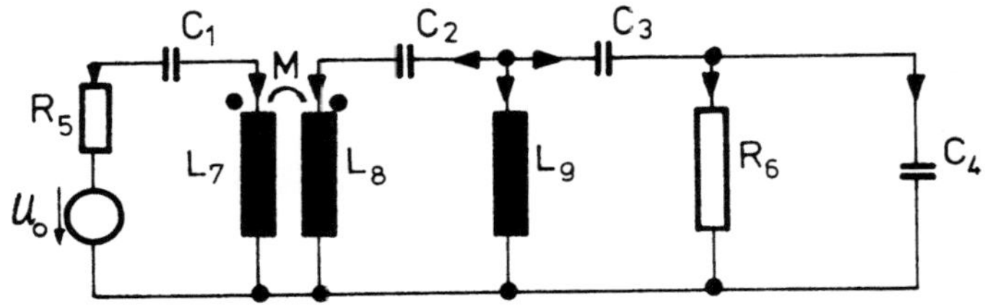

3. Berechnen Sie alle Spannungen und Ströme in dem skizzierten Netzwerk mit Hilfe der Schleifenanalyse. Unter welcher Bedingung wird die Spannung $U_x = 0$?

   Hinweis: Verwenden Sie nach der Aufstellung von $\underline{Z}(j\omega)$ die Abkürzungen $Z_L = R + j\omega L$ und $Z_c = R + 1/(j\omega C)$.

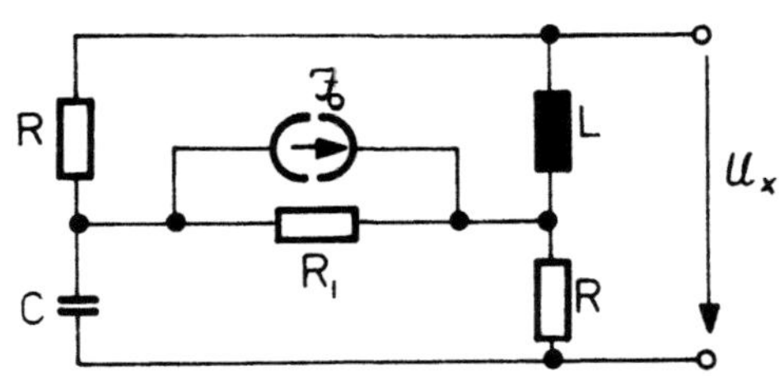

4. Wandeln Sie das skizzierte Netzwerk so um, daß keine Zweige mit Quellen ohne Innenwiderstände vorhanden sind, und zeichnen Sie den zugehörigen Graphen.

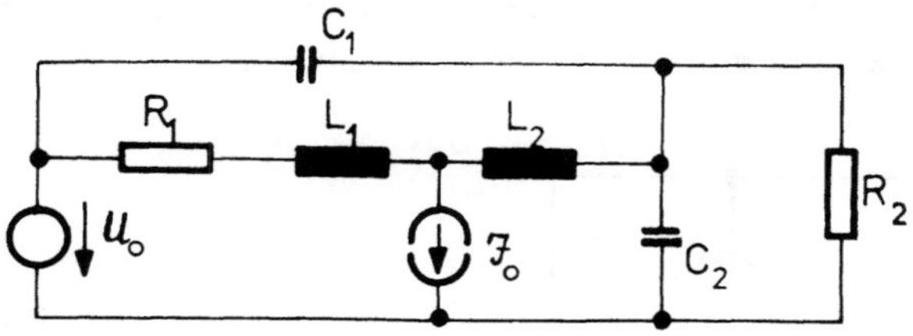

5. Mit der skizzierten Meßschaltung wurde der Strom durch den Widerstand R_x gemessen. Berechnen Sie mit Hilfe der Schnittmengenanalyse, ob dabei der Shunt R_s oder der Widerstand R_x überlastet wurde. Welche Leistungen werden im Generatorinnenwiderstand R_o und im Meßwerkwiderstand R_m umgesetzt?

Werte: $I_o = 20$ mA; $R_s = 20\ \Omega/0{,}25$ W; $R_x = 2\ \text{k}\Omega/0{,}25$ W;

$R_m = 200\ \Omega$; $R_o = 10\ \text{k}\Omega$.

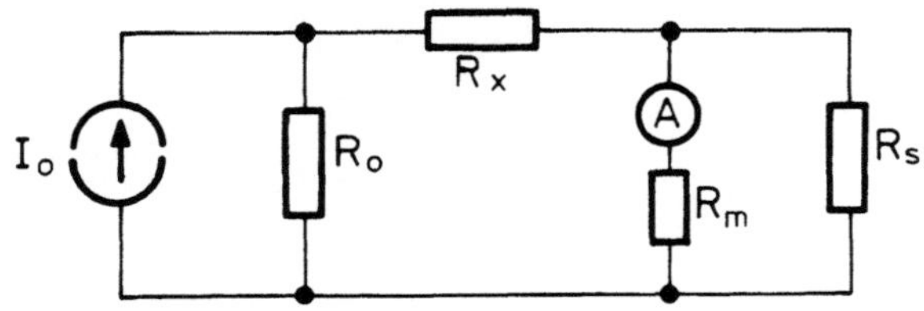

6. Stellen Sie für das skizzierte Netzwerk die $\underline{V}$-Matrizen auf.

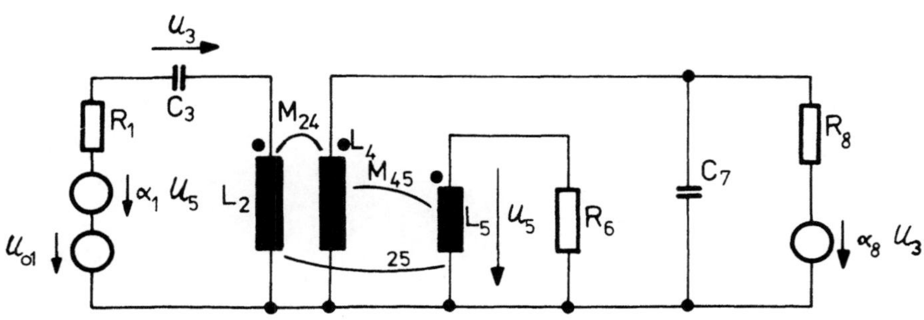

7. Gegeben ist das gezeichnete aktive Tiefpaßfilter. Das Verhalten des Operationsverstärkers kann durch das vereinfachte Ersatzschaltbild, das ebenfalls aufgezeichnet ist, nachgebildet werden. Berechnen Sie die Schnittmengenadmittanzmatrix und den Stromquellenvektor.

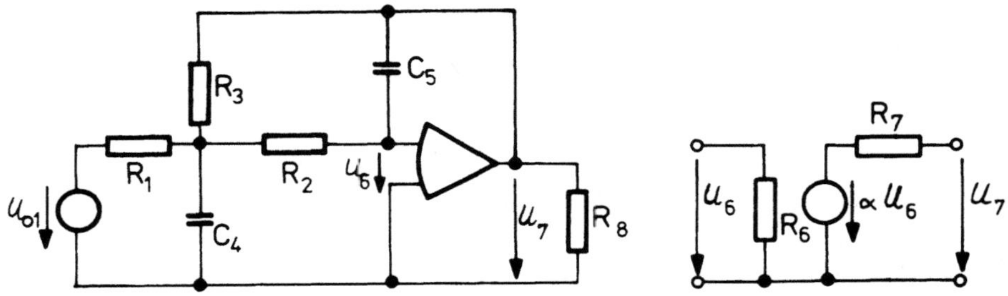

8. Bilden Sie das zum Netzwerk der Aufgabe 2 duale Netzwerk.

5. ZUSTANDSGLEICHUNGEN FÜR DAS DYNAMISCHE VERHALTEN VON NETZWERKEN

Die bisherigen Ausführungen galten dem stationären Verhalten von Netzwerken. Als dynamisches Verhalten bezeichnet man das Verhalten eines Netzwerks bzw. allgemein eines Systems, das zwischen zwei stationären Zuständen nach einer Änderung der Eingangsgrößen, z.B. beim Ein- oder Abschalten der Quellen des Systems, vorhanden ist. Da in elektrischen Netzwerken im allgemeinen Energiespeicher enthalten sind, deren Energie sich nicht sprunghaft ändern kann, entstehen Ausgleichsvorgänge zwischen zwei stationären Zuständen. Mathematisch drückt sich das dadurch aus, daß Differentialgleichungen auftreten, die das Verhalten des Systems beschreiben. Systeme, deren Verhalten durch Differentialgleichungen beschrieben werden, werden allgemein als *dynamische Systeme* bezeichnet. In diesem und den folgenden Kapiteln geht es deshalb um die Aufstellung, die Form und die Lösungswege von Differentialgleichungen für dynamische Systeme, im besonderen für elektrische Netzwerke. Zur systematischen Aufstellung der Differentialgleichungen wird wiederum die Graphentheorie herangezogen werden.

5.1 Zustandsgrößen in Netzwerken

Der Zustand eines Netzwerks ist durch die Verteilung der elektrischen und magnetischen Energien - und gegebenenfalls anderer Energien wie der Rotationsenergie bei elektrischen Maschinen - im Netzwerk bestimmt. Elektrische und magnetische Energien werden in Kondensatoren und Spulen gespeichert. Bei Kondensatoren hängt die gespeicherte Energie w wegen $w = C\,u^2/2$

nur von der anliegenden Spannung ab, nicht vom durchfließenden Strom. In einer RC - Schaltung, wie sie Bild 5.1 zeigt, ändert sich bekanntlich die Kondensatorspannung bei sprungartigen Än-

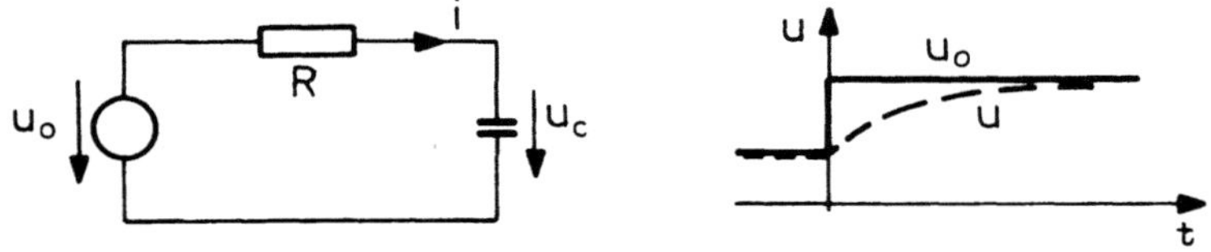

Bild 5.1 RC - Schaltung

derungen der Eingangsspannung nach einer e-Funktion. Die Differentialgleichung, die dieses System vollständig beschreibt, lautet:

$$RC \frac{du_C}{dt} + u_C = u_o . \qquad (5.1)$$

Die Kondensatorspannung zusammen mit der Eingangsspannung bestimmt damit in jedem Augenblick den Zustand, genauer den Energiezustand des Netzwerks. Allgemein werden deshalb Kondensatorspannungen als *Zustandsgrößen* in einem Netzwerk bezeichnet. Kondensatorströme können - soweit sie nicht auch gleichzeitig durch Spulen fließen - keine Zustandsgrößen sein, da der Ladungszustand und damit der Energiezustand eines Kondensators nicht durch den Augenblicksstrom, sondern das Zeitintegral über den Strom bestimmt wird. In der Schaltung von Bild 5.1 ist z.B. vor dem Sprung der Eingangsspannung der Strom i = O, obwohl im Netzwerk, genauer im Kondensator, Energie gespeichert ist.

Für die Energiezustände von Spulen gelten völlig analoge Betrachtungen, nur daß hier die Ströme Zustandsgrößen sind. Die Spulenspannung kann Null sein, auch wenn in der Spule magnetische Energie gespeichert ist, wie z.B. bei Gleichstrom. In mechanischen Systemen sind z.B. Federdruck, Geschwindigkeit oder Drehzahl Zustandsgrößen.

5.2 Zustandsgleichungen in Normalform

Da für jeden in einem dynamischen System befindlichen Energiespeicher eine Differentialgleichung 1. Ordnung gefunden werden kann, bestimmt die Anzahl der Energiespeicher die Anzahl und Ordnung der Differentialgleichungen, die das gesamte System vollständig beschreiben. Die Ordnung n eines dynamischen Systems ist jedoch nur mit der Zahl der *unabhängigen* Energiespeicher identisch, die zu n Gleichungen 1. Ordnung, zu einer Gleichung n-ter Ordnung oder zu dazwischen liegenden Kombinationen führen. Die Spannungen an zwei parallelgeschalteten Kondensatoren sind z.B. abhängig voneinander, sie sind immer gleich groß. Parallel geschaltete Kondensatoren stellen deshalb nur einen unabhängigen Energiespeicher dar. Analog dazu stellen zwei in Reihe geschaltete Spulen auch nur einen unabhängigen Energiespeicher dar. Auf andere Fälle abhängiger Energiespeicheranordnungen wird später noch hingewiesen.

Bezeichnet man die Zustandsgrößen eines Systems mit x_1, x_2,... x_n und die Eingangsgrößen mit w_1, w_2,...w_r, kann ein dynamisches System, in dem allgemein die Änderung einer Zustandsgröße von dem jeweiligen Energiezustand und von den Eingangsgrößen abhängig ist, wie folgt beschrieben werden:

$$\underline{\dot{x}} = f(\underline{x}, \underline{w}, t) \tag{5.2}$$

mit $\underline{x} = [x_1 \quad x_2 \quad \dots \quad x_n]^T$,

$\underline{w} = [w_1 \quad w_2 \quad \dots \quad w_r]^T$.

Die Ausgangsgrößen eines Systems sollen mit y_1, y_2,...y_p bezeichnet werden. Sie hängen allgemein von den Zustands- und Eingangsgrößen ab:

$$\underline{y} = g(\underline{x}, \underline{w}, t) \tag{5.3}$$

mit $\underline{y} = [y_1 \quad y_2 \quad \dots \quad y_p]^T$.

Auf die Form der Funktionen f und g für ein lineares System - ein System mit linearer Abhängigkeit von den Zustandsgrößen - soll anhand des folgenden Beispiels eingegangen werden. Die

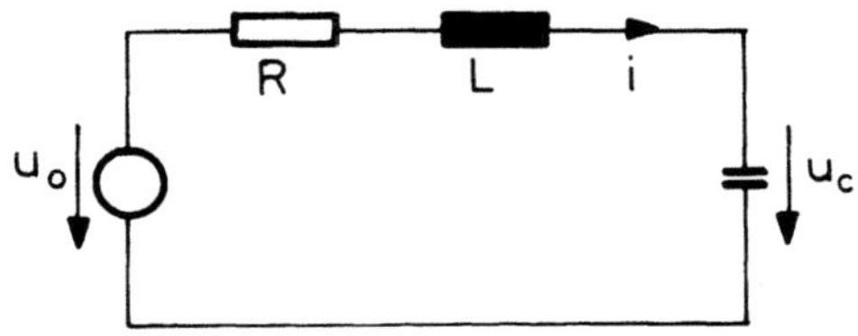

Bild 5.2 Netzwerk

Differentialgleichungen für das in Bild 5.2 aufgezeichnete Netzwerk lauten:

$$L \frac{di_L}{dt} = u_o - u_C - R\, i_L,$$

$$C \frac{du_C}{dt} = i_L. \qquad (5.4)$$

In Matrizenschreibweise erhält man für Gl.(5.4) mit den in einem Spaltenvektor zusammengefaßten Zustandsgrößen:

$$\frac{d}{dt}\begin{bmatrix} i_L \\ u_C \end{bmatrix} = \begin{bmatrix} -\frac{R}{L} & -\frac{1}{L} \\ \frac{1}{C} & 0 \end{bmatrix}\begin{bmatrix} i_L \\ u_C \end{bmatrix} + \begin{bmatrix} \frac{1}{L} \\ 0 \end{bmatrix} u_o. \qquad (5.5)$$

Ist die Spannung an der Induktivität die Ausgangsgröße des Netzwerks, ist

$$y = u_L = u_o - u_C - R\, i_L$$

bzw. in Matrizenform

$$y = \begin{bmatrix} -R & -1 \end{bmatrix}\begin{bmatrix} i_L \\ u_C \end{bmatrix} + u_o. \qquad (5.6)$$

Die Gln.(5.5) und (5.6) können in allgemeiner Form wie folgt geschrieben werden:

$$\underline{\dot{x}} = \underline{A}\,\underline{x} + \underline{b}\, w,$$

$$y = \underline{c}^T\,\underline{x} + d\, w. \qquad (5.7)$$

Die Gln. (5.7) stellen die *Normalform* der Zustands- und Ausgangsgleichungen eines linearen dynamischen Systems mit nur einer Eingangs- und einer Ausgangsgröße dar. Sind mehrere Eingangsgrößen vorhanden, ändern sich $\underline{b}$ zu $\underline{B}$ und d zu $\underline{d}$. Die Matrix $\underline{A}$ wird oft als *Systemmatrix* und der Vektor $\underline{b}$ als *Steuervektor* bezeichnet.

Ist ein System in Form von nur einer Differentialgleichung n-ter Ordnung gegeben, ist diese leicht in n Differentialgleichungen 1. Ordnung überführbar und damit in Normalform darstellbar. Anhand des folgenden Beispiels kann der Leser leicht selbst diese Umwandlung nachvollziehen:

$$\frac{d^3x}{dt^3} + 4\,\frac{d^2x}{dt^2} + 3\,\frac{dx}{dt} + 2\,x = w. \qquad (5.8a)$$

Mit $x_1 = x$, $\dot{x}_1 = \dot{x} = x_2$, $\dot{x}_2 = \ddot{x} = x_3$ und $\dot{x}_3 = \dddot{x}$ erhält man für diese Gleichung folgende Normalform:

$$\begin{bmatrix} \dot{x}_1 \\ \dot{x}_2 \\ \dot{x}_3 \end{bmatrix} = \begin{bmatrix} 0 & 1 & 0 \\ 0 & 0 & 1 \\ -2 & -3 & -4 \end{bmatrix} \begin{bmatrix} x_1 \\ x_2 \\ x_3 \end{bmatrix} + \begin{bmatrix} 0 \\ 0 \\ 1 \end{bmatrix} w. \qquad (5.8b)$$

Die Matrix $\underline{A}$ hat hier die sogenannte *Frobenius*-Form.

Die Gln. (5.7) in Normalform werden die Ausgangsbasis für Lösungsberechnungen von Differentialgleichungen im 7. bis 10. Kapitel sein. Es wird deshalb bei der Berechnung des dynamischen Verhaltens von Systemen zuerst immer die Aufgabe darin bestehen, die Systemgleichungen in die Normalform zu bringen. Das ist im allgemeinen nicht so leicht, wie es das Beispiel des Reihenschwingkreises erscheinen läßt. Es wird deshalb im folgenden Abschnitt ein systematisches Verfahren abgeleitet, das mit Hilfe des Netzwerkgraphen aus der Graphentheorie die Aufstellung von Netzwerkgleichungen in Normalform ermöglicht. Damit bildet die Graphentheorie auch die Grundlage für die systematische Berechnung des dynamischen Verhaltens von Netzwerken. Der Vorteil einer systematischen Behandlung liegt wiederum darin, daß das Verhalten von umfangreichen Netzwerken mit Hilfe eines Digitalrechners leicht berechnet werden kann. Bei kleineren Netzwerken ist die systematische Methode allerdings nicht immer die bequemste und zeitlich schnellste Methode.

Bevor die Ableitung des systematischen Verfahrens begonnen wird, ist es angebracht, noch eine Bemerkung über nichtlineare und zeitliche Abhängigkeiten in Differentialgleichungen einzuschieben. Ob eine Differentialgleichung linear, nichtlinear, zeitinvariant oder zeitvariant ist, ist dadurch festgelegt, welche von diesen Eigenschaften die Matrizen $\underline{A}$, $\underline{b}$, $\underline{c}$ und d in den Gln. (5.7) haben. Sind die Elemente dieser Matrizen z.B. von den Zustandsgrößen abhängig, dann haben die Zustandsgrößen eine von 1 verschiedene Potenz, oder es treten Produkte von Zustandsgrößen untereinander auf. Solche Gleichungen sind immer nichtlinear. Eine zeitliche Abhängigkeit der Matrixelemente führt zur Zeitvarianz der Gleichungen. Gleichungen, die nicht in die Normalform gebracht werden können, sind ebenfalls nichtlinear.

5.3 Aufstellung der Zustandsgleichungen mit dem Netzwerkgraphen

Spannungen an Kondensatoren und Ströme in Spulen wurden in Abschnitt 5.1 als Zustandsgrößen eines Netzwerks erkannt. Die Berechnung ihrer Verläufe erfolgt mit Hilfe jeweils einer Differentialgleichung 1. Ordnung pro Zustandsgröße. Daraus ist zu folgern, daß das dynamische Verhalten eines Netzwerks durch so viele Differentialgleichungen 1. Ordnung beschrieben wird, wie es Energiespeicher bzw. genauer unabhängige Energiespeicher im Netzwerk gibt. Das Wort "unabhängig" muß hinzugefügt werden, da z.B. in einer Schleife mit drei Zweigen, die jeweils nur einen Kondensator enthalten, eine der drei Kondensatorspannungen nach dem zweiten Kirchhoff'schen Gesetz linear abhängig von den beiden anderen ist und damit nicht zu einer eigenen Differentialgleichung führt. Das Analoge würde für einen der Ströme in den Zweigen einer Schnittmenge gelten, in denen nur jeweils Spulen enthalten sind. Abhängig ist auch dann einer der Kondensatoren in einer Schleife, wenn diese nur Kondensatoren und

Spannungsquellen enthält, und analog dazu auch eine der Spulen in einer Schnittmenge, die nur Spulen und Stromquellen enthält.

Für das Beispiel des Reihenschwingkreises von Bild 5.2 war es besonders leicht, die Normalform der Zustandsgleichungen zu finden, da rechts vom Gleichheitzeichen der Gl.(5.4) nur Zustands- und Eingangsgrößen auftraten. Im allgemeinen ist das jedoch nicht der Fall, da bei der Differentialgleichungsaufstellung zunächst auch andere Größen als Zustands- und Eingangsgrößen auf der rechten Gleichungsseite stehen können. Diese Größen müssen dann dadurch entfernt werden, daß sie ihrerseits als Funktion der Zustands- und Eingangsgrößen ausgedrückt und durch diese ersetzt werden. Dies wird im Mittelpunkt dieses Abschnitts stehen. Wie schon erwähnt, wird dazu der Netzwerkgraph, genauer der Baum des Netzwerkgraphen, der schon Grundlage der linear unabhängigen Bestimmungsgleichungen für das stationäre Verhalten war, benutzt. Der Baum, der für die Analyse des dynamischen Verhaltens gebraucht wird, muß jedoch einige zusätzliche Bedingungen zu den im Abschnitt 4.1.4 definierten Bedingungen erfüllen; sie werden im folgenden erläutert.

5.3.1 Eigenbaum

Zur Aufstellung der Differentialgleichungen mit Hilfe des Netzwerkgraphen ist jedem Netzwerkelement ein eigener Zweig zuzuordnen. Dies ist die erste der oben erwähnten zusätzlichen Bedingungen. Sie ist notwendig, um zu gewährleisten, daß Kondensatorspannungen Zweigspannungen und Spulenströme Zweigströme werden und damit als unabhängige Netzwerkvariable auftreten können.

Bei der Schleifen- und Schnittmengenanalyse war die Bildung eines Baumes das wichtigste Hilfsmittel, um linear unabhängige Gleichungen zu erhalten. In diesen Gleichungen waren bei der

Schleifenanalyse die Verbindungszweigströme und bei der Schnittmengenanalyse die Baumzweigspannungen die unabhängigen Variablen. Bei der Analyse des dynamischen Verhaltens kann man nun nicht zwischen zwei Methoden wählen, in denen entweder Spannungen oder Ströme die unabhängigen Variablen sind, da die Zustandsgrößen, die sowohl als Spannungen als auch als Ströme auftreten können, die unabhängigen Variablen in einem dynamischen System sind. Aus diesem Grund müssen sowohl die mit der Fundamentalschleifenmatrix $\underline{B}$ nach Gl.(4.3) als auch die mit der Fundamentalschnittmengenmatrix $\underline{Q}$ nach Gl.(4.27) aufgestellten linear unabhängigen Gleichungen zur Analyse eines dynamischen Systems benutzt werden. Da jedoch nur so viele Gleichungen, wie Zustandsgrößen vorhanden sind, gebraucht werden, muß eine Auswahl aus den mit $\underline{B}$ und $\underline{Q}$ gebildeten Gleichungen nach einem im nächsten Abschnitt beschriebenen Verfahren getroffen werden.

Wie schon erläutert, sind Spulenströme und Kondensatorspannungen Zustandsgrößen und damit die unabhängigen Variablen in einem dynamischen System. Da die mit $\underline{B}$ und $\underline{Q}$ gebildeten Gleichungen für die systematische Aufstellung der Zustandsgleichungen herangezogen werden, muß gewährleistet sein, daß in ihnen Spulenströme als Verbindungszweigströme und Kondensatorspannungen als Baumzweigspannungen auch die unabhängigen Variablen sind. Das führt zu der zweiten zusätzlichen Bedingung für die Aufstellung eines Baumes, die vorschreibt, welche Zweige eines Netzwerks zu Baumzweigen und welche zu Verbindungszweigen zu machen sind. Ein Baum, der diese zusätzlichen Bedingungen erfüllt, wird Eigenbaum genannt und hat folgende Definition:

> Ein *Eigenbaum* im Graphen eines Netzwerks ist ein Baum, in dessen Baumzweigen sämtliche Spannungsquellen und Kondensatoren, gegebenenfalls (zuzüglich) Ohmsche Widerstände, aber keine Stromquellen und keine Spulen des Netzwerks enthalten sind. Dabei wird im Unterschied zu dem bei der Schleifen- und Schnittmengenanalyse anwendbaren Graphen jedem aktiven (Quelle) und jedem passiven (R, C, L) Zweipol des Netzwerks ein separater Zweig im Graphen zugeordnet.

Aufgrund dieser Definition ist der Baum eines Graphen, der für die Analyse des dynamischen Verhaltens benutzt werden soll, nicht mehr so frei wählbar wie bei den Analysen für das stationäre Verhalten; er ist im wesentlichen festgelegt, da man nur noch bei wenigen Zweigen mit Ohmschen Widerständen die Wahl hat, Baum- oder Verbindungszweige aus ihnen zu machen. Am Beispiel des Netzwerks von Bild 5.3 wird dies deutlich. Nach den

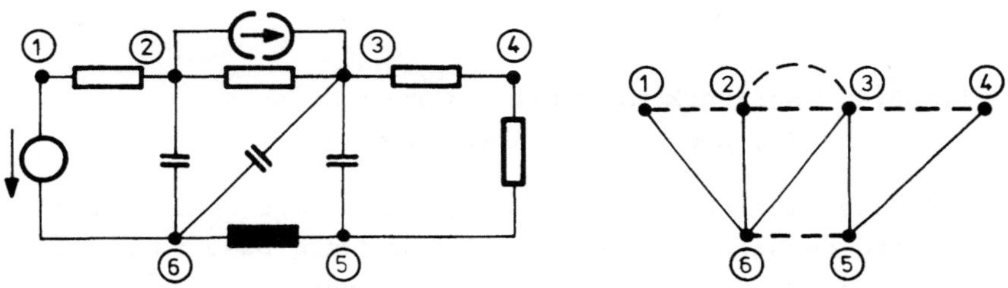

Bild 5.3 Netzwerk mit Eigenbaum

allgemeinen Anforderungen an einen Baum (Abschnitt 4.1.4) und den besonderen an einen Eigenbaum ist bei den meisten Zweigen festgelegt, ob sie Baum- oder Verbindungszweige werden. Nur bei den beiden Widerständen, die am Knoten 4 miteinander verbunden sind, besteht die Wahl, welcher Widerstand in einen noch notwendigen Baumzweig genommen wird. Der nächste Abschnitt wird das Verfahren der Aufstellung der Differentialgleichungen in Normalform an einem Beispiel unter Verwendung des Eigenbaumes zeigen.

Nicht für jedes Netzwerk kann nach der angegebenen Definition ein Eigenbaum gefunden werden, da es Schleifen, die nur Kapazitäten und Spannungsquellen enthalten, bzw. Schnittmengen, die nur Spulen und Stromquellen enthalten, gibt. Fließen z.B. in einem Knotenpunkt nur Ströme aus Spulen zusammen (Knotenpunkt 3 in Bild 5.4), ist einer der Ströme aufgrund des ersten Kirchhoff'schen Gesetzes abhängig von den anderen. Dieser kann deshalb, wie schon erwähnt, keine Zustandsgröße sein und keine eigene Zustandsgleichung bilden. Das gleiche gilt für eine der Kondensatorspannungen in der nur aus Kondensatoren gebildeten

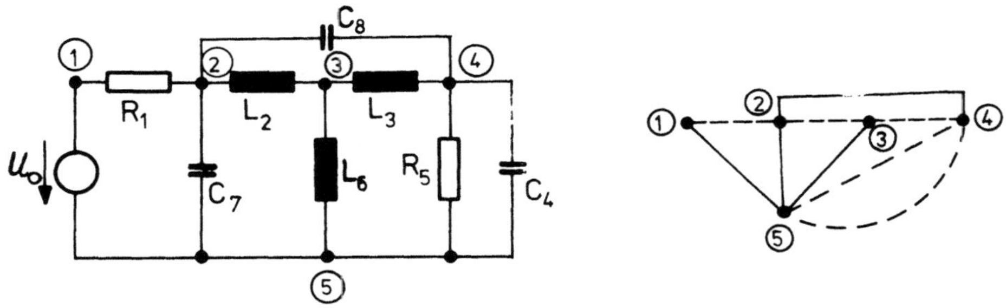

Bild 5.4 Netzwerk mit modifiziertem Eigenbaum (C_4 und L_6 sind überschüssig)

Schleife des gezeichneten Netzwerks. Einer der drei betroffenen Zweige wird deshalb im ersten Fall Baumzweig bzw. im zweiten Fall Verbindungszweig sein müssen, da sonst die Baumbedingungen nicht erfüllt werden können. Ein solcher Eigenbaum heißt modifiziert und hat folgende Definition:

> Ein Eigenbaum, der nicht alle Kondensatoren enthalten kann, weil es Schleifen gibt, die nur aus Kondensatoren und gegebenenfalls Spannungsquellen bestehen, und der Spulen enthalten muß, weil es Schnittmengen gibt, die nur aus Spulen und gegebenenfalls Stromquellen bestehen, ist ein *modifizierter Eigenbaum*. Die im modifizierten Eigenbaum nicht enthaltenen Kondensatoren bzw. die im modifizierten Eigenbaum enthaltenen Spulen nennt man *überschüssig*.

Die Spannungen an überschüssigen Kondensatoren und die Ströme durch überschüssige Spulen sind keine Zustandsgrößen. Der folgende Abschnitt wird zwei Beispiele mit modifizierten Eigenbäumen bringen.

5.3.2 Systematische Aufstellung der Zustandsgleichungen

Das Verfahren zur systematischen Aufstellung der Zustandsgleichungen ist am leichtesten anhand eines vorgeschriebenen Schemas mit aufeinanderfolgenden Schritten zu zeigen. Zuerst wird allgemein das Verfahren beschrieben; dann folgen drei Beispiele, an denen drei unterschiedliche Fälle studiert werden können.

Das Verfahren ist in 7 Schritte unterteilt. Als Anschauungsbeispiel für die Aufstellung ist das Netzwerk von Bild 5.5 gegeben. Um die Allgemeingültigkeit des Verfahrens zu zeigen, Besonderheiten jedoch auch diskutieren zu können, hat das Netzwerk auswechselbare Elemente. Die 7 Schritte lauten:

<u>1. Schritt</u>: Konstruktion des gerichteten Graphen (für jedes Netzwerkelement ein separater Zweig):

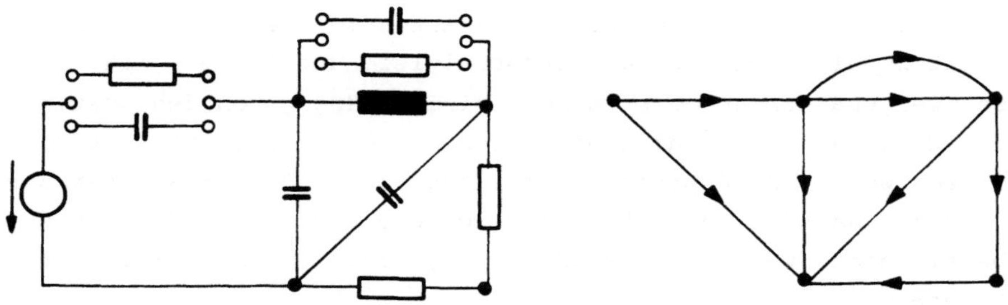

Bild 5.5 Allgemeines Netzwerk und gerichteter Graph

Im ersten Schritt wird der gerichtete Graph des Netzwerks gebildet.

<u>2. Schritt</u>: Konstruktion des Eigenbaums/modifizierten Eigenbaums so, daß er enthält:

- alle Spannungsquellen,
- maximale Anzahl von Kondensatoren,
- keine Stromquellen,
- minimale Anzahl von Spulen:

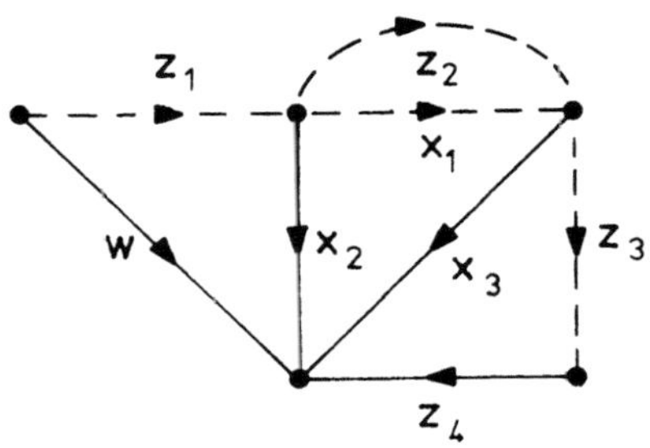

Bild 5.6 Eigenbaum/modifizierter Eigenbaum zum in Bild 5.5 aufgezeichneten Graphen

Aufgrund der Forderungen dieses zweiten Schrittes ist für das gegebene Netzwerk der in Bild 5.6 gezeichnete Baum gebildet worden. Der mit w bezeichnete Baumzweig enthält die Spannungsquelle. Eine Stromquelle hätte diesen Zweig zu einem Verbindungszweig gemacht. In den mit x bezeichneten Zweigen liegen die drei unabhängigen Energiespeicher des Netzwerks, die zu einem Differentialgleichungssystem 3. Ordnung führen werden. Die mit z bezeichneten Zweige enthalten solche Elemente, die nicht zu einer eigenen Differentialgleichung führen; d.h. diese Zweigspannungen oder -ströme sind abhängig von den Zustands- und Eingangsgrößen und damit durch diese ausdrückbar. Enthalten diese Zweige nur Ohmsche Widerstände, zeigt Bild 5.6 einen Eigenbaum; enthält der mit z_1 bezeichnete Zweig oder der mit z_2 bezeichnete Zweig einen Kondensator, liegt ein modifizierter Eigenbaum vor.

<u>3. Schritt:</u> Aufstellen der fundamentalen Schleifengleichungen für die *passiven* Verbindungszweige und der fundamentalen Schnittmengengleichungen für die *passiven* Baumzweigströme so, daß Verbindungszweigspannungen und Baumzweigströme auf der linken Seite der Gleichungen stehen:

Fundamentalschleifen:
$$x_1' = L\,\dot{x}_1 = x_2 - x_3,$$
$$z_1' = -\,x_2 + w,$$
$$z_2' = x_2 - x_3,$$
$$z_3' = x_3 - z_4.$$

Fundamentalschnittmengen:
$$x_2' = C_2\,\dot{x}_2 = -\,x_1 + z_1 - z_2,$$
$$x_3' = C_3\,\dot{x}_3 = \,x_1 + z_2 - z_3,$$
$$z_4' = z_3.$$

In diesem Schritt werden die für die Berechnung notwendigen Gleichungen aufgestellt. Die Größen, die in den beiden Analysen für das stationäre Verhalten unabhängig sind - in der Schleifenanalyse sind es die Verbindungszweigströme, in der Schnittmengenanalyse die Baumzweigspannungen -, sind mit x bzw. z bezeichnet, die abhängigen Größen - die Verbindungszweigspannungen bzw. die Baumzweigströme - mit x' bzw. z'. In den Zweigen mit Energiespeichern können die abhängigen Größen x' gleich durch die Differentialquotienten der unabhängigen Größen $\dot{x}$ ausgedrückt werden.

4. Schritt: Ordnen der im 3. Schritt aufgestellten Gleichungen in zwei Gruppen:
a) die Differentialgleichungen,
b) die übrigen Gleichungen:

a)
$$\begin{bmatrix} L & 0 & 0 \\ 0 & C_2 & 0 \\ 0 & 0 & C_3 \end{bmatrix}\begin{bmatrix} \dot{x}_1 \\ \dot{x}_2 \\ \dot{x}_3 \end{bmatrix} = \begin{bmatrix} 0 & 1 & -1 \\ -1 & 0 & 0 \\ 1 & 0 & 0 \end{bmatrix}\begin{bmatrix} x_1 \\ x_2 \\ x_3 \end{bmatrix} + \begin{bmatrix} 0 \\ 0 \\ 0 \end{bmatrix} w + \begin{bmatrix} 0 & 0 & 0 & 0 \\ 1 & -1 & 0 & 0 \\ 0 & 1 & -1 & 0 \end{bmatrix}\begin{bmatrix} z_1 \\ z_2 \\ z_3 \\ z_4 \end{bmatrix},$$

b)
$$\begin{bmatrix} z_1' \\ z_2' \\ z_3' \\ z_4' \end{bmatrix} = \begin{bmatrix} 0 & -1 & 0 \\ 0 & 1 & -1 \\ 0 & 0 & 1 \\ 0 & 0 & 0 \end{bmatrix}\begin{bmatrix} x_1 \\ x_2 \\ x_3 \end{bmatrix} + \begin{bmatrix} 1 \\ 0 \\ 0 \\ 0 \end{bmatrix} w + \begin{bmatrix} 0 & 0 & 0 & 0 \\ 0 & 0 & 0 & 0 \\ 0 & 0 & 0 & -1 \\ 0 & 0 & 1 & 0 \end{bmatrix}\begin{bmatrix} z_1 \\ z_2 \\ z_3 \\ z_4 \end{bmatrix}.$$

Diese Gleichungen haben folgende allgemeine Form:

$$\underline{D}\,\dot{\underline{x}} = \underline{A}'\,\underline{x} + \underline{b}'\,w + \underline{C}\,\underline{z}, \tag{5.9}$$

$$\underline{z}' = -\,\underline{C}^T\,\underline{x} + \underline{f}\,w + \underline{G}\,\underline{z}. \tag{5.10}$$

In diesem Schritt werden die Differentialgleichungen von den anderen Gleichungen getrennt. Um das Verfahren allgemein in der übersichtlichen Matrizenform weiterführen zu können, sind die Gln. (5.9) und (5.10) aufgestellt worden. Es müssen nicht immer alle Terme vorhanden sein; beim vorliegenden Netzwerk ist z.B. $\underline{b}' = \underline{O}$. (Das Auftreten von $\underline{C}$ in den Gln. (5.9) und (5.10) kann mit Hilfe der Matrizen $\underline{F}$ und $\underline{H}$ aus den Gln. (4.4) und (4.28) bewiesen werden.)

Gl. (5.9) zeigt schon Ähnlichkeit mit der anzustrebenden Normalform. Der Hauptunterschied zur Normalform besteht darin, daß der Term $\underline{C}\ \underline{z}$ auftritt. Er kann dann verschwinden, wenn $\underline{z}$ als Funktion von $\underline{x}$ und $\underline{w}$ ausgedrückt werden kann. Dies ist das Ziel der folgenden Schritte. Gl. (5.10) ist dabei der Ausgangspunkt.

5. Schritt: Aufstellen der Gleichungen, die den Zusammenhang zwischen Spannung und Strom in den im Teilschritt 4 b zusammengefaßten passiven Zweige beschreiben, in der Weise, daß Verbindungszweigströme und Baumzweigspannungen auf der linken Seite der Gleichungen stehen:

$$\underline{z} = \underline{R}\ \underline{z}' + \underline{S}\ \dot{\underline{z}}'. \qquad (5.11)$$

Dieser Schritt dient dazu, den Zusammenhang zwischen den unabhängigen Größen z und den abhängigen Größen z' mathematisch zu formulieren. Wie schon erwähnt, können in den betroffenen Zweigen nur Ohmsche Widerstände oder überschüssige Elemente liegen. Sind nur Ohmsche Widerstände vorhanden, stehen deren R- oder G-Werte auf der Diagonalen von $\underline{R}$, und es ist $\underline{S} = \underline{O}$. Sind überschüssige Elemente vorhanden, stehen deren L- oder C-Werte an entsprechender Stelle auf der Diagonalen von $\underline{S}$.

6. Schritt: Einsetzen der Gleichungen aus Teilschritt 4 b in die Gleichungen des 5. Schrittes und Auflösen nach den links stehenden Variablen (Einsetzen von Gl. (5.10) in Gl. (5.11)):

$$\begin{aligned} \underline{z} &= \underline{R}\ \underline{z}' + \underline{S}\ \dot{\underline{z}}' \\ &= -\underline{R}\ \underline{C}^T\ \underline{x} + \underline{R}\ \underline{f}\ w + \underline{R}\ \underline{G}\ \underline{z} - \underline{S}\ \underline{C}^T\ \dot{\underline{x}} + \underline{S}\ \underline{f}\ \dot{w} + \underbrace{\underline{S}\ \underline{G}}_{=\underline{O}}\ \dot{\underline{z}}. \end{aligned}$$

($\underline{S}$ $\underline{G}$ ist Null, da eine Größe z' an einem überschüssigen Element nach der Definition des modifizierten Eigenbaums immer nur durch Zustandsgrößen x und gegebenenfalls durch die Eingangsgröße w ausgedrückt werden kann, nie durch andere Größen z.)

$$(\underline{E} - \underline{R}\ \underline{G})\ \underline{z} = - \underline{R}\ \underline{C}^T\ \underline{x} - \underline{S}\ \underline{C}^T\ \dot{\underline{x}} + \underline{R}\ \underline{f}\ w + \underline{S}\ \underline{f}\ \dot{w},$$

$$\underline{z} = \underline{A}''\ \underline{x} + \underline{D}''\ \dot{\underline{x}} + \underline{b}''_o\ w + \underline{b}''_1\ \dot{w} \qquad (5.12)$$

mit
$$\underline{A}'' = - (\underline{E} - \underline{R}\ \underline{G})^{-1}\ \underline{R}\ \underline{C}^T,$$
$$\underline{D}'' = - (\underline{E} - \underline{R}\ \underline{G})^{-1}\ \underline{S}\ \underline{C}^T,$$
$$\underline{b}''_o = (\underline{E} - \underline{R}\ \underline{G})^{-1}\ \underline{R}\ \underline{f},$$
$$\underline{b}''_1 = (\underline{E} - \underline{R}\ \underline{G})^{-1}\ \underline{S}\ \underline{f}.$$

Mit Gl.(5.12) ist die Abhängigkeit der in $\underline{z}$ zusammengefaßten Größen von den Zustands- und Eingangsgrößen gefunden, wie es im 4. Schritt gefordert worden war.

<u>7. Schritt</u>: Einsetzen der Gleichungen des 6. Schrittes in die Gleichungen des Teilschrittes 4 a und Zusammenfassen zur Normalform der Zustandsgleichungen (Einsetzen von Gl.(5.12) in Gl.(5.9)):

$$\underline{D}\ \dot{\underline{x}} = \underline{A}'\ \underline{x} + \underline{b}'\ w + \underline{C}\ \underline{z}$$
$$= \underline{A}'\ \underline{x} + \underline{b}'\ w + \underline{C}\ \underline{A}''\ \underline{x} + \underline{C}\ \underline{D}''\ \dot{\underline{x}} + \underline{C}\ \underline{b}''_o\ w + \underline{C}\ \underline{b}''_1\ \dot{w},$$

$$(\underline{D} - \underline{C}\ \underline{D}'')\ \dot{\underline{x}} = (\underline{A}' + \underline{C}\ \underline{A}'')\ \underline{x} + (\underline{b}' + \underline{C}\ \underline{b}''_o)\ w + \underline{C}\ \underline{b}''_1\ \dot{w}.$$

Ergebnis:

$$\dot{\underline{x}} = \underline{A}\ \underline{x} + \underline{b}_o\ w + \underline{b}_1\ \dot{w} \qquad (5.13)$$

mit
$$\underline{A} = (\underline{D} - \underline{C}\ \underline{D}'')^{-1}\ (\underline{A}' + \underline{C}\ \underline{A}''),$$
$$\underline{b}_o = (\underline{D} - \underline{C}\ \underline{D}'')^{-1}\ (\underline{b}' + \underline{C}\ \underline{b}''_o),$$
$$\underline{b}_1 = (\underline{D} - \underline{C}\ \underline{D}'')^{-1}\ \underline{C}\ \underline{b}''_1$$

Mit Gl.(5.13) ist die Normalform der Zustandsgleichungen für ein gegebenes Netzwerk gefunden. Sie unterscheidet sich von Gl.(5.7) durch einen Term, der die Ableitung der Eingangsfunktion enthält. Dieser Term, der nur in Sonderfällen auftritt, wird im dritten Beispiel des folgenden Abschnitts erläutert. Die ersten beiden Beispiele behandeln Netzwerke, für die ein

Eigenbaum bzw. ein modifizierter Eigenbaum aufgestellt werden können.

Abhängige Quellen, die durch $\underline{V}$-Matrizen in der Schleifen- und Schnittmengenanalyse berücksichtigt wurden (Abschnitt 4.6), können in dieses System ebenfalls einbezogen werden. Sie sind im 3. Schritt als Quellen zu behandeln. Da sie jedoch von Zweigspannungen und -strömen abhängen, müssen analog zu dem Vorgehen im 4. Schritt die Abhängigkeiten dieser Zweiggrößen von Zustands- und Eingangsgrößen gefunden werden. Abhängige Quellen, die durch $\underline{K}$-Matrizen berücksichtigt werden, werden wie unabhängige Quellen behandelt, die mit dem in $\underline{K}$ enthaltenen Faktor behaftet sind.

5.4 Beispiele

Es werden drei Beispiele vorgerechnet, die drei verschiedene Aspekte behandeln: Netzwerk mit Eigenbaum, Netzwerk mit modifiziertem Eigenbaum, Netzwerk mit einem Term $\underline{b}_1 \dot{w}$. Hierbei werden in den ersten beiden Beispielen zur Anschauung die 7 Schritte im einzelnen durchgeführt; es wird nicht - wie es leicht möglich wäre - das Endergebnis mit Hilfe der in den Gln. (5.9) bis (5.13) definierten Matrizen direkt errechnet.

Erstes Beispiel: Netzwerk mit Eigenbaum

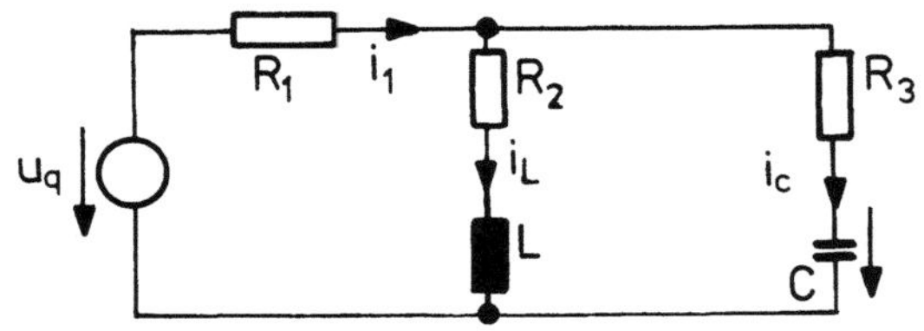

1. Schritt:

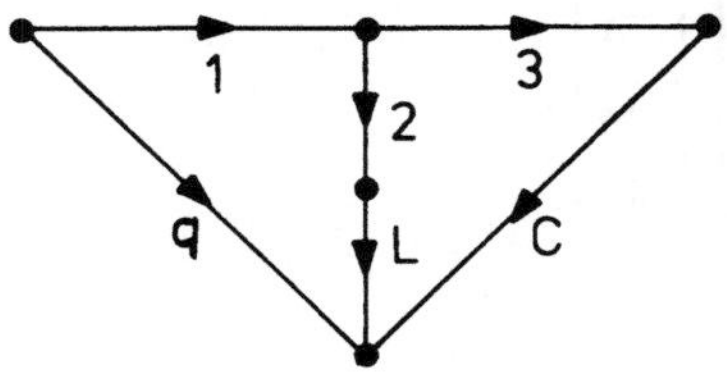

2. Schritt:

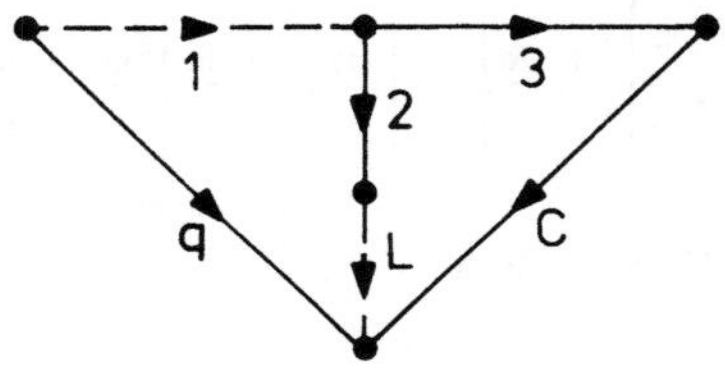

3. Schritt:

Fundamentalschleifen:

1: $u_1 = u_q - u_C - u_3,$

L: $u_L = L\,\dot{i}_L = -u_2 + u_3 + u_C.$

Fundamentalschnittmengen:

2: $i_2 = i_L,$

3: $i_3 = i_1 - i_L,$

C: $i_C = C\,\dot{u}_C = i_1 - i_L.$

4. Schritt:

a) $\underline{D}\,\dot{\underline{x}} = \underline{A}'\,\underline{x} + \underline{C}\,\underline{z}$ (es ist $\underline{b}' = \underline{O}$):

$$\begin{bmatrix} L\,\dot{i}_L \\ C\,\dot{u}_C \end{bmatrix} = \begin{bmatrix} 0 & 1 \\ -1 & 0 \end{bmatrix} \begin{bmatrix} i_L \\ u_C \end{bmatrix} + \begin{bmatrix} 0 & -1 & 1 \\ 1 & 0 & 0 \end{bmatrix} \begin{bmatrix} i_1 \\ u_2 \\ u_3 \end{bmatrix}.$$

b) $\underline{z}' = -\underline{C}^T\,\underline{x} + \underline{f}\,w + \underline{G}\,\underline{z}$:

$$\begin{bmatrix} u_1 \\ i_2 \\ i_3 \end{bmatrix} = \begin{bmatrix} 0 & -1 \\ 1 & 0 \\ -1 & 0 \end{bmatrix} \begin{bmatrix} i_L \\ u_C \end{bmatrix} + \begin{bmatrix} 1 \\ 0 \\ 0 \end{bmatrix} u_q + \begin{bmatrix} 0 & 0 & -1 \\ 0 & 0 & 0 \\ 1 & 0 & 0 \end{bmatrix} \begin{bmatrix} i_1 \\ u_2 \\ u_3 \end{bmatrix}.$$

5. Schritt: $\underline{z} = \underline{R}\ \underline{z}'$ ($\underline{S} = \underline{O}$ wegen Eigenbaum):

$$\begin{bmatrix} i_1 \\ u_2 \\ u_3 \end{bmatrix} = \begin{bmatrix} \frac{1}{R_1} & 0 & 0 \\ 0 & R_2 & 0 \\ 0 & 0 & R_3 \end{bmatrix} \begin{bmatrix} u_1 \\ i_2 \\ i_3 \end{bmatrix}.$$

6. Schritt:

$\underline{z} = -\underline{R}\ \underline{C}^T \underline{x} + \underline{R}\ \underline{f}\ w + \underline{R}\ \underline{G}\ \underline{z}$:

$$\begin{bmatrix} i_1 \\ u_2 \\ u_3 \end{bmatrix} = \underline{R} \begin{bmatrix} 0 & -1 \\ 1 & 0 \\ -1 & 0 \end{bmatrix} \begin{bmatrix} i_L \\ u_C \end{bmatrix} + \underline{R} \begin{bmatrix} 1 \\ 0 \\ 0 \end{bmatrix} u_q + \underline{R} \begin{bmatrix} 0 & 0 & -1 \\ 0 & 0 & 0 \\ 1 & 0 & 0 \end{bmatrix} \begin{bmatrix} i_1 \\ u_2 \\ u_3 \end{bmatrix}.$$

$(\underline{E} - \underline{R}\ \underline{G})\ \underline{z} = -\underline{R}\ \underline{C}^T \underline{x} + \underline{R}\ \underline{f}\ w$:

$$\begin{bmatrix} 1 & 0 & \frac{1}{R_1} \\ 0 & 1 & 0 \\ -R_3 & 0 & 1 \end{bmatrix} \begin{bmatrix} i_1 \\ u_2 \\ u_3 \end{bmatrix} = \begin{bmatrix} 0 & -\frac{1}{R_1} \\ R_2 & 0 \\ -R_3 & 0 \end{bmatrix} \begin{bmatrix} i_L \\ u_C \end{bmatrix} + \begin{bmatrix} \frac{1}{R_1} \\ 0 \\ 0 \end{bmatrix} u_q.$$

Zwischenrechnung: $(\underline{E} - \underline{R}\ \underline{G})^{-1}$:

$$\begin{bmatrix} 1 & 0 & \frac{1}{R_1} \\ 0 & 1 & 0 \\ -R_3 & 0 & 1 \end{bmatrix}^{-1} = \frac{1}{1 + \frac{R_3}{R_1}} \begin{bmatrix} 1 & 0 & R_3 \\ 0 & \frac{R_1+R_3}{R_1} & 0 \\ -\frac{1}{R_1} & 0 & 1 \end{bmatrix}^T = \begin{bmatrix} \frac{R_1}{R_1+R_3} & 0 & \frac{-1}{R_1+R_3} \\ 0 & 1 & 0 \\ \frac{R_1 R_3}{R_1+R_3} & 0 & \frac{R_1}{R_1+R_3} \end{bmatrix}.$$

$\underline{z} = \underline{A}''\ \underline{x} + \underline{b}''_o\ w$:

$$\begin{bmatrix} i_1 \\ u_2 \\ u_3 \end{bmatrix} = \begin{bmatrix} \frac{R_3}{R_1+R_3} & \frac{-1}{R_1+R_3} \\ R_2 & 0 \\ \frac{-R_1 R_3}{R_1+R_3} & \frac{-R_3}{R_1+R_3} \end{bmatrix} \begin{bmatrix} i_L \\ u_C \end{bmatrix} + \begin{bmatrix} \frac{1}{R_1+R_3} \\ 0 \\ \frac{R_3}{R_1+R_3} \end{bmatrix} u_q.$$

7. Schritt:

$\underline{D}\,\underline{\dot{x}} = \underline{A}'\,\underline{x} + \underline{C}\,\underline{A}''\,\underline{x} + \underline{C}\,\underline{b}''_o\,w$:

$$\begin{bmatrix} L\,\dot{i}_L \\ C\,\dot{u}_C \end{bmatrix} = \begin{bmatrix} 0 & 1 \\ -1 & 0 \end{bmatrix} \begin{bmatrix} i_L \\ u_C \end{bmatrix} + \begin{bmatrix} 0 & -1 & 1 \\ 1 & 0 & 0 \end{bmatrix} \underline{A}'' \begin{bmatrix} i_L \\ u_C \end{bmatrix} + \begin{bmatrix} 0 & -1 & 1 \\ 1 & 0 & 0 \end{bmatrix} \underline{b}''\,u_q.$$

Ergebnis: $\underline{\dot{x}} = \underline{A}\,\underline{x} + \underline{b}\,w$:

$$\begin{bmatrix} \dot{i}_L \\ \dot{u}_C \end{bmatrix} = \begin{bmatrix} -\dfrac{R_1R_2+R_2R_3+R_3R_1}{L(R_1+R_3)} & \dfrac{R_1}{L(R_1+R_3)} \\ -\dfrac{R_1}{C(R_1+R_3)} & -\dfrac{1}{C(R_1+R_3)} \end{bmatrix} \begin{bmatrix} i_L \\ u_C \end{bmatrix} + \begin{bmatrix} \dfrac{R_3}{L(R_1+R_3)} \\ \dfrac{1}{C(R_1+R_3)} \end{bmatrix} u_q. \tag{5.14}$$

Zweites Beispiel: Netzwerk mit modifiziertem Eigenbaum

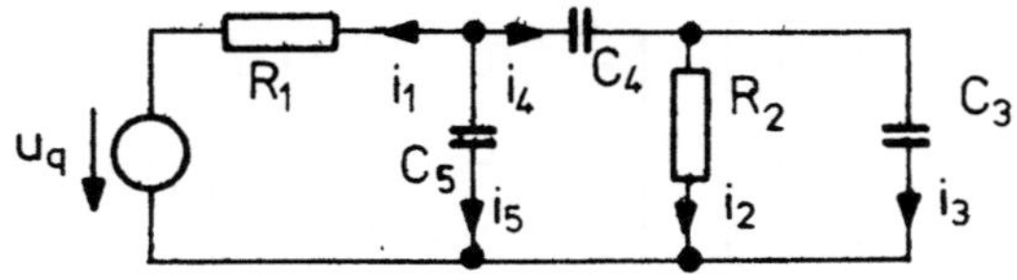

1. Schritt:

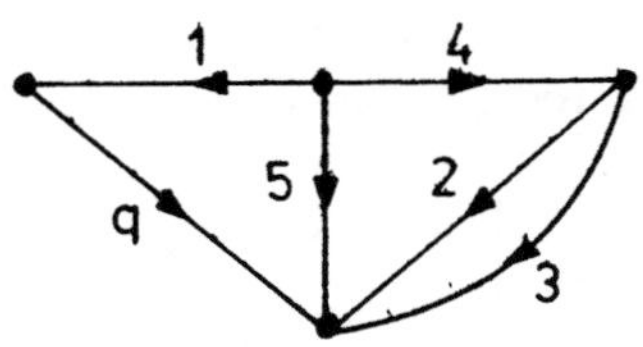

2. Schritt:

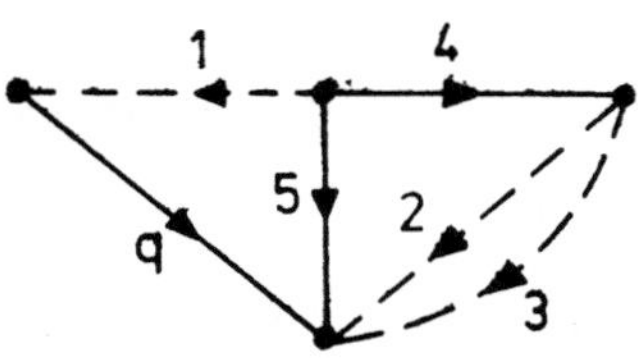

3. Schritt:

Fundamentalschleifen:

1: $u_1 = u_5 - u_q$,

2: $u_2 = -u_4 + u_5$,

3: $u_3 = -u_4 + u_5$.

Fundamentalschnittmengen:

$$4:\quad i_4 = C_4\,\dot{u}_4 = i_2 + i_3,$$

$$5:\quad i_5 = C_5\,\dot{u}_5 = -\,i_1 - i_2 - i_3.$$

<u>4. Schritt:</u>

a) $\underline{D}\,\dot{\underline{x}} = \underline{C}\,\underline{z} \quad (\underline{A}' = \underline{O},\ \underline{b}' = \underline{O}):$

$$\begin{bmatrix} C_4 & 0 \\ 0 & C_5 \end{bmatrix} \begin{bmatrix} \dot{u}_4 \\ \dot{u}_5 \end{bmatrix} = \begin{bmatrix} 0 & 1 & 1 \\ -1 & -1 & -1 \end{bmatrix} \begin{bmatrix} i_1 \\ i_2 \\ i_3 \end{bmatrix}.$$

b) $\underline{z}' = -\,\underline{C}^T\,\underline{x} + \underline{f}\,w \quad (\underline{G} = \underline{O}):$

$$\begin{bmatrix} u_1 \\ u_2 \\ u_3 \end{bmatrix} = \begin{bmatrix} 0 & 1 \\ -1 & 1 \\ -1 & 1 \end{bmatrix} \begin{bmatrix} u_4 \\ u_5 \end{bmatrix} + \begin{bmatrix} -1 \\ 0 \\ 0 \end{bmatrix} u_q.$$

<u>5. Schritt:</u> $\quad \underline{z} = \underline{R}\,\underline{z}' + \underline{S}\,\dot{\underline{z}}':$

$$\begin{bmatrix} i_1 \\ i_2 \\ i_3 \end{bmatrix} = \begin{bmatrix} \frac{1}{R_1} & 0 & 0 \\ 0 & \frac{1}{R_2} & 0 \\ 0 & 0 & 0 \end{bmatrix} \begin{bmatrix} u_1 \\ u_2 \\ u_3 \end{bmatrix} + \begin{bmatrix} 0 & 0 & 0 \\ 0 & 0 & 0 \\ 0 & 0 & C_3 \end{bmatrix} \begin{bmatrix} \dot{u}_1 \\ \dot{u}_2 \\ \dot{u}_3 \end{bmatrix}.$$

<u>6. Schritt:</u> $\quad \underline{z} = -\,\underline{R}\,\underline{C}^T\,\underline{x} - \underline{S}\,\underline{C}^T\,\dot{\underline{x}} + \underline{R}\,\underline{f}\,w \quad (\underline{S}\,\underline{f} = \underline{O}):$

$$= \underline{A}''\,\underline{x} + \underline{D}''\,\dot{\underline{x}} + \underline{b}''_o\,w$$

$$\begin{bmatrix} i_1 \\ i_2 \\ i_3 \end{bmatrix} = \begin{bmatrix} 0 & \frac{1}{R_1} \\ -\frac{1}{R_2} & \frac{1}{R_2} \\ 0 & 0 \end{bmatrix} \begin{bmatrix} u_4 \\ u_5 \end{bmatrix} + \begin{bmatrix} 0 & 0 \\ 0 & 0 \\ -C_3 & C_3 \end{bmatrix} \begin{bmatrix} \dot{u}_4 \\ \dot{u}_5 \end{bmatrix} + \begin{bmatrix} -\frac{1}{R_1} \\ 0 \\ 0 \end{bmatrix} u_q.$$

<u>7. Schritt:</u> $\quad \underline{D}\,\dot{\underline{x}} = \underline{C}\,\underline{A}''\,\underline{x} + \underline{C}\,\underline{D}''\,\dot{\underline{x}} + \underline{C}\,\underline{b}''_o\,w:$

$$\begin{bmatrix} C_4 & 0 \\ 0 & C_5 \end{bmatrix} \begin{bmatrix} \dot{u}_4 \\ \dot{u}_5 \end{bmatrix} = \begin{bmatrix} -\frac{1}{R_2} & \frac{1}{R_2} \\ \frac{1}{R_2} & \frac{-R_1-R_2}{R_1 R_2} \end{bmatrix} \begin{bmatrix} u_4 \\ u_5 \end{bmatrix} + \begin{bmatrix} -C_3 & C_3 \\ C_3 & -C_3 \end{bmatrix} \begin{bmatrix} \dot{u}_4 \\ \dot{u}_5 \end{bmatrix} + \begin{bmatrix} 0 \\ \frac{1}{R_1} \end{bmatrix} u_q.$$

Zwischenrechnung: $(\underline{D} - \underline{C}\ \underline{D}'')^{-1}$

$$\begin{bmatrix} C_3+C_4 & -C_3 \\ -C_3 & C_3+C_5 \end{bmatrix}^{-1} = \frac{1}{\det(\underline{C})} \begin{bmatrix} C_3+C_5 & C_3 \\ C_3 & C_3+C_4 \end{bmatrix}$$

mit $\det(\underline{C}) = C_3C_4 + C_4C_5 + C_5C_3$.

Ergebnis: $\dot{\underline{x}} = \underline{A}\ \underline{x} + \underline{b}\ w$:

$$\begin{bmatrix} \dot{u}_4 \\ \dot{u}_5 \end{bmatrix} = \begin{bmatrix} \dfrac{-C_5}{\det(\underline{C})\ R_2} & \dfrac{1}{\det(\underline{C})} \left(\dfrac{C_5}{R_2} - \dfrac{C_3}{R_1}\right) \\ \dfrac{C_4}{\det(\underline{C})\ R_2} & \dfrac{-1}{\det(\underline{C})} \left(\dfrac{C_3+C_4}{R_1} + \dfrac{C_4}{R_2}\right) \end{bmatrix} \begin{bmatrix} u_4 \\ u_5 \end{bmatrix} + \begin{bmatrix} \dfrac{C_3}{\det(\underline{C})\ R_1} \\ \dfrac{C_3+C_4}{\det(\underline{C})\ R_1} \end{bmatrix} u_q \tag{5.15}$$

Drittes Beispiel: Netzwerk mit einem Term $\underline{b}_1\ \dot{w}$

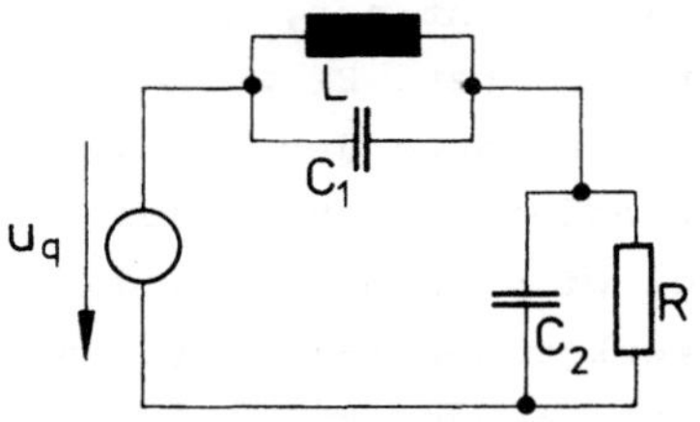

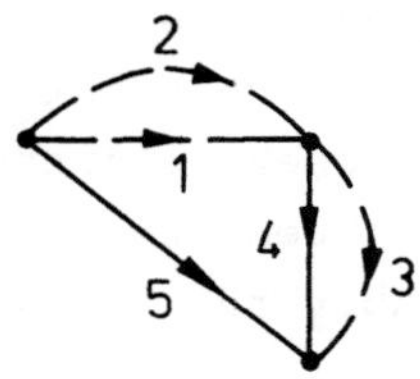

Dieses Netzwerk hat eine Schleife, die nur aus einer Spannungsquelle und Kondensatoren besteht. Einer der Kondensatoren ist deshalb überschüssig. Wie der gezeichnete modifizierte Eigenbaum zeigt, wurde C_1 als überschüssig gewählt. Zustandsgrößen sind jetzt $i_L = i_2$ und $u_{C2} = u_4$.

Führt man alle Schritte durch, die hier nicht mehr im einzelnen durchgerechnet werden, da sie denen des zweiten Beispiels ähnlich sind, erhält man folgendes Ergebnis im 7. Schritt:

$$\dot{\underline{x}} = \underline{A}\ \underline{x} + \underline{b}_o\ w + \underline{b}_1\ \dot{w}$$

$$\begin{bmatrix} \dot{i}_L \\ \dot{u}_{C2} \end{bmatrix} = \begin{bmatrix} 0 & -\frac{1}{L} \\ \frac{1}{C_1+C_2} & \frac{-1}{R(C_1+C_2)} \end{bmatrix} \begin{bmatrix} i_L \\ u_{C2} \end{bmatrix} + \begin{bmatrix} \frac{1}{L} \\ 0 \end{bmatrix} u_q + \begin{bmatrix} 0 \\ \frac{C_1}{C_1+C_2} \end{bmatrix} \dot{u}_q . \tag{5.16}$$

In dem vorliegenden Netzwerk ist das Auftreten des Terms $\underline{b}_1 \dot{w}$ physikalisch dadurch erklärbar, daß in der Schleife, in der die Spannungsquelle und die Kondensatoren enthalten sind, wegen der im allgemeinen nur endlichen Änderungsgeschwindigkeit von Zustandsgrößen auch nur eine endliche Änderung, d.h. keine sprunghafte Änderung, der Kondensatorspannungen auftreten kann. Wenn sich die Kondensatorspannungen nicht sprunghaft ändern können, besteht in dem vorliegenden Netzwerk nach Gl.(5.16) für die Eingangsspannung dieselbe Einschränkung, die dadurch ausgedrückt wird, daß ein endlicher Wert für $\dot{w}$ existieren muß.

In der Praxis treten Schleifen dieser Art nicht auf, da eine Spannungsquelle immer einen Innenwiderstand hat. Es werden sich dennoch keine Schwierigkeiten bei der Berechnung des Verhaltens solcher Netzwerke bei Eingangssprungfunktionen in der Theorie ergeben, wie im 7. Kapitel gezeigt wird. Sie werden dadurch überbrückt, daß in einigen Netzwerkgrößen δ-Funktionen auftreten. Eine plötzliche Änderung einer Kondensatorspannung kann - physikalisch gesehen - durch einen unendlich hohen Stromimpuls hervorgerufen werden.

5.5 Lösungsmöglichkeiten für Zustandsgleichungen

Die Frage nach den Lösungsmöglichkeiten von Zustandsgleichungen ist identisch mit der Frage nach der Lösung von Differentialgleichungen überhaupt. Grundsätzlich gibt es drei Lösungsmethoden: Lösung mit rein mathematischen Verfahren, Lösung mit dem Analogrechner, Lösung mit dem Digitalrechner. Alle drei Methoden werden in getrennten Kapiteln behandelt. Das Hauptgewicht liegt jedoch auf dem Lösungsverfahren mit Hilfe der Laplace-Transformation, das zwar nur eines der möglichen rein mathematischen Verfahren, jedoch für den Ingenieur das wichtigste ist. Die Laplace-Transformation und ihre Anwendung werden im folgenden 6. Kapitel behandelt. Aus ihrer Anwendung auf dynamische Systeme resultiert der Begriff und die Definition der Übertragungsfunktion - ein in der Charakterisierung von dynamischen Systemen wichtiger Begriff, der zu den Grundbegriffen der Regelungstechnik gehört. Die Übertragungsfunktion wird im 7. und 8. Kapitel abgeleitet und eingehend betrachtet. Im 9. und 10. Kapitel werden Lösungsmethoden mit dem Analog- und Digitalrechner erläutert.

5.6 Übungsaufgaben

1. Leiten Sie für das gezeichnete Netzwerk die Zustands- und Ausgangsgleichungen in Normalform mit Hilfe des Netzwerkgraphen ab.

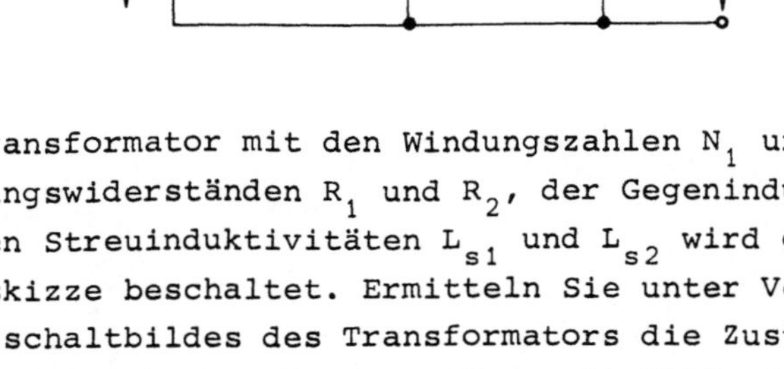

2. Ein Transformator mit den Windungszahlen N_1 und N_2, den Wicklungswiderständen R_1 und R_2, der Gegeninduktivität M und den Streuinduktivitäten L_{s1} und L_{s2} wird gemäß Schaltungsskizze beschaltet. Ermitteln Sie unter Verwendung des Ersatzschaltbildes des Transformators die Zustands- und Ausgangsgleichungen in Normalform mit Hilfe des Netzwerkgraphen. (Zur Reduzierung der Zweiganzahl können Generator-

innenwiderstand und Wicklungswiderstand R_1 zusammengefaßt werden.)

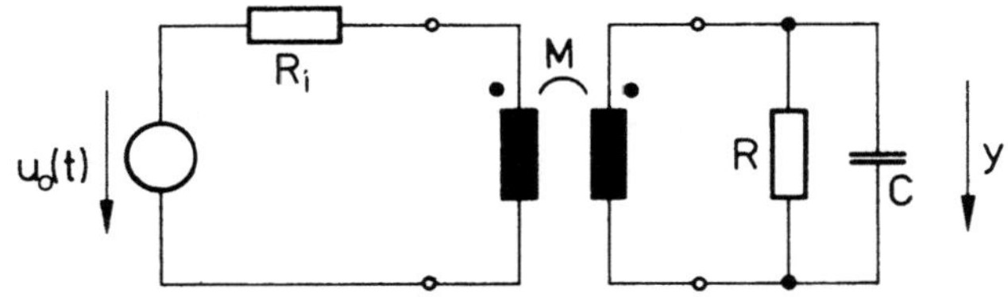

3. Ein Drehstromnetz ist unsymmetrisch gemäß Schaltungsskizze belastet. Ermitteln Sie die Zustands- und Ausgangsgleichungen in Normalform. (Beachten Sie, daß $\underline{b}$ zu $\underline{B}$ und d zu $\underline{d}$ wird!)

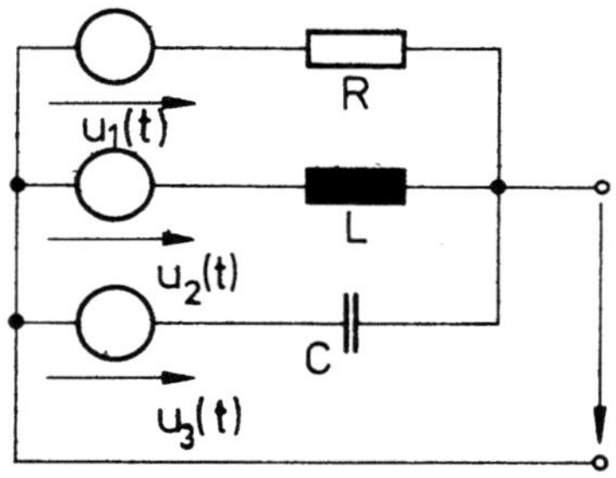

6. Laplace-Transformation

Dieses Kapitel zeigt, wie mit Hilfe der Laplace-Transformation lineare Differentialgleichungen, die in der Praxis des Ingenieurs am häufigsten vorkommen, gelöst werden können. Die Laplace-Transformation ist dabei - wie schon erwähnt - nicht das einzige, aber das zweckmäßigste Mittel zur Lösung. Es soll hier jedoch nicht die genaue Ableitung der Transformation angegeben werden, sondern nur eine anwendungsorientierte Einführung. Die genaue Ableitung sowie die Beantwortung von Sonderfragen bei der Lösung von Differentialgleichungen sollten den im Literaturverzeichnis angegebenen Fachbüchern entnommen werden.

6.1 Kurze Einführung, Funktionspaare

Transformationen werden im allgemeinen angewendet, um die Lösung von mathematischen Problemen, die in Form von Funktionsgleichungen vorliegen, zu erleichtern. Dabei wird eine Gleichung vom Originalbereich, in dem sie definiert ist, in einen Bildbereich transformiert, in dem sie leichter gelöst werden kann. Die Lösung wird nach ihrer Berechnung im Bildbereich in den Originalbereich rücktransformiert. Es entstehen dabei insgesamt zwar mehr, aber einfachere Rechenschritte.

Das bekannteste Beispiel für einen Transformationsprozeß stellt die Logarithmierung dar. Eine Multiplikation von zwei Zahlen kann in eine Addition verwandelt werden, wenn man den Logarithmus dieser beiden Zahlen bildet. Die Addition im Bildbereich ist leichter als die Multiplikation im Originalbereich; zusätzliche Rechenschritte sind das Transformieren der Multiplikanden und das Rücktransformieren des Additionsergebnisses. Beim Rechnen mit dem Rechenschieber nutzt man z.B. diese Transformation aus.

Bei Differentialgleichungen besteht der Wunsch, die im Originalbereich bestehende Differentiation durch eine Transformation in einen Bildbereich in eine Multiplikation zu verwandeln. Die Transformationsvorschrift, mit der dieser Wunsch allgemein bei Funktionen f(t) erfüllt werden kann, lautet:

$$\mathcal{L}\{f(t)\} = \int_0^{\infty} e^{-st}\, f(t)\, dt = F(s). \qquad (6.1)$$

Sie wird nach dem französischen Mathematiker Pierre Simon Marquis de Laplace (1749 bis 1827) *Laplace-Transformation* genannt. Sie wandelt eine Funktion f(t) in eine Funktion F(s) um. Aufgrund des bestimmten Integrals in Gl.(6.1) ist die Zeit t nicht mehr Variable im Bildbereich. Die Variable im Bildbereich wird hier - wie in der Literatur allgemein üblich - mit s bezeichnet. Sie hat die Dimension einer Frequenz, wie aus dem Exponenten in Gl.(6.1) hervorgeht. Aus diesem Grund wird der Bildbereich bei der Laplace-Transformation neben s-Bereich auch Frequenzbereich (engl.: frequency domain) genannt. Der Originalbereich wird entsprechend mit t-Bereich oder Zeitbereich (engl.: time domain) bezeichnet. Wichtig ist zu vermerken, daß die Transformation nur für $t \geq 0$ vorgenommen wird.

Die Laplace-Transformation macht aus einer Differentialgleichung eine algebraische Gleichung, die leicht gelöst werden kann. Das Ergebnis im Bildbereich muß in den Originalbereich rücktransformiert werden und stellt dort dann die Lösung der Differentialgleichung dar. Man kann sich diesen Vorgang anhand des auf der folgenden Seite aufgezeichneten Schemas veranschaulichen, das auf jede Transformation, die einen schwierigen direkten Lösungsweg umgehen soll, anwendbar ist:

	Problem		Lösung
Original-bereich	Differential-gleichung	- - - - - →	Lösung der Differentialgleichung
	↓ Laplace-Transformation		↑ inverse Laplace-Transformation
Bild-bereich	Algebraische Gleichung	→ Berechnung	Lösung der algebraischen Gleichung

Die in diesem Schema erwähnte *inverse Laplace-Transformation* lautet:

$$f(t) = \mathcal{L}^{-1}\{F(s)\} = \frac{1}{2\pi j} \oint F(s)\, e^{ts}\, ds. \qquad (6.2)$$

Sie kann mit Hilfe des Residuensatzes erklärt und durchgeführt werden. Darauf soll jedoch hier nicht eingegangen werden, da die Rücktransformation im allgemeinen in anderer Form, die noch behandelt werden wird, vollzogen wird.

Bevor die neue Variable s des Bildbereichs beschrieben wird, wird zunächst geprüft, in welcher Form der oben genannte Wunsch erfüllt wird. Die Laplace-Transformierte einer abgeleiteten Funktion errechnet sich wie folgt:

$$\begin{aligned} \mathcal{L}\{\dot{f}(t)\} &= \int_0^\infty e^{-st}\, \dot{f}(t)\, dt \\ &= -\,(-s) \int_0^\infty e^{-st}\, f(t)\, dt \;+\; e^{-st}\, f(t)\Big|_0^\infty \\ &= s\, F(s) - f(0). \qquad (6.3) \end{aligned}$$

Diese Gleichung zeigt, daß der Differentialquotient einer Funktion im Bildbereich durch das Produkt aus der transformierten Funktion selbst mit der Variablen s, vermindert um den Wert der Originalfunktion bei t = 0, dargestellt wird. Sie macht - wie Gl. (6.1) - noch einmal deutlich, daß Berechnungen nur für einen Bereich $t \geq 0$ durchgeführt werden können. Außerdem gilt, daß die Funktion f(t) so beschaffen sein muß, daß $e^{-s\infty} f(\infty) = 0$ ist, d.h., daß das Integral in Gl. (6.1) konvergiert. Konvergenzprobleme treten vor allem bei Funktionen f(t) auf, in denen Exponentialfunktionen mit positiven Exponenten enthalten sind. Sie kommen jedoch in der Elektrotechnik selten vor. Zur allgemeinen Erörterung solcher Probleme wird auf die Literatur verwiesen.

Gl.(6.3) macht deutlich, daß der Wunsch, aus der Differentiation durch die Laplace-Transformation einen algebraischen Ausdruck zu machen, tatsächlich erfüllt wurde.

Die Variable s des Bildbereichs ist im allgemeinen eine komplexe Variable und durch

$$s = \delta + j\omega$$

darstellbar. In der komplexen s-Ebene ist die reelle Achse mit δ und die imaginäre Achse mit $j\omega$ bezeichnet. Die Bedeutung der Darstellung von Funktionswerten von F(s) in der s-Ebene wird in den nächsten Abschnitten deutlich werden. Im folgenden sei s zunächst nur als Variable betrachtet.

Die einfache Anwendung der Laplace-Transformation auf Differentialgleichungen beruht darauf, daß für viele Zeitfunktionen schon die Laplace-Transformierten mit Hilfe von Gl.(6.1) ausgerechnet und einander entsprechende Funktionen f(t) und F(s) in Tabellenform als Funktionspaare zusammengestellt wurden. Es braucht deshalb nur eine der zahlreich in der Literatur enthaltenen Tabellen benutzt zu werden, oder es brauchen aus schon vorhandenen Funktionspaaren nur weitere gesuchte Funktionspaare mit Hilfe der im nächsten Abschnitt behandelten Eigenschaften der Laplace-Transformation berechnet zu werden, um eine Differentialgleichung zu lösen. Die Tabelle 6.1 gibt einige der Funktionspaare wieder, die am häufigsten vorkommen und die eine nützliche Grundlage für die Ableitung weiterer Funktionspaare bilden. Diese Funktionspaare können sowohl für die Transformation vom Original- in den Bildbereich als auch für die Rücktransformation vom Bild- in den Originalbereich benutzt werden. Eine Rücktransformation mit Hilfe der inversen Laplace-Transformation von Gl.(6.2) entfällt deshalb, da es immer gelingt,

Nr.	f(t)	F(s)
1	$\delta(t)$	1
2	$1, \quad \sigma(t)$	$\frac{1}{s}$
3	$t, \quad r(t)$	$\frac{1}{s^2}$
4	$\frac{t^{n-1}}{(n-1)!}$	$\frac{1}{s^n}$
5	e^{-at}	$\frac{1}{s + a}$
6	$\frac{t^{n-1}}{(n-1)!} e^{-at}$	$\frac{1}{(s + a)^n}$
7	$\frac{1}{a} (1 - e^{-at})$	$\frac{1}{s(s + a)}$
8	$\frac{1}{a - b} (e^{-bt} - e^{-at})$	$\frac{1}{(s + a)(s + b)}$
9	$\cos \omega t$	$\frac{s}{s^2 + \omega^2}$
10	$\sin \omega t$	$\frac{\omega}{s^2 + \omega^2}$
11	$e^{-at} \cos \omega t$	$\frac{s + a}{(s + a)^2 + \omega^2}$
12	$e^{-at} \sin \omega t$	$\frac{\omega}{(s + a)^2 + \omega^2}$
13	$\sin(\omega t + \alpha)$	$\frac{s \sin \alpha + \omega \cos \alpha}{s^2 + \omega^2}$
14	$\cos(\omega t + \alpha)$	$\frac{s \cos \alpha - \omega \sin \alpha}{s^2 + \omega^2}$
15	$\sinh \omega t$	$\frac{\omega}{s^2 - \omega^2}$
16	$\cosh \omega t$	$\frac{s}{s^2 - \omega^2}$

Tabelle 6.1 Funktionspaare bei der Laplace-Transformation

das Ergebnis im Bildbereich so darzustellen, daß das zugehörige Funktionspaar in der Tabelle 6.1 oder in einer anderen Tabelle gefunden werden kann.

Das folgende Beispiel erläutert die Anwendung der Laplace-Transformation:
Gegeben ist die in Bild 6.1 aufgezeichnete RC-Schaltung. Die

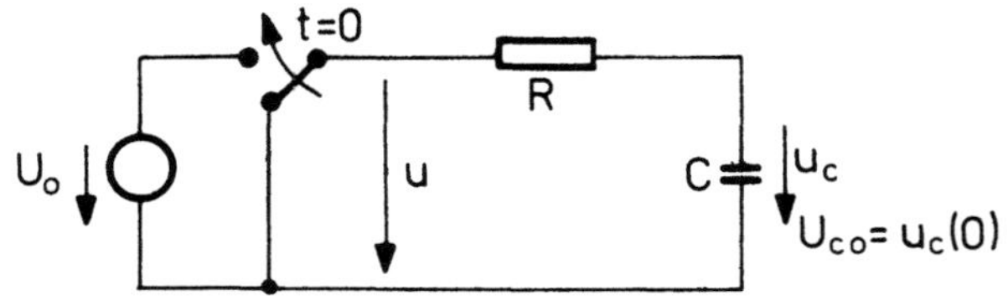

Bild 6.1 RC-Schaltung

Differentialgleichung für die Spannung am Kondensator, die den Zustand des Netzwerks beschreibt, lautet mit u(t) als Eingangssprungfunktion:

$$u(t) = U_o \ \sigma(t) = RC \frac{du_C}{dt} + u_C. \tag{6.4}$$

$u_C(t)$ ist die gesuchte Ausgangsfunktion. Ihr entspricht im Bildbereich $U_C(s)$. Transformiert man Gl.(6.4) insgesamt in den Bildbereich, indem man für die linke Seite Funktionspaar Nr. 2 der Tabelle 6.1 und für den Differentialquotienten auf der rechten Seite Gl.(6.3) benutzt, erhält man:

$$U_o \frac{1}{s} = RC(s\ U_C(s) - U_{CO}) + U_C(s). \tag{6.5}$$

Die Auflösung dieser Gleichung nach der gesuchten Funktion $U_C(s)$ ergibt:

$$U_C(s) = \frac{U_o}{RC} \frac{1}{s(s + \frac{1}{RC})} + U_{CO} \frac{1}{s + \frac{1}{RC}}. \tag{6.6}$$

Durch Rücktransformation von Gl.(6.6) ist $u_C(t)$ zu finden. Sie kann getrennt für alle Anteile erfolgen. Der erste Anteil auf der rechten Gleichungsseite wird mit dem Funktionspaar Nr. 7, der zweite mit Nr. 5 rücktransformiert; konstante Faktoren bleiben erhalten. Das Ergebnis lautet:

$$u_C(t) = \mathcal{L}^{-1}\{U_C(s)\}$$
$$= U_o\,(1 - e^{-\frac{t}{RC}}) + U_{Co}\,e^{-\frac{t}{RC}}. \qquad (6.7)$$

Der Verlauf dieser Spannung wurde schon in Bild 5.1 gezeichnet. Das Beispiel zeigt deutlich die wesentliche Vereinfachung der Lösung von Differentialgleichungen z.B. gegenüber der Methode des Lösungsansatzes mit homogenen und inhomogenen Lösungsanteilen. Auch Gleichungen höherer Ordnung - z.B. Gl.(5.8a) - können so behandelt werden. Man erhält auf diese Weise die *charakteristische Gleichung*, die für Gl.(5.8a) analog zu Gl.(6.5) lautet:

$$X(s)\,(s^3 + 4\,s^2 + 3\,s + 2) = W(s) \quad \text{bei } x(0) = \dot{x}(0) = \ddot{x}(0) = 0.$$

6.2 Eigenschaften

Die in diesem Abschnitt erläuterten Eigenschaften der Laplace-Transformation erlauben es, sich nach Bedarf neue, nicht in der Tabelle 6.1 enthaltene Funktionspaare abzuleiten. Sie sind in Form von Sätzen beschrieben und in der Tabelle 6.2 in Kurzform zusammengestellt. Die Beweise für die Sätze sind mit Hilfe der Transformationsvorschrift in Gl.(6.1) leicht zu führen.

Dem *Linearitätssatz*, der schon ohne ausdrückliche Erwähnung bei den Gln.(6.4) und (6.6) angewendet wurde, liegt die bei allen Integrationen mögliche Aufspaltung eines über eine Summe gebildeten Integrals in Integrale über die einzelnen Summanden zugrunde; ein konstanter Faktor kann vor das Integral gezogen werden. Die Laplace-Transformierten der Sinusfunktionen (Tabelle 6.1, Nr. 9,10,15,16) könnten so mit Hilfe ihrer Darstellung durch e-Funktionen (z.B. Eulersche Formel Gl.(1.2)) aus der Laplace-Transformierten einer e-Funktion (Nr. 5) abgeleitet werden.

Der *Differentiationssatz* wurde in Gl.(6.3) abgeleitet. Eine n-fache Differentiation ergibt sich aus der n-fachen Anwendung dieses Satzes (siehe oben in der charakteristischen Gleichung). Auch zwischen den Laplace-Transformierten der Sinusfunktionen ist dies ersichtlich.

		Originalbereich	Bildbereich
1.	Linearitätssatz	$f(t) + g(t)$ $a\,f(t)$	$F(s) + G(s)$ $a\,F(s)$
2.	Differentiationssatz	$\frac{d}{dt}\,f(t)$ $\frac{d^n}{dt^n}\,f(t)$	$s\,F(s) - f(0)$ $s^n\,F(s) - \frac{d^{n-1}}{dt^{n-1}}\,f(0) - s\,\frac{d^{n-2}}{dt^{n-2}}\,f(0) - \ldots - s^{n-1}\,f(0)$
3.	Integrationssatz	$\int_0^t f(\tau)\,d\tau$	$\frac{F(s)}{s}$
4.	Verschiebungssatz	$f(t-T)$ mit $f(t)=0$ für $t<0$	$e^{-sT}\,F(s)$
5.	Dämpfungssatz	$e^{-at}\,f(t)$	$F(s+a)$
6.	Faltungssatz	$\int_0^t f(t-\tau)\,g(\tau)\,d\tau$	$F(s)\,G(s)$
7.	Anfangswertsatz	$\lim_{t\to 0^+} f(t) = \lim_{s\to\infty} s\,F(s)$	Voraussetzungen: $f(t)$ und $df(t)/dt$ sind transformierbar und die Grenzwerte existieren.
8.	Endwertsatz	$\lim_{t\to\infty} f(t) = \lim_{s\to 0} s\,F(s)$	

Tabelle 6.2 Eigenschaften der Laplace-Transformation

Die Umkehrung des Differentiationssatzes bildet der *Integrationssatz*. Er ist z.B. am Zusammenhang zwischen den ersten vier Funktionspaaren zu erkennen. Die Rampenfunktion geht nach Abschnitt 1.2.1 durch Integration aus der Sprungfunktion hervor. Diese wiederum ist das Zeitintegral über die Impulsfunktion.

Der *Verschiebungssatz* gibt an, wie die Laplace-Transformierte einer um $T > 0$ verschobenen Funktion $f(t-T)$ aus der Laplace-

Transformierten der Ursprungsfunktion f(t) gefunden werden kann. Ist die Ursprungsfunktion nicht nach rechts, sondern um T nach links verschoben (T < 0), gilt (s. auch |5|, |13|, |15|):

$$\mathcal{L}\{f(t-T)\} = e^{-sT}\,F(s) - e^{-sT}\int_0^{-T} e^{-st}\,f(t)\,dt \qquad (T < 0). \quad (6.8)$$

Mit Hilfe des Verschiebungssatzes können die Laplace-Transformierten von zusammengesetzten Funktionen, z.B. der Treppenfunktion, gebildet werden. Ein Puls der Höhe 1 und der Dauer T hat beispielsweise folgende Laplace-Transformierte:

$$\mathcal{L}\{\sigma(t) - \sigma(t-T)\} = \frac{1}{s} - \frac{1}{s}\,e^{-sT} = \frac{1 - e^{-sT}}{s} \qquad (6.9)$$

Der *Dämpfungssatz* gilt für Funktionen, die mit e^{-at} multipliziert sind. In diesem Fall braucht nur s+a statt s in der Laplace-Transformierten der Funktion eingesetzt zu werden, um die Laplace-Transformierte der Gesamtfunktion zu bilden. Die Funktionspaare 5, 6, 11 und 12 in der Tabelle 6.1 sind Beispiele dafür.

Der *Faltungssatz* stellt ein Verfahren dar, mit dem die Rücktransformation eines von zwei Funktionen im Bildbereich gebildeten Produkts in den Originalbereich durchgeführt werden kann. Wegen der zusätzlichen Integration wird er jedoch nicht häufig angewendet. Der Leser kann dieses Verfahren jedoch am Funktionspaar Nr. 8 der Tabelle 6.1 leicht nachvollziehen, wenn er folgende Gleichsetzungen vornimmt:

$$\begin{aligned} F(s) &= \frac{1}{s+a}, \qquad f(t-\tau) = e^{-a(t-\tau)}, \\ G(s) &= \frac{1}{s+b}, \qquad g(\tau) = e^{-b\tau}. \end{aligned} \qquad (6.10)$$

Für nähere Erläuterungen zum Faltungsintegral wird auf die Literatur verwiesen.

Der *Anfangs-* und *Endwertsatz* erlauben eine Aussage über die Funktionswerte im Originalbereich für t = 0 und t = ∞ schon aufgrund einer Betrachtung im Bildbereich bei s = ∞ bzw. s = 0, d.h. ohne vorherige Rücktransformation. Dabei ist zu betonen, daß diese Funktionswerte eindeutig existieren müssen. Dies ist z.B. bei den Sinusfunktionen nicht der Fall: Ausgehend von der Laplace-Transformierten einer sin-Funktion ergäbe sich bei Anwendung des Endwertsatzes z.B. Null; das entspricht nicht dem Endwert, sondern dem Mittelwert. Des weiteren ist beim Anfangswertsatz anzumerken, daß immer nur der rechtsseitige Anfangswert bei t = 0 errechnet wird. Dies ist durch ein hochgesetztes Pluszeichen bei der Null im Anfangswertsatz gekennzeichnet. Bei einer Sprungfunktion ist er z.B. nach dem Anfangswertsatz 1, wie sich anhand der Definition der Sprungfunktion in Gl.(1.14) bestätigt. Die Richtigkeit dieser beiden Sätze kann der Leser leicht selbst an den beiden Gln.(6.6) und (6.7) für die in Bild 6.1 gegebene RC-Schaltung nachprüfen.

6.3 Partialbruchzerlegung

Zur Rücktransformation von umfangreicheren Funktionen F(s), die nicht in einer Tabelle enthalten sind, wird die Methode der *Partialbruchzerlegung* benutzt, die es erlaubt, ein Polynom F(s) in einzelne Anteile aufzuspalten; die einzelnen Anteile können dann leichter rücktransformiert werden.

Wäre z.B. in der RC-Schaltung von Bild 6.1 die Eingangsspannung eine Wechselspannung $u(t) = U_o \sin \omega t$, würde sich als Ergebnis für die Kondensatorspannung im Bildbereich ergeben:

$$U_C(s) = \frac{U_o}{RC} \frac{\omega}{(s + \frac{1}{RC})(s^2 + \omega^2)} + \frac{U_{CO}}{s + \frac{1}{RC}}. \tag{6.11}$$

Der erste Summand auf der rechten Seite dieser Gleichung ist in dieser Form nicht in der Tabelle 6.1 enthalten. Er kann jedoch so in zwei Summanden $F_1(s)$ und $F_2(s)$ aufgespalten werden, daß $F_1(s)$ den Nenner $(s + 1/RC)$ und $F_2(s)$ den Nenner $(s^2 + \omega^2)$ hat. Die Zähler von $F_1(s)$ und $F_2(s)$ können durch Koeffizientenvergleich gefunden werden. $F_1(s)$ und $F_2(s)$ sind auf diese Weise mit den in der Tabelle enthaltenen Funktionspaaren rücktransformierbar.

Dieses hier nur grob angedeutete, als Partialbruchzerlegung bezeichnete Verfahren soll nun etwas allgemeiner beschrieben werden.

Die Funktion F(s) besteht im allgemeinen aus einem Zählerpolynom Z(s) und einem Nennerpolynom N(s):

$$F(s) = \frac{Z(s)}{N(s)} = \frac{b_m s^m + b_{m-1} s^{m-1} + \ldots + b_1 s + b_o}{a_n s^n + a_{n-1} s^{n-1} + \ldots + a_1 s + a_o}. \tag{6.12}$$

In Funktionen F(s), die für elektrische Netzwerke gelten, sind die Koeffizienten a_i und b_i immer reell. Bei den Exponenten gilt im allgemeinen für elektrische Netzwerke: $m < n$. (Ein Sonderfall wird in Abschnitt 7.1 behandelt.)

Nach dem Vietaschen Wurzelsatz können Polynome mit Hilfe ihrer Nullstellen in Produktform dargestellt werden. Für F(s) bzw. Z(s) und N(s) gilt dann:

$$F(s) = \frac{Z(s)}{N(s)} = K \frac{\prod_{i=1}^{m} (s - z_i)}{\prod_{j=1}^{n} (s - p_j)}$$

$$= K \frac{(s - z_1)(s - z_2) \ldots (s - z_m)}{(s - p_1)(s - p_2) \ldots (s - p_n)} \tag{6.13}$$

$$\text{mit} \quad K = \frac{b_m}{a_n}.$$

z_i sind die Nullstellen von F(s). p_j sind die Polstellen von F(s). An den Polstellen, die die Nullstellen des Nennerpolynoms sind, hat F(s) den Wert unendlich.

Die Polstellen sind für F(s) und damit auch für das zugehörige f(t) entscheidend. Spaltet man mit Hilfe der Partialbruchzerlegung F(s) in einzelne Summanden (Partialbrüche) auf, in deren Nenner das jeweilige $(s - p_j)$ steht, bilden nach der Rücktransformation die Polstellen die Argumente in den e-Funktionen im Originalbereich: $e^{p_j t}$ (Funktionspaar Nr. 5 in der Tabelle

6.1). Die Funktionen im Originalbereich werden zu einem großen Teil aus e-Funktionen bestehen.

Für die Berechnung der Zähler dieser Summanden, die als Residuen bezeichnet werden (Residuensatz der Funktionentheorie), gibt es ein allgemeines Verfahren, das zunächst für Einfachpole - der Pol p_j kommt in F(s) nur einmal vor - und dann für Mehrfachpole - der Pol p_j kommt r-fach vor; der Nenner in Gl. (6.13) enthält dann Ausdrücke $(s - p_j)^r$ - durchgeführt wird.

Fall 1: Einfachpole (r = 1), d.h. alle Polstellen in F(s) sind voneinander verschieden:

F(s) aus Gl.(6.13) kann durch Zerlegung des Nenners dargestellt werden durch

$$F(s) = \sum_{j=1}^{n} \frac{K_j}{s - p_j}$$

$$= \frac{K_1}{s - p_1} + \frac{K_2}{s - p_2} + \ldots + \frac{K_n}{s - p_n} \qquad (6.14)$$

$$\text{mit} \quad K_j = (s - p_j)\, F(s)\Big|_{s=p_j} .$$

Die Vorschrift für die Berechnung der Residuen K_j, die in dieser Gleichung enthalten ist, ist leicht anhand folgender Überlegung nachzuvollziehen: Will man z.B. K_1 berechnen, multipliziert man die linke und die rechte Seite der Gl.(6.14) mit $(s - p_1)$. Man erhält:

$$\frac{Z(s)}{(s - p_2)\ldots(s - p_n)} = K_1 + (s - p_1)\left(\frac{K_2}{s - p_2} + \ldots + \frac{K_n}{s - p_n}\right).$$

Diese Gleichung muß für alle s-Werte gültig sein, d.h. auch für $s = p_1$. Setzt man überall p_1 für s, erhält man einen eindeutigen Wert für K_1, da der zweite Summand auf der rechten Gleichungsseite zu Null wird. Alle anderen Residuen sind auf analoge Weise zu ermitteln.

Die Rücktransformation von F(s) ist durch die Partialbruchzerlegung nach Gl.(6.14) sehr einfach geworden. Jeder Summand von

F(s) entspricht einer e-Funktion im Originalbereich, die Residuen sind die Faktoren, mit denen die e-Funktionen multipliziert werden. Unter Verwendung des Funktionspaares Nr. 5 der Tabelle 6.1 erhält man:

$$f(t) = \mathcal{L}^{-1}\{F(s)\}$$

$$= K_1\ e^{+p_1 t} + K_2\ e^{+p_2 t} + \ldots + K_n\ e^{+p_n t}. \qquad (6.15)$$

Als erstes Beispiel soll folgende Funktion F(s) rücktransformiert werden:

$$F(s) = \frac{s + 4}{s(s^2 + 6\ s + 6)}. \qquad (6.16)$$

Es ist sofort ersichtlich, daß F(s) drei Polstellen hat und deshalb in drei Partialbrüche aufgespalten werden kann. Die Polstellen ergeben sich durch Nullsetzen des Nenners. Die erste Polstelle ist

$$p_1 = 0,$$

die zweite und die dritte errechnen sich aus

$$s^2 + 6\ s + 6 = 0$$

zu $p_2 = -\ 1{,}27$ und $p_3 = -\ 4{,}73.$

Die Partialbruchzerlegung von Gl.(6.16) ergibt:

$$F(s) = \frac{K_1}{s} + \frac{K_2}{s + 1{,}27} + \frac{K_3}{s + 4{,}73}. \qquad (6.17)$$

Die Residuen werden nach der Vorschrift von Gl.(6.14) berechnet:

$$K_1 = \left.\frac{s + 4}{(s + 1{,}27)(s + 4{,}73)}\right|_{s=0} = \frac{4}{1{,}27\ 4{,}73} = 0{,}667,$$

$$K_2 = \left.\frac{s + 4}{s(s + 4{,}73)}\right|_{s=-1{,}27} = \frac{-\ 1{,}27 + 4}{-\ 1{,}27(-\ 1{,}27 + 4{,}73)} = -\ 0{,}622,$$

$$K_3 = \left.\frac{s + 4}{s(s + 1{,}27)}\right|_{s=-4{,}73} = \frac{-\ 4{,}73 + 4}{-\ 4{,}73(-\ 4{,}73 + 1{,}27)} = -\ 0{,}045.$$

Die Rücktransformation von F(s) ergibt dann (t in Sekunden):

$$f(t) = \mathcal{L}^{-1}\{F(s)\} = 0{,}667 - 0{,}622\ e^{-1{,}27t} - 0{,}045\ e^{-4{,}73t}. \tag{6.18}$$

Dieses erste Beispiel behandelte eine Funktion F(s), deren Polstellen nur reell sind. Polstellen können jedoch auch komplex sein, wie sich bei folgender Funktion F(s) erweist:

$$F(s) = \frac{s + 1}{s(s^2 + 3\ s + 3)}. \tag{6.19}$$

Die Polstellen ergeben sich nach dem gleichen Berechnungsverfahren wie bei Gl.(6.16) zu

$$p_1 = 0; \quad p_2 = -\ 1{,}5 + j\ 0{,}87; \quad p_3 = p_2^* = -\ 1{,}5 - j\ 0{,}87.$$

Die Polstellen p_2 und p_3 sind konjugiert komplex, wie durch * gekennzeichnet. Treten in Funktionen F(s) von elektrischen Netzwerken komplexe Pole auf, sind sie *immer* konjugiert komplex, da die Nennerfunktion nur reelle Koeffizienten hat.

Die Partialbruchzerlegung von Gl.(6.19) ergibt:

$$F(s) = \frac{K_1}{s} + \frac{K_2}{s + 1{,}5 - j\ 0{,}87} + \frac{K_2^*}{s + 1{,}5 + j\ 0{,}87}. \tag{6.20}$$

Die Residuen werden wieder nach der Vorschrift von Gl.(6.14) berechnet. Es gilt, daß die Residuen von komplexen Polen im allgemeinen komplex und die Residuen von konjugiert komplexen Polen immer konjugiert komplex zueinander sind. Setzt man $p_2 = -\ a + j\omega$, erhält man:

$$K_1 = \left.\frac{s + 1}{(s + a - j\omega)(s + a + j\omega)}\right|_{s=0} = \frac{1}{a^2 + \omega^2} = \frac{1}{1{,}5^2 + 0{,}87^2}$$

$$= 0{,}33,$$

$$K_2 = K\ e^{j\alpha} = \left.\frac{s + 1}{s(s + a + j\omega)}\right|_{s=-a+j\omega} = \frac{-\ a + j\omega + 1}{(-\ a + j\omega)2\ j\omega}$$

$$= \frac{-\ 1{,}5 + j\ 0{,}87 + 1}{(-\ 1{,}5 + j\ 0{,}87)2\ j\ 0{,}87} = 0{,}33\ e^{-j120^\circ}.$$

Die Rücktransformation von F(s) ergibt:

$$f(t) = \mathcal{L}^{-1}\{F(s)\} = K_1 + K\,e^{j\alpha}e^{(-a+j\omega)t} + K\,e^{-j\alpha}e^{(-a-j\omega)t}$$

$$= K_1 + K\,e^{-at}(e^{j(\omega t+\alpha)} + e^{-j(\omega t+\alpha)})$$

$$= K_1 + 2\,K\,e^{-at}\cos(\omega t + \alpha)$$

$$= 0{,}33 + 0{,}66\,e^{-1{,}5t}\cos(0{,}87t - 120^\circ). \tag{6.21}$$

Die Lösungsgleichung (6.21) zeigt, daß zwei konjugiert komplexe Pole im Bildbereich zu einer gedämpften Schwingung im Originalbereich führen. Der reelle Anteil entspricht dabei dem Dämpfungsfaktor der e-Funktion, der imaginäre Anteil der Kreisfrequenz der Schwingung.

Fall 2: Mehrfachpole ($r > 1$), d.h. einige Pole stimmen überein:

Bei einer Funktion F(s) mit Mehrfachpolen (p_j ist r-fach vorhanden), wird der Teil $F_{p_j}(s)$ von F(s), der diesen Pol betrifft, mit Hilfe der Residuen $K_{j,r}$, $K_{j,r-1}$, ... $K_{j,1}$ in folgender Form gebildet:

$$F_{p_j}(s) = \frac{K_{j,r}}{(s-p_j)^r} + \frac{K_{j,r-1}}{(s-p_j)^{r-1}} + \ldots + \frac{K_{j,1}}{s-p_j} \tag{6.22}$$

mit $K_{j,r} = (s-p_j)^r\,F(s)\Big|_{s=p_j}$

$$K_{j,r-1} = \frac{d}{ds}\left((s-p_j)^r\,F(s)\right)\Big|_{s=p_j}$$

$$\vdots$$

$$K_{j,1} = \frac{1}{(r-1)!}\,\frac{d^{r-1}}{ds^{r-1}}\left((s-p_j)^r\,F(s)\right)\Big|_{s=p_j}.$$

Die Residuenbildung bei Mehrfachpolen ist durch Differentiation zu erreichen, wie Gl. (6.22) zeigt.

Bei der Rücktransformation von F_{p_j} treten wegen der quadratischen bis r-fachen Nennerfunktionen Zeitfunktionen im Originalbereich auf, in denen die Zeit als Faktor auftritt. Unter Anwendung des Funktionspaares Nr. 6 der Tabelle 6.1 ergibt sich

$$f_{p_j}(t) = \mathcal{L}^{-1}\{F_{p_j}(s)\}$$
$$= K_{j,r}\frac{t^{r-1}}{(r-1)!}\,e^{p_j t} + K_{j,r-1}\frac{t^{r-2}}{(r-2)!}\,e^{p_j t} + \ldots + K_{j,1}\,e^{p_j t}. \tag{6.23}$$

Das folgende Beispiel veranschaulicht die Rücktransformation bei Auftreten von Mehrfachpolen:

$$F(s) = \frac{s^2 + 3\,s + 5}{(s + 1)^2\,(s + 2)}. \tag{6.24}$$

Die Pole liegen bei $p_1 = -1$ und $p_2 = -2$. Der erste Pol ist ein Doppelpol. Die Partialbruchzerlegung ergibt folgende neue Form von F(s):

$$F(s) = \frac{K_{12}}{(s + 1)^2} + \frac{K_{11}}{s + 1} + \frac{K_2}{s + 2}. \tag{6.25}$$

Die Residuen sind nach der Vorschrift von Gl.(6.22) zu berechnen:

$$K_{12} = \left.\frac{s^2 + 3\,s + 5}{s + 2}\right|_{s=-1} = \frac{1 - 3 + 5}{-1 + 2} = 3,$$

$$K_{11} = \frac{d}{ds}\left(\frac{s^2 + 3\,s + 5}{s + 2}\right)\Bigg|_{s=-1} = \frac{(-2 + 3)(-1 + 2) - (1 - 3 + 5)}{(-1 + 2)^2}$$
$$= -2,$$

$$K_2 = \left.\frac{s^2 + 3\,s + 5}{(s + 1)^2}\right|_{s=-2} = \frac{4 - 6 + 5}{(-2 + 1)^2} = 3.$$

Mit diesen Residuen ergibt die Rücktransformation von Gl.(6.25) unter Anwendung der Funktionspaare Nr. 5 und 6 der Tabelle 6.1:

$$f(t) = \mathcal{L}^{-1}\{F(s)\} = 3\,t\,e^{-t} - 2\,e^{-t} + 3\,e^{-2t}.$$

Es sollte an dieser Stelle noch einmal betont werden, daß alle mit der Laplace-Transformation errechneten Lösungsgleichungen nur für $t > 0$ gelten.

6.4 Bedeutung der Polstellen in der s-Ebene

Aus den Ausführungen im vorangegangenen Abschnitt geht hervor, daß die Polstellen einer Funktion F(s) eine entscheidende Bedeutung für den Verlauf der Zeitfunktion im Zeitbereich haben. Trägt man die Polstellen der Ausgangsfunktion eines Systems in

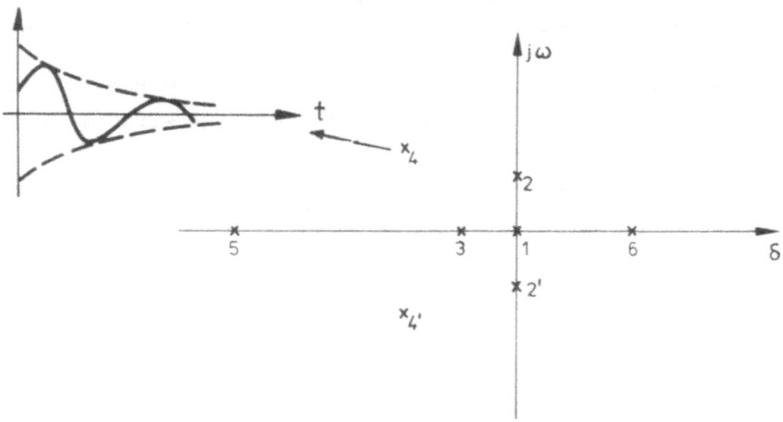

Bild 6.2 s-Ebene

die komplexe s-Ebene ein, ist aus ihrer Lage sofort abzuschätzen, wie sich das System verhalten wird. Am Beispiel der in Bild 6.2 eingezeichneten Polstellen läßt sich dieser Zusammenhang einfach erklären. Die Polstelle 1 führt, da $p_1 = 0$ ist, zu einem konstanten Anteil in der Ausgangsgröße, der einer Sprungfunktion entspricht. Die konjugiert komplexen Polstellen 2 und 2' charakterisieren eine ungedämpfte Sinusschwingung ($\hat{=}\ |K_2| \sin(\omega_2 t + \alpha_2)$), die Polstellen 4 und 4' eine gedämpfte Sinusschwingung ($\hat{=}\ |K_4| e^{-a_4 t} \sin(\omega_4 t + \alpha_4)$, siehe Skizze im Bild), deren Dämpfungsfaktor gleich dem reellen Anteil der Polstellen ist. Aus der Lage der Polstellen 3 und 5 ist zu ersehen, daß

Polstelle 3 zu einer e-Funktion mit kleinem Dämpfungsfaktor (= großer Zeitkonstante) führt, wohingegen die aus Polstelle 5 resultierende e-Funktion schnell abgeklungen sein wird. Polstelle 6 hat einen positiven Realteil, die zugehörige e-Funktion ist deshalb ansteigend und würde zu einer instabilen Ausgangsfunktion führen.

Hierbei wurden bisher nur einfache Polstellen angenommen. Sind Mehrfachpole vorhanden, kommen Zeitfunktionen mit der Zeit als Faktor hinzu. Wäre Polstelle 1 ein Doppelpol, käme im Zeitbereich zur Konstanten noch eine Rampenfunktion hinzu. Ist Polstelle 3 ein Doppelpol, tritt neben der abklingenden e-Funktion eine mit t multiplizierte abklingende e-Funktion auf, die für $t \to \infty$ Null wird. Für komplexe Doppelpole und für Mehrfachpole mit $r > 2$ können entsprechende Betrachtungen angestellt werden.

Im allgemeinen bezeichnet man Pole mit negativem Realteil als in der linken Halbebene liegend und Pole mit positivem Realteil als in der rechten Halbebene liegend. Über die Größe der Residuen und damit über die Konstanten bzw. die Amplituden der Schwingungen sagt die Darstellung der Pole in der s-Ebene nichts aus.

6.5 Übungsaufgaben

1. Berechnen Sie die Laplace-Transformierten der folgenden Zeitfunktionen

a) $f(t) = A\, e^{(at+b)} \sin(\omega t + \alpha)$,

b) $f(t) = \int_0^t e^{-a\tau}(\sin \omega\tau - \cos \omega\tau)\, d\tau$,

c) $f(t) = a^{bt}$ (Hinweis: $x = e^{\ln x}$),

d) f(t) mit dem skizzierten Verlauf:

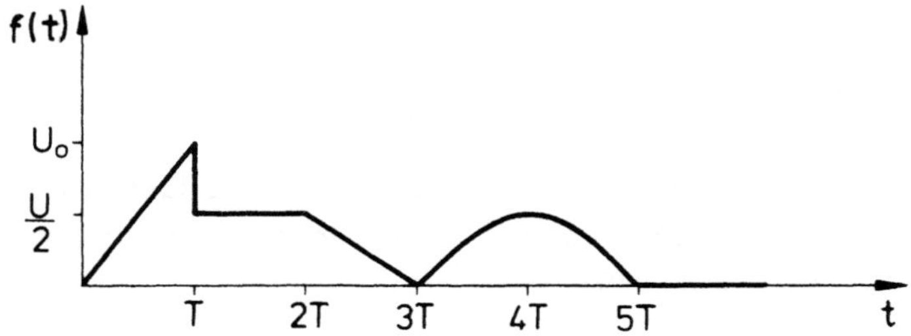

2. Ermitteln Sie die Zeitfunktionen für die folgenden Laplace-Transformierten:

a) $F(s) = \frac{s^2 - 2s - 3}{s^3 + 6s^2 + 8s}$,

b) $F(s) = \frac{10s + 5}{s^3 + 20s^2 + 100s}$.

3. In der gezeichneten Schaltung wird zur Zeit t = 0, bei der der Kondensator des gedämpften Schwingkreises auf die Spannung U_o aufgeladen ist, der Schalter S_1 geöffnet und gleichzeitig S_2 geschlossen.
Stellen Sie die Differentialgleichungen zweiter Ordnung für jeweils die Kondensatorspannung und den Spulenstrom auf und berechnen Sie mit Hilfe der Laplace-Transformation den Zeitverlauf dieser Größen. Prüfen Sie die Ergebnisse im s- und t-Bereich anhand des Anfangs- und des Endwertsatzes (Tabelle 6.2) nach.

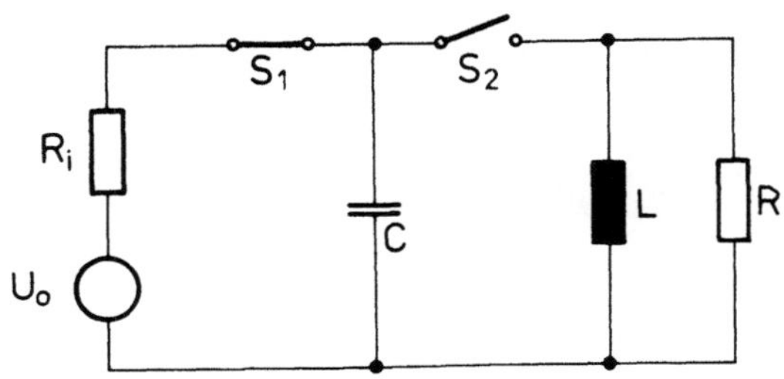

4. Für die gezeichnete Ersatzschaltung des Spannungsteilers am Eingang eines Oszillographen gilt die Differentialgleichung

$$(C_1 + C_2)\,\frac{dy}{dt} + (G_1 + G_2)\,y = C_1\,\frac{du_o}{dt} + G_1\,u_o.$$

a) Berechnen Sie mit Hilfe der Laplace-Transformation den Zeitverlauf der Ausgangsgröße y(t) für die Eingangsgröße $u_o(t) = U_o\,\sigma(t)$ bei $y(0) = 0$.

b) Skizzieren Sie qualitativ den Verlauf von $u_o(t)$ und y(t) in einem Diagramm für die folgenden 3 Fälle:

$C_1\,R_1 > C_2\,R_2$,

$C_1\,R_1 < C_2\,R_2$,

$C_1\,R_1 = C_2\,R_2$.

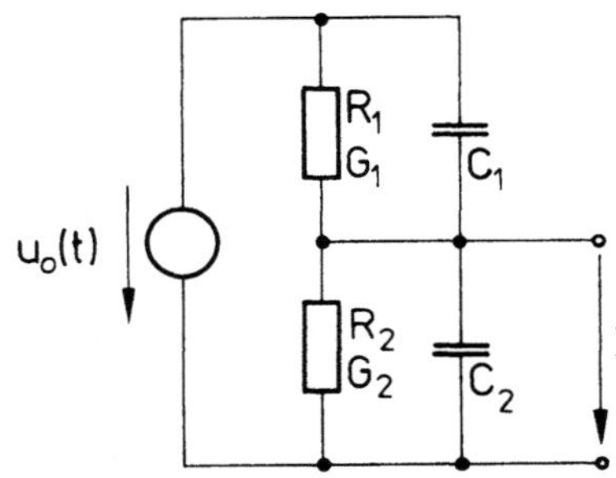

7. LÖSUNG VON ZUSTANDSGLEICHUNGEN MIT DER ÜBERTRAGUNGSFUNKTION

Das 5. Kapitel schloß damit ab, daß auf systematische Weise mit Hilfe des Netzwerkgraphen die Zustands- und Ausgangsgleichungen in Normalform für elektrische Netzwerke gefunden werden konnten. Dieses Kapitel behandelt nun die Lösung der Zustandsgleichungen unter Anwendung der im vorangegangenen Kapitel erworbenen Kenntnisse in der Laplace-Transformation. Es wird vor allem den wichtigen Begriff der Übertragungsfunktion einführen, die eine jedes dynamische System charakterisierende Form hat und zu einer Aussage darüber befähigt, wie ein Eingangssignal auf dem Weg durch das System zum Ausgang verändert wird.

7.1 Definition und Berechnung der Übertragungsfunktion

Zur Lösung der Zustands- und Ausgangsgleichungen

$$\begin{aligned} \dot{\underline{x}} &= \underline{A}\ \underline{x} + \underline{b}\ w \\ y &= \underline{c}^T\ \underline{x} + d\ w \end{aligned} \qquad (7.1)$$

wird die Laplace-Transformation auf sie angewendet:

$$\mathcal{L}\{\dot{\underline{x}}\} = s\ \underline{X}(s) - \underline{x}(0) = \underline{A}\ \underline{X}(s) + \underline{b}\ W(s), \qquad (7.2)$$

$$\mathcal{L}\{y\} = Y(s) = \underline{c}^T\ \underline{X}(s) + d\ W(s). \qquad (7.3)$$

Aus Gl.(7.2) erhält man über den Umformungsschritt

$$(s\ \underline{E} - \underline{A})\ \underline{X}(s) = \underline{b}\ W(s) + \underline{x}(0)$$

die folgende Bestimmungsgleichung für die Zustandsgrößen im Bildbereich:

$$\underline{X}(s) = (s\,\underline{E} - \underline{A})^{-1}\,\underline{b}\,W(s) + (s\,\underline{E} - \underline{A})^{-1}\,\underline{x}(0). \tag{7.4}$$

Setzt man Gl.(7.4) in Gl.(7.3) ein, ergibt sich:

$$Y(s) = (\underline{c}^T\,(s\,\underline{E} - \underline{A})^{-1}\,\underline{b} + d)\,W(s) + \underline{c}^T\,(s\,\underline{E} - \underline{A})^{-1}\,\underline{x}(0). \tag{7.5}$$

Als *Übertragungsfunktion* G(s) eines dynamischen Systems wird in der Systemtheorie und Regelungstechnik der Quotient aus der Laplace-Transformierten der Ausgangsfunktion zu der der Eingangsfunktion bei anfangs nicht erregtem System (Anfangsbedingungen Null) definiert:

$$G(s) = \frac{Y(s)}{W(s)} \qquad \text{bei} \quad \underline{x}(0) = \underline{0}. \tag{7.6}$$

Wendet man diese Definition auf Gl.(7.5) an, erhält man für Systeme, deren Zustands- und Ausgangsgleichungen in Normalform aufgeschrieben sind, die Übertragungsfunktion in folgender Form:

$$G(s) = \underline{c}^T\,(s\,\underline{E} - \underline{A})^{-1}\,\underline{b} + d. \tag{7.7}$$

Sie ist bei elektrischen Netzwerken allein durch die Netzwerkdaten bestimmt, die in den Matrizen und Spaltenvektoren enthalten sind.

Mit Hilfe der so definierten Übertragungsfunktion ist es einfach, für jede beliebige Eingangsfunktion w(t) die Ausgangsfunktion y(t) bei vorher nicht erregtem System zu berechnen. Es ist nur die Laplace-Transformierte der Eingangsfunktion mit der Übertragungsfunktion zu multiplizieren und das Ergebnis rückzutransformieren:

$$Y(s) = G(s)\,W(s), \tag{7.8}$$

$$y(t) = \mathcal{L}^{-1}\{Y(s)\} \qquad \text{bei}\ \underline{x}(0) = \underline{0}.$$

Bildlich kann man Gl.(7.8) durch ein allgemeines Strukturbild darstellen, wie in Bild 7.1 gezeigt wird. Das dynamische System

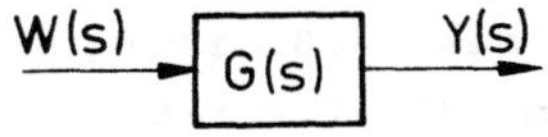

Bild 7.1 Strukturbilddarstellung eines dynamischen Systems

ist durch einen Strukturbildblock mit der hineingeschriebenen Übertragungsfunktion gekennzeichnet. Im Abschnitt 7.4 wird gezeigt, daß G(s) auch durch gezeichnete Symbole dargestellt werden kann, vor allem wenn sich das Strukturbild eines Systems aus Standardblöcken zusammensetzen läßt.

Als Beispiel für die Berechnung und die Form der Übertragungsfunktion wird das in Abschnitt 5.4 benutzte erste Beispiel herangezogen, für das die Zustandsgleichungen in Normalform in Gl.(5.14) angegeben sind. Ausgangsgröße soll die Kondensatorspannung sein. Um die Berechnung der Übertragungsfunktion formelmäßig zu vereinfachen, werden folgende Netzwerkdaten angenommen:

$R_1 = R_3 = 1\ \Omega, \quad L = 0{,}5\ \mathrm{H}, \quad C = 0{,}5\ \mathrm{F};$

für R_2 werden zwei Fälle unterschieden:

a) $R_2 = 2\ \Omega$,

b) $R_2 = 0{,}5\ \Omega$.

Mit diesen Daten lauten die Zustands- und Ausgangsgleichungen:

Fall a)

$$\underline{\dot{x}} = \begin{bmatrix} \dot{i}_L \\ \dot{u}_C \end{bmatrix} = \begin{bmatrix} -5 & 1 \\ -1 & -1 \end{bmatrix} \begin{bmatrix} i_L \\ u_C \end{bmatrix} + \begin{bmatrix} 1 \\ 1 \end{bmatrix} u_q,$$

Fall b)

$$\underline{\dot{x}} = \begin{bmatrix} \dot{i}_L \\ \dot{u}_C \end{bmatrix} = \begin{bmatrix} -2 & 1 \\ -1 & -1 \end{bmatrix} \begin{bmatrix} i_L \\ u_C \end{bmatrix} + \begin{bmatrix} 1 \\ 1 \end{bmatrix} u_q, \tag{7.9}$$

Fall a) und b)

$$y = u_C = \begin{bmatrix} 0 & 1 \end{bmatrix} \begin{bmatrix} i_L \\ u_C \end{bmatrix}. \tag{7.10}$$

(In diesen wie auch in den folgenden Gleichungen werden wegen der einfacheren Schreibweise die Dimensionen der auftretenden Größen weggelassen.)

Den Gln. (7.9) entnimmt man, daß die in der Definitionsgleichung der Übertragungsfunktion (7.7) vorkommenden Matrizen folgende Werte haben:

Fall a)

$$\underline{A} = \begin{bmatrix} -5 & 1 \\ -1 & -1 \end{bmatrix}, \quad \underline{b} = \begin{bmatrix} 1 \\ 1 \end{bmatrix}, \quad \underline{c}^T = \begin{bmatrix} 0 & 1 \end{bmatrix}, \quad d = 0;$$

Fall b)

$$\underline{A} = \begin{bmatrix} -2 & 1 \\ -1 & -1 \end{bmatrix}, \quad \underline{b} = \begin{bmatrix} 1 \\ 1 \end{bmatrix}, \quad \underline{c}^T = \begin{bmatrix} 0 & 1 \end{bmatrix}, \quad d = 0.$$

Bei der Berechnung der Übertragungsfunktion sind folgende Zwischenrechnungen durchzuführen:

Fall a)

$$s\,\underline{E} - \underline{A} = \begin{bmatrix} s+5 & -1 \\ 1 & s+1 \end{bmatrix},$$

$$(s\,\underline{E} - \underline{A})^{-1} = \frac{1}{(s+5)(s+1)+1} \begin{bmatrix} s+1 & 1 \\ -1 & s+5 \end{bmatrix};$$

Fall b)

$$s\,\underline{E} - \underline{A} = \begin{bmatrix} s+2 & -1 \\ 1 & s+1 \end{bmatrix},$$

$$(s\,\underline{E} - \underline{A})^{-1} = \frac{1}{(s+2)(s+1)+1} \begin{bmatrix} s+1 & 1 \\ -1 & s+2 \end{bmatrix}.$$

Für die Übertragungsfunktion ergibt sich dann nach weiterer Rechnung:

Fall a)

$$G(s) = \frac{s+4}{(s+5)(s+1)+1} = \frac{s+4}{s^2+6\,s+6}$$

$$= \frac{s+4}{(s-p_1)(s-p_2)} \quad \text{mit} \quad p_{1,2} = -3 \pm \sqrt{3}, \qquad (7.11)$$

Fall b)

$$G(s) = \frac{s + 1}{(s + 2)(s + 1) + 1} = \frac{s + 1}{s^2 + 3 s + 3}$$

$$= \frac{s + 1}{(s - p_1)(s - p_2)} \quad \text{mit} \quad p_{1,2} = - 1,5 \pm j\sqrt{0,75} \,. \tag{7.12}$$

Diese Übertragungsfunktionen haben die Form der im vorangegangenen Kapitel allgemein behandelten Funktionen F(s). Nach den Ausführungen in Abschnitt 6.4 liegen die Pole von G(s) in beiden Fällen in der linken Halbebene der s- Ebene. Im Fall b) treten konjugiert komplexe Pole auf. Die durch G(s) bestimmten Anteile in der Ausgangsfunktion sind deshalb in beiden Fällen beschränkt, sie führen nicht zu Instabilitäten.

Nach Gl.(7.8) ist die Ausgangsfunktion eines Systems, die die Systemantwort auf eine Eingangsfunktion ist, durch Multiplikation der Laplace-Transformierten der Eingangsfunktion mit der Übertragungsfunktion zu erhalten. Wählt man in den vorliegenden Fällen beispielsweise eine Sprungfunktion $U_o\,\sigma(t)$ mit $U_o = 1$ V als Eingangsfunktion, gilt für die Ausgangsfunktion:

Fall a)

$$Y(s) = W(s)\; G(s) = \frac{1}{s}\; G(s) = \frac{s + 4}{s(s^2 + 6 s + 6)} \tag{7.13}$$

Fall b)

$$Y(s) = W(s)\; G(s) = \frac{1}{s}\; G(s) = \frac{s + 1}{s(s^2 + 3 s + 3)} \tag{7.14}$$

Y(s) ist gleich der schon in Abschnitt 6.3 berechneten und rücktransformierten Funktion F(s) in Gl.(6.16) bzw. (6.19). Die Ergebnisse für y(t) sind deshalb identisch mit den Gln. (6.18) und (6.21). Die zu diesen Gleichungen gemachten Aussagen gelten auch hier.

Dieser Abschnitt zeigt, daß die systematische Aufstellung der Zustandsgleichungen, die im 5. Kapitel behandelt wurde, eine geeignete Voraussetzung für die Berechnung des dynamischen Verhaltens eines Systems mit Hilfe der Laplace-Transformation ist. Im Verlauf der Berechnung wurde die Übertragungsfunktion definiert, mit deren Hilfe man aufgrund der Lage ihrer Pole in der s-Ebene wichtige Aussagen über das Verhalten des Systems machen kann. Die wichtigste Aussage über ein System wäre, ob das System stabil ist. Die Frage nach der Stabilität, die ebenfalls anhand der Polstellen der Übertragungsfunktion beantwortet werden kann, wird eingehend im 8. Kapitel behandelt.

Bei der bisherigen Definition der Übertragungsfunktion wurde von den Gln.(7.1) ausgegangen. Im dritten Beispiel des Abschnitts 5.4 ist jedoch für ein Netzwerk, dessen Aufbau zu einem modifizierten Eigenbaum führte, ein Zustandsgleichungssystem aufgestellt worden, das den Differentialquotienten der Eingangsfunktion enthält (Gl.(5.16)). Zusammen mit der Ausgangsfunktion lautete dieses Gleichungssystem:

$$\begin{aligned} \dot{\underline{x}} &= \underline{A}\,\underline{x} + \underline{b}_o\,w + \underline{b}_1\,\dot{w}, \\ y &= \underline{c}^T\,\underline{x} + d\,w. \end{aligned} \qquad (7.15)$$

Berechnet man für ein System, das durch diese Gleichungen beschrieben wird, nach dem gleichen Verfahren wie für die Gln. (7.1) und unter den gleichen Bedingungen die Ausgangs- und Übertragungsfunktion, erhält man - analog zu den Gln.(7.5) und (7.7) - als Ausgangsfunktion

$$\begin{aligned} Y(s) = {} & (\underline{c}^T\,(s\,\underline{E} - \underline{A})^{-1}\,(\underline{b}_1\,s + \underline{b}_o) + d)\,W(s) \\ & + \underline{c}^T\,(s\,\underline{E} - \underline{A})^{-1}\,(\underline{x}(0) - \underline{b}_1\,w(0)) \end{aligned} \qquad (7.16)$$

und als Übertragungsfunktion

$$G(s) = \underline{c}^T\,(s\,\underline{E} - \underline{A})^{-1}\,(\underline{b}_1\,s + \underline{b}_o) + d. \qquad (7.17)$$

Gl.(7.17) läßt sich aus folgender, zu Gl.(7.6) analogen Definition ableiten:

$$G(s) = \frac{Y(s)}{W(s)} \quad \text{bei} \quad \underline{x}(0) = \underline{0} \text{ und } w(0) = 0 \quad \text{bzw. bei} \quad \underline{x}(0) = \underline{b}_1\,w(0). \qquad (7.18)$$

Führt man für das dritte Beispiel des Abschnitts 5.4 die Berechnung der Übertragungsfunktion durch, erhält man mit den

Werten R = 1 Ω, $C_1 = C_2 = 0{,}5$ F, L = 0,5 H und der Ausgangsfunktion $y = u_{C2}(t)$ zunächst mit Gl.(5.16) die Matrizenwerte (ohne Dimensionsangaben)

$$\underline{A} = \begin{bmatrix} 0 & -2 \\ 1 & -1 \end{bmatrix}, \quad \underline{b}_o = \begin{bmatrix} 2 \\ 0 \end{bmatrix}, \quad \underline{b}_1 = \begin{bmatrix} 0 \\ \frac{1}{2} \end{bmatrix}, \quad \underline{c} = \begin{bmatrix} 0 \\ 1 \end{bmatrix}, \quad d = 0$$

und nach Einsetzen dieser Werte in Gl.(7.17) die Übertragungsfunktion:

$$G(s) = \frac{0{,}5\, s^2 + 2}{s^2 + s + 2} \tag{7.19}$$

$$= \frac{0{,}5\, s^2 + 2}{(s - p_1)(s - p_2)} \qquad \text{mit} \quad p_{1,2} = -\,0{,}5 \pm j\sqrt{1{,}75}.$$

In dieser Übertragungsfunktion sind Zähler- und Nennerpolynom von gleicher Ordnung. Wie in Abschnitt 5.4 schon angedeutet, kann hier eine Besonderheit auftreten. Ist w(t) eine 1 V - Sprungfunktion, lautet $U_{C2}(s)$ (ohne Dimensionsangaben):

$$U_{C2}(s) = \frac{1}{s}\, G(s) = \frac{0{,}5\, s^2 + 2}{s(s - p_1)(s - p_2)} \tag{7.20}$$

Diese Gleichung kann ohne Schwierigkeiten mit Hilfe der Partialbruchzerlegung in den Zeitbereich rücktransformiert werden, da das Nennerpolynom von höherer Ordnung als das Zählerpolynom ist. Betrachtet man jedoch als Ausgangsgröße den Kondensatorstrom $I_{C2}(s)$, der nach dem Differentiationssatz aus $U_{C2}(s)$ durch Multiplikation mit s gebildet werden kann, erhält man:

$$I_{C2}(s) = C_2\, s\, U_{C2}(s) = 0{,}5\, G(s)$$

$$= \frac{0{,}25\, s^2 + 1}{s^2 + s + 2}. \tag{7.21}$$

Diese Funktion kann wegen gleichen Zähler- und Nennergrades nicht in dieser Form nach dem in Abschnitt 6.3 beschriebenen Verfahren in Partialbrüche zerlegt werden, da nicht nur Brüche vorkommen. Es tritt ein Summand ohne die Variable s im Nenner auf; er kann durch Erweiterung des Zählers um +s und -s leicht gefunden werden:

$$I_{C2}(s) = 0{,}25\,\frac{s^2 + 2 + 2 + s - s}{s^2 + s + 2} = 0{,}25 + \frac{-\,0{,}25\,s + 0{,}5}{s^2 + s + 2}. \qquad (7.22)$$

Der erste Summand ergibt bei der Rücktransformation lt. Funktionspaar Nr. 1 der Tabelle 6.1 einen Impuls; der zweite Summand wird wie üblich rücktransformiert. Der in Abschnitt 5.4 vorausgesagte Impuls ist damit auch aus der Berechnung zu ermitteln.

7.2 Bildung der Übertragungsfunktion aus dem Frequenzgang und Laplace-transformierten Netzwerken

Bei Frequenzganguntersuchungen werden dynamische Systeme bekanntlich danach untersucht, welche Verstärkung - welches Betragsverhältnis - und welcher Phasenwinkel zwischen der Eingangs- und Ausgangsgröße eines Systems bei Erregung durch Eingangs-Sinussignale bei Kreisfrequenzen mit $\omega = 0 \ldots \infty$ entstehen. Die Verstärkung wird dabei in db und der Phasenwinkel in Grad über der Frequenz ω in sogenannten *Bodediagrammen* aufgetragen. Beide Diagramme beschreiben den *Frequenzgang* eines Systems. Der Frequenzgang charakterisiert damit das stationäre Verhalten eines dynamischen Systems bei Erregung durch alle vorkommenden Frequenzen. Da in der Übertragungsfunktion eines dynamischen Systems, die das dynamische Verhalten dieses Systems charakterisiert, auch der spezielle Fall des stationären Verhaltens enthalten ist, gibt es eine Vorschrift, mit der der Frequenzgang aus der Übertragungsfunktion abgeleitet werden kann. Diese Vorschrift besteht darin, daß in der Übertragungsfunktion gesetzt wird:

$$s = j\omega. \qquad (7.23)$$

Damit erhält man aus der Übertragungsfunktion eine von ω abhängige, komplexe Funktion, die mit dem Frequenzgang identisch ist. Durch Berechnung von Betrag und Phase dieser komplexen

Funktion wird der *Betrags-Frequenzgang* und der *Phasenwinkel-Frequenzgang* gewonnen.

Der Beweis ist leicht mit Hilfe von Y(s) = W(s) G(s) aus Gl. (7.8) zu führen, unter der Annahme, daß das zu G(s) gehörige System linear und zeitinvariant ist und alle Pole $p_1, p_2, \ldots p_n$ von G(s) in der linken Halbebene (jω-Achse nicht eingeschlossen) liegen. Ist w(t) eine Sinusfunktion, z.B. w(t) = A cos ωt, erhält man für Y(s) nach den Regeln der Partialbruchzerlegung:

$$Y(s) = \frac{A\,s}{s^2 + \omega^2}\,G(s)$$
$$= \frac{K_A}{s - j\omega} + \frac{K_A^*}{s + j\omega} + \frac{K_1}{s - p_1} + \frac{K_2}{s - p_2} + \ldots + \frac{K_n}{s - p_n}. \qquad (7.24)$$

Gesucht ist nur der stationäre Anteil von y(t). Das bedeutet, daß - nach Voraussetzung - alle Anteile $e^{p_j t}$, die aus der Übertragungsfunktion in Gl.(7.24) entstehen, verschwinden. y(t) wird deshalb für $t \to \infty$ folgende Form haben:

$$y(t) = K_A\,e^{+j\omega t} + K_A^*\,e^{-j\omega t} = 2|K_A|\cos(\omega t + \alpha). \qquad (7.25)$$

Das Residuum K_A erhält man nach Gl.(6.14) zu:

$$K_A = \frac{A\,s}{s + j\omega}\,G(s)\Big|_{s=+j\omega} = \frac{A}{2}\,G(j\omega) = |K_A|\,e^{j\alpha}. \qquad (7.26)$$

$|K_A|$ und α sind beides Funktionen von jω, die Eingangsgrößenamplitude A beeinflußt nur die Ausgangsamplitude. Bezieht man beide aufeinander in folgender aus Gl.(7.26) hervorgehender Form

$$\frac{2|K_A|}{A} = |G(j\omega)|,$$

stellt $|G(j\omega)|$, über ω aufgetragen, den Betragsfrequenzgang und α den Phasenfrequenzgang dar.

Gl.(7.23) ist allgemeingültig; das bedeutet, man kann sie nicht nur, wie oben beschrieben, in der Weise benutzen, daß man aus der Übertragungsfunktion den Frequenzgang bildet, sondern auch umgekehrt. Diese Tatsache hat zur Folge, daß man aus dem

Frequenzgang, der meistens erheblich leichter berechnet werden kann, durch Überführen von jω in s die Übertragungsfunktion ableiten kann. Zur Bildung des Frequenzgangs können dabei alle Rechenverfahren, die für die Berechnung des stationären Verhaltens von Netzwerken anwendbar sind, einschließlich der in Kapitel 3 und 4 behandelten Analysen herangezogen werden. Damit wäre das im 5. Kapitel und in Abschnitt 7.1 beschriebene Verfahren zur Aufstellung der Übertragungsfunktion wegen seiner Kompliziertheit nicht mehr sehr empfehlenswert. Es war jedoch sehr wichtig, die allgemeine Aufstellung von Differentialgleichungen, die Ableitung der Normalform von Gleichungen für das dynamische Verhalten von Systemen und die Rolle der Laplace-Transformation im einzelnen zu betrachten, da dies zum "täglichen Brot" eines Elektrotechnikers gehört. Das Ableiten der Übertragungsfunktion aus den Analysen für das stationäre Verhalten ist nur für den einsichtig, der den Beweis für $s = j\omega$ in Gl.(7.26) und damit alles vorhergehend Beschriebene verstanden hat.

Als Beispiel für das oben erklärte Vorgehen soll das in Abschnitt 5.4 auf Seite 118 gezeichnete Netzwerk dienen. Setzt man s statt jω bei den Induktivitäten und Kapazitäten und transformiert die Eingangsfunktion in den Laplace-Bereich, erhält man das *Laplace-transformierte Netzwerk* von Bild 7.2.

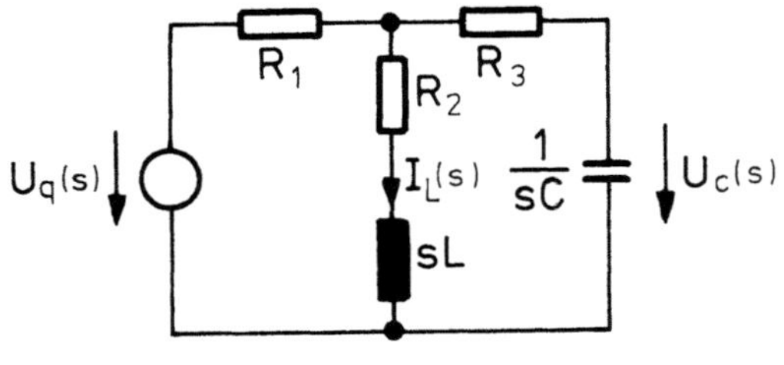

Bild 7.2 Laplace-transformiertes Netzwerk

Die Übertragungsfunktion dieses Netzwerks mit $u_c(t)$ als Ausgangsgröße, d.h. $G(s) = U_c(s)/U_q(s)$, ist nun mit Hilfe der Maschenanalyse oder der Spannungsteilerregel leicht zu ermitteln. Dies sei dem Leser zur Übung empfohlen; das Ergebnis wurde schon in Gl.(7.11) bzw. (7.12) angegeben.

Die Übertragungsfunktion gilt lt. Definitionsgleichung (7.7) nur für ein im Anfangszustand nicht erregtes System ($\underline{x}(0) = \underline{0}$). Es wäre wünschenswert, dieses Verfahren auch zur Berechnung von Ausgangsgrößen anwenden zu können, wenn die Anfangsbedingungen ungleich Null sind. Dies bedeutet, daß die Anfangsbedingungen - in rein elektrischen Netzwerken Stromanfangswerte in Spulen und Spannungsanfangswerte an Kondensatoren - einbezogen werden müssen. Auf folgende Weise können sie als Strom- bzw. Spannungsquellen berücksichtigt werden: Transformiert man die Strom-/Spannungsbeziehungen an Spulen und Kondensatoren unter Beachtung des Differentialsatzes (Tab.6.2) in den Laplace-Bereich, erhält man:

$$\begin{aligned} u_L &= L\,\frac{di_L}{dt} \qquad && \mathcal{L}\{u_L\} = U_L(s) = L\,s\,I_L(s) - L\,i_L(0) \\ i_C &= C\,\frac{du_C}{dt} \qquad && \mathcal{L}\{i_C\} = I_C(s) = C\,s\,U_C(s) - C\,u_C(0) \end{aligned} \tag{7.27}$$

Daraus folgt für die Laplace-transformierten Ersatzbilder einer Spule bzw. eines Kondensators, daß eine Reihenschaltung aus Spule bzw. Kondensator und einer Spannungsquelle oder eine Parallelschaltung aus Spule bzw. Kondensator und einer Stromquelle entsteht, wie in Bild 7.3 gezeigt wird.

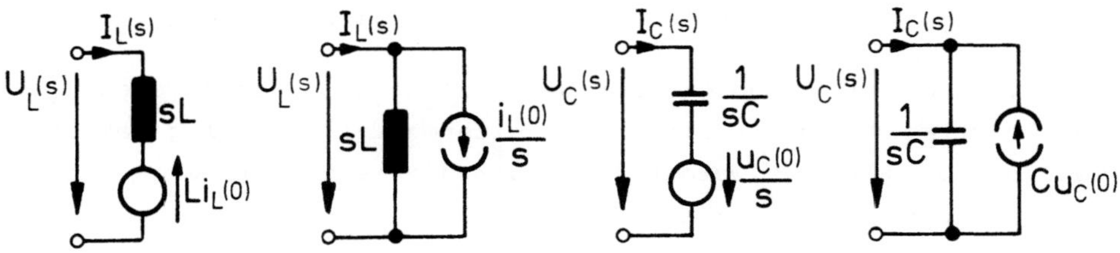

Bild 7.3 Laplace-transformierte Ersatzbilder von Spule und Kondensator

Die Quellen haben die Anfangsbedingungen als Parameter.

Unter diesen Bedingungen erhält man für das in Bild 7.2 gezeichnete Netzwerk das in Bild 7.4 gezeigte vollständige Laplace-transformierte Netzwerk. Bild 7.4a ist geeignet für eine Maschen- bzw. Schleifenanalyse, Bild 7.4b für eine Knoten- bzw. Schnittmengenanalyse, um die Laplace-Transformierte jeder gewünschten Netzwerkgröße und nach Rücktransformation dann deren Zeitfunktion zu ermitteln.

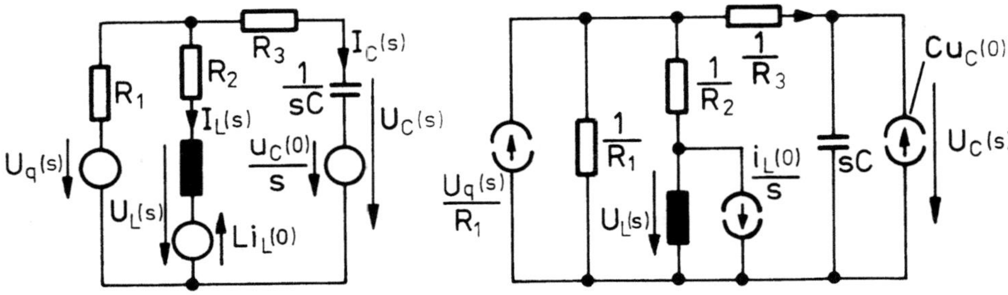

Bild 7.4 Laplace-transformiertes Netzwerk unter Berücksichtigung von Anfangsbedingungen

Mit dem Laplace-transformierten Netzwerk ist ein Verfahren gefunden worden, das - wie schon erwähnt - die Aufstellung der für die Beschreibung des Netzwerkverhaltens so wichtigen Übertragungsfunktion sehr vereinfacht, da die für das stationäre Verhalten gültigen Berechnungsverfahren angewendet werden können. Das besondere daran ist, daß auch die Anfangsbedingungen der Zustandsgrößen durch die Einführung zusätzlicher Quellen berücksichtigt werden können, wodurch dieses Verfahren auch die Berechnung des gesamten Verhaltens von Ausgangsgrößen erlaubt.

Im folgenden soll - nach einer Betrachtung über Rechenregeln für Übertragungsfunktionen - ein weiteres Verfahren abgeleitet werden, das deutlich werden läßt, daß die Netzwerktheorie ein Teil der Systemtechnik ist.

7.3 Rechenregeln für Übertragungsfunktionen

Die Übertragungsfunktion eines Systems kann sich aus den Übertragungsfunktionen von Teilsystemen dieses Systems zusammensetzen. Bild 7.5 gibt vier der am häufigsten vorkommenden Fälle von möglichen Zusammenschaltungen von Teilsystemen in der an-

1. Parallel arbeitende Systeme

2. Kettenschaltung von Systemen

3. Mit- und gegengekoppelte Systeme

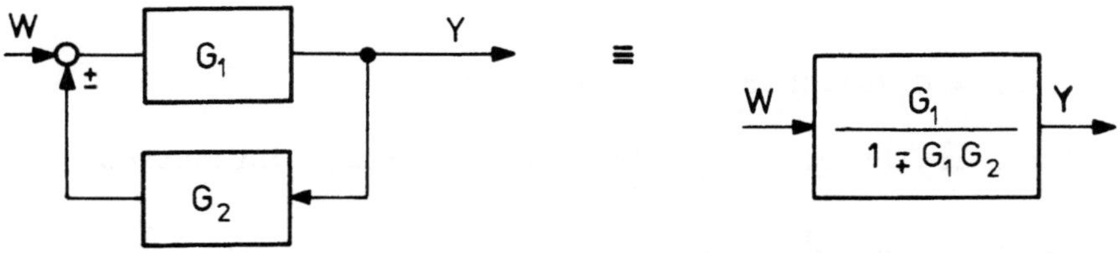

4. Verschiebung von Summierungsblöcken

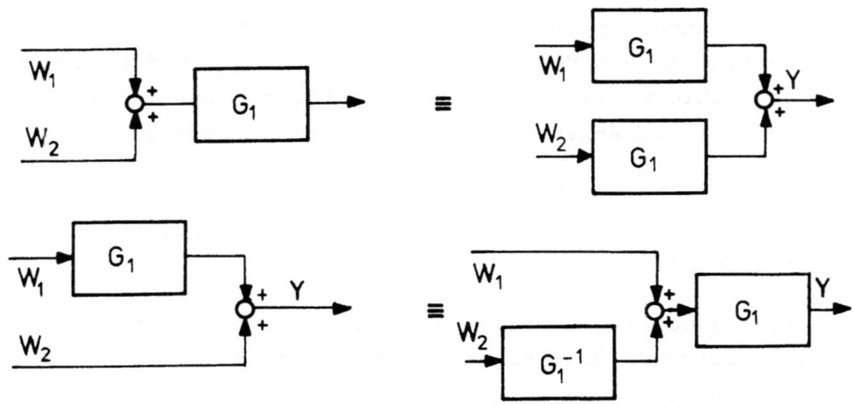

Bild 7.5 Einige Rechenregeln für Übertragungsfunktionen

schaulichen Form von Strukturbildern wieder und zeigt, wie die Gesamtübertragungsfunktionen aus den Übertragungsfunktionen der Teilsysteme berechnet werden. Man kann diese Fälle als Rechenregeln für Übertragungsfunktionen bezeichnen. Die Beweise für diese Regeln sind mit Hilfe der Definitionsgleichung (7.6) der Übertragungsfunktion so leicht zu führen, daß sie hier nicht im einzelnen aufgeführt zu werden brauchen.

Bei parallel arbeitenden Systemen werden zur Ermittlung der Gesamtübertragungsfunktion die einzelnen Übertragungsfunktionen addiert, bei in Kettenschaltung arbeitenden Systemen multipliziert. Die Gesamtübertragungsfunktion von rückgekoppelten Systemen (3. Rechenregel in Bild 7.5), in denen das Ausgangssignal eines Teilsystems das Eingangssignal des anderen beeinflußt - ein in geregelten Systemen immer gegebener Fall -, ist anhand der folgenden Gleichung zu errechnen (die kleinen Kreise im Strukturbild kennzeichnen Summierblöcke, s. auch Tabelle 7.1):

$$Y(s) = G_1(s)\ (W(s) + G_2(s)\ Y(s)).$$

Hieraus ergibt sich für die Gesamtübertragungsfunktion:

$$\frac{Y(s)}{W(s)} = \frac{G_1(s)}{1 - G_1(s)\ G_2(s)}. \qquad (7.28)$$

Gl.(7.28) gilt für den Fall eines mitgekoppelten Systems. Bei gegengekoppelten Systemen steht im Nenner ein +Zeichen. Eine Verschiebung von Übertragungsfunktionen vor und hinter Summierungsblöcke ist unter Berücksichtigung der in Bild 7.5 gezeichneten Veränderung der Strukturbilder möglich.

Bild 7.6 gibt ein Beispiel für die schrittweise Ermittlung der Übertragungsfunktion eines aus mehreren Teilsystemen bestehenden Systems.

Aufgrund der im vorangegangenen Abschnitt behandelten Beziehungen zwischen Übertragungsfunktion und Frequenzgang gelten diese Rechenregeln auch für Frequenzgänge.

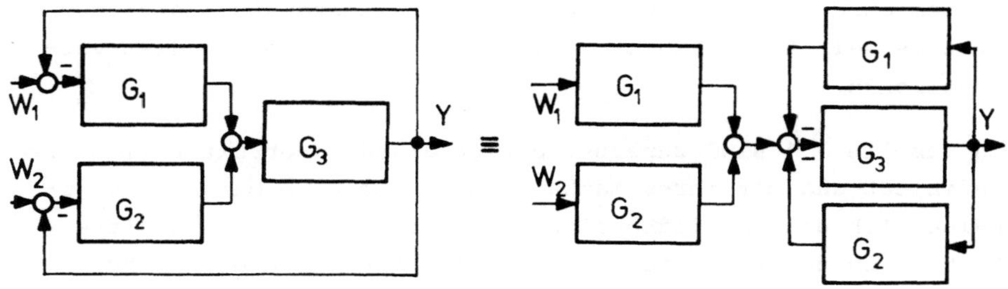

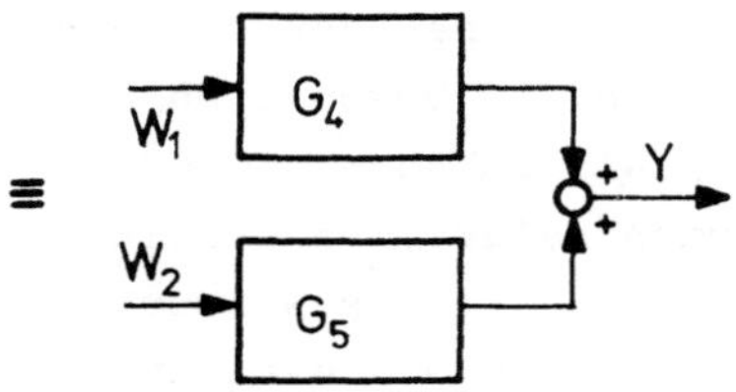

$$G_4 = G_1 \frac{G_3}{1 + G_3(G_1 + G_2)},$$

$$G_5 = G_2 \frac{G_3}{1 + G_3(G_1 + G_2)}.$$

Bild 7.6 Schrittweise Berechnung der Übertragungsfunktion für ein System

7.4 Berechnung der Übertragungsfunktion aus Strukturbildern

Die im vorangegangenen Abschnitt beschriebenen Rechenregeln geben grundsätzlich die Möglichkeit, umfangreichere Systeme zunächst in Teilsysteme aufzuspalten, dann deren Übertragungsfunktionen zu ermitteln und schließlich die Gesamtübertragungsfunktion mit den gegebenen Rechenregeln zu berechnen. Strukturbilder mit einzelnen Blöcken, in die die Übertragungsfunktionen eingezeichnet sind, erleichtern die Rechenarbeit und erhöhen die Übersichtlichkeit. Es ist dabei am bequemsten, Standardübertragungsfunktionen durch besondere Symbole zu kennzeichnen und Strukturbilder unter Verwendung von Standardblöcken aufzuzeichnen. Solche Strukturbilder geben aufgrund der bildlichen Darstellung eine Anschauung von den Zusammenhängen und gegenseitigen Einwirkungen der Systemgrößen. Eine bildliche Darstellung eignet sich in den meisten Fällen besser dazu, ein

System durchschaubar zu machen, als es anhand des Gleichungssystems selbst möglich ist. Einige Beispiele sollen dies verdeutlichen.

In Tabelle 7.1 sind zunächst einige Standard-Strukturbildblöcke definiert und mit ihrer mathematischen Beschreibung im Originalbereich und im Bildbereich angegeben. (Leider sind diese Symbole in der Literatur noch nicht einheitlich eingeführt.) Die für den Bildbereich angegebenen Funktionen enthalten die nach Gl. (7.8) definierbaren Übertragungsfunktionen der einzelnen Blöcke. In der Tabelle sind mehr Blöcke, im besonderen nichtlinear wirkende Blöcke, aufgeführt, als im Rahmen dieses Buches, das sich nur mit linearen Systemen befaßt, behandelt werden. Sie sollen zur Anregung dienen. Anhand eines weiter unten aufgeführten Beispiels wird angedeutet, wie diese Darstellungsart auf nichtlineare Systeme ausgedehnt werden kann, deren Verhalten meistens jedoch nicht mehr ohne Rechner berechnet werden kann. Bei der Berechnung durch einen Digitalrechner kann die Strukturbilddarstellung vor allem bei Benutzung von blockorientierten Simulationsprogrammsystemen (s. 10. Kapitel) von großem Nutzen sein.

Das erste Beispiel eines Strukturbildes mit Standardblöcken behandelt den Reihenschwingkreis von Bild 7.7a. Die Differentialgleichungen, die sein Verhalten beschreiben, lauten:

$$L \frac{di}{dt} = u_o - R\, i - u_C, \qquad C \frac{du_C}{dt} = i. \tag{7.30}$$

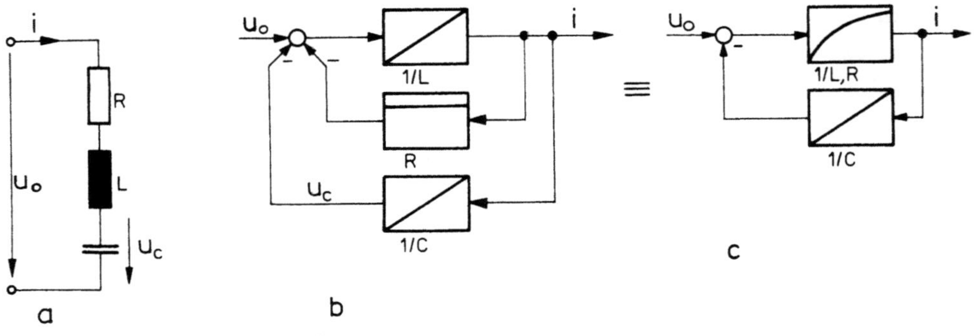

Bild 7.7 a Schaltung eines Reihenschwingkreises
b, c Strukturbilder

		Rechenoperationen im		Symbol
		Originalbereich mit $w(t)$, $y(t)$	Bildbereich mit $W(s)$, $Y(s)$	
1.	Summierblock (S-Block)	$y = w_1 \pm w_2$	$Y = W_1 \pm W_2$	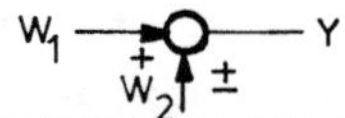
2.	Proportionalblock (P-Block)	$y = K\,w$	$Y = K\,W$	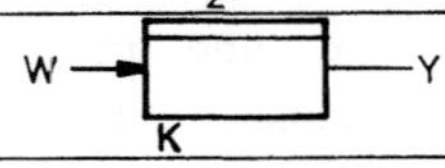
3.	Integrierblock (I-Block)	$y = K\int_0^t w\,d\tau + y(0)$	$Y = \frac{K}{s}W + \frac{y(0)}{s}$	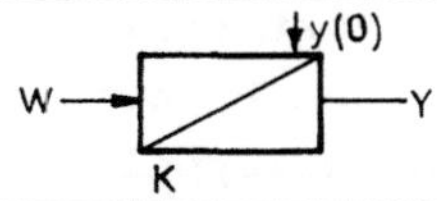
4.	Differenzierblock (D-Block)	$y = K\frac{dw}{dt}$	$Y = K\,s\,W$	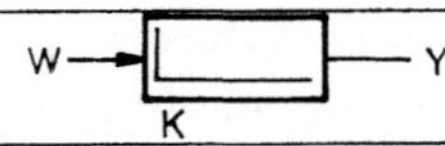
5.	Verzögerungsblock erster Ordnung (VZ1-Block)	$y = K_1\int_0^t (w - K_2 y)\,d\tau + y(0)$	$Y = \frac{K_1}{s + K_1K_2}W + \frac{y(0)}{s + K_1K_2}$	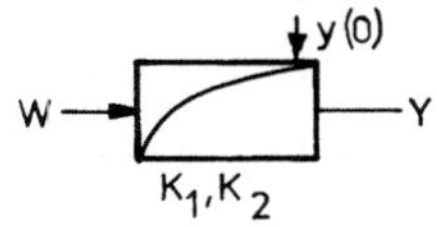
6.	Verzögert differenzierender Block (VD-Block)	$y = K_1\left(\frac{dw}{dt} - K_2\frac{dy}{dt}\right)$	$Y = \frac{K_1\,s}{sK_1K_2 + 1}W$	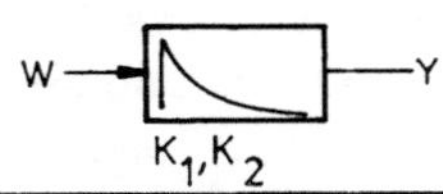
7.	Multiplizierblock	$y = K\,w_1\,w_2$		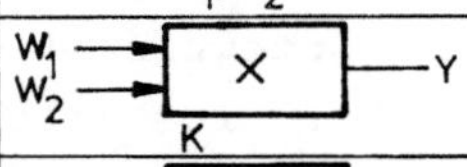
8.	Dividierblock	$y = K\frac{w_1}{w_2}$		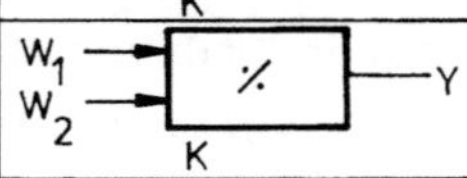
9.	Kennlinienblock	$y = f(w)$		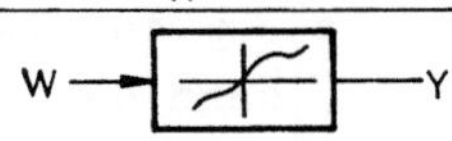
10.	UND-Block	$y = w_1 \,\&\, w_2$ ($w_1 > 0$ und $w_2 > 0 \rightarrow y = 1$, sonst $\rightarrow y = 0$)		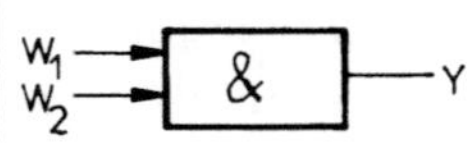
11.	ODER-Block	$y = w_1 \vee w_2$ ($w_1 > 0$ oder $w_2 > 0 \rightarrow y = 1$, sonst $\rightarrow y = 0$)		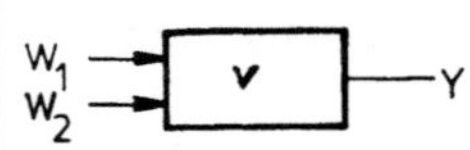
12.	Eingangsrelaisblock	$y = w_1$ bei $s > 0$ $y = w_2$ bei $s \leq 0$		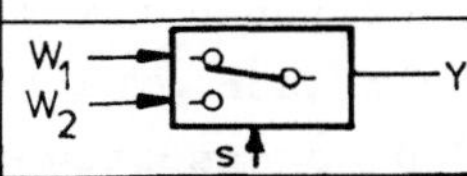

Tabelle 7.1 Definitionen und Symbole von Strukturbildblöcken

Das Strukturbild 7.7b entsteht aus diesen Gleichungen auf folgende Weise: Die rechte Seite der ersten Gleichung in Gl. (7.30) stellt die Eingangsgröße eines Summierblocks dar, die linke die Ausgangsgröße. Durch Integration dieser Ausgangsgröße und gleichzeitiger Multiplikation mit 1/L erhält man die gesuchte Schaltungsausgangsgröße i. Rückkopplungen entstehen durch R i und u_C. u_C entsteht durch Integration der Ausgangsgröße i, gemäß der zweiten Gleichung in Gl. (7.30). Das gesamte Strukturbild besteht damit aus einem Integrierblock, der mit einem Proportionalblock und einem weiteren Integrierblock gegengekoppelt ist. Mit der zu jedem Block gehörigen Übertragungsfunktion, die aus der Tabelle 7.1 zu entnehmen ist, kann unter Anwendung der ersten und dritten Rechenregel von Bild 7.5 die Gesamtübertragungsfunktion sofort ermittelt werden:

$$G(s) = \frac{\frac{1}{Ls}}{1 + \frac{1}{Ls}\left(R + \frac{1}{Cs}\right)} = \frac{\frac{1}{L}\, s}{s^2 + \frac{R}{L}\, s + \frac{1}{LC}}. \qquad (7.31)$$

Die Reihenschaltung von Ohmschem Widerstand und Spule ist eine in elektrischen Netzwerken häufig vorkommende Kombination. Aus Bild 7.7b erkennt man, daß das zugehörige Strukturbild aus einem Integrierblock mit gegengekoppeltem Proportionalblock besteht. Eine solche Kombination stellt einen Verzögerungsblock erster Ordnung dar, dem eine Differentialgleichung erster Ordnung zugrunde liegt. Existiert wie im vorliegenden Fall für diese Kombination ein eigenes Blocksymbol (Nr. 5 in der Tabelle 7.1), kann das Strukturbild 7.7b in das Strukturbild 7.7c umgezeichnet werden. Die Verwendung der Übertragungsfunktion für den Verzögerungsblock bei der Berechnung der Gesamtübertragungsfunktion aus Bild 7.7c führt selbstverständlich ebenfalls zu Gl. (7.31). (Es ist zu beachten, daß die Tabelle die Anfangswerte y(0), die bei der Übertragungsfunktion unberücksichtigt bleiben, aus rechenpraktischen Gründen beim Integrieren aufführt.)

Ein Strukturbild befähigt jedoch nicht nur dazu, Übertragungsfunktionen auf einfache Weise zu berechnen, sondern es vermittelt auch eine Anschauung von der Art der Veränderungen und von den gegenseitigen Beeinflussungen innerhalb des dargestellten Systems. Dies ist am leichtesten am Beispiel eines Verzögerungsblocks erster Ordnung zu erläutern. Nimmt man eine

Sprungfunktion am Eingang an, so würde bei fehlender Rückkopplung die Ausgangsgröße zeitlich linear ansteigen, da das Integral über einer Sprungfunktion eine Rampenfunktion ist. Die Rückkopplung sorgt jedoch dafür, daß die Eingangsgröße des Integrierblocks, die die Ausgangsgröße des Summierblocks ist, mit zunehmender Ausgangsgröße des gesamten Verzögerungsblocks abnimmt und damit die Ausgangsgröße einem stationären Endwert zustrebt. Die Schnelligkeit, mit der dem Endwert zugestrebt wird, hängt von der Größe des Rückkopplungsfaktors ab. Eine RL-Reihenschaltung mit der Gesamtspannung als Eingangsgröße und dem Strom als Ausgangsgröße, wie sie in Bild 7.7 enthalten ist, hat dieses verzögert integrierende Verhalten, wie aus den Grundlagen der Elektrotechnik her bekannt ist; ebenfalls hat es eine RC-Reihenschaltung mit der Kondensatorspannung als Ausgangsgröße. Kennt man das Verhalten der Teilsysteme eines größeren Systems, kann man sich auch das Verhalten des gesamten Systems anhand des Verhaltens von Teilstrukturen leicht veranschaulichen.

Der zum spannungsgespeisten Reihenschwingkreis duale Parallelschwingkreis mit Stromeinspeisung kann bei der Strukturbildaufstellung und der Berechnung der Übertragungsfunktion in der gleichen Weise wie der Reihenschwingkreis behandelt werden. Bild 7.8 gibt Schaltung und Strukturbilder des Parallelschwingkreises wieder. Aus dem Strukturbild 7.8c kann die Übertragungsfunktion in folgender Weise analog zu G.(7.31) errechnet werden:

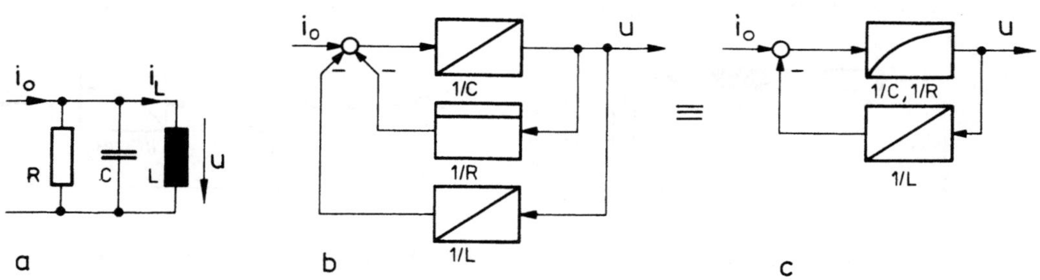

Bild 7.8 a Schaltung eines Parallelschwingkreises
b, c Strukturbilder

$$G(s) = \frac{U(s)}{I_o(s)} = \frac{\frac{1}{C}\frac{1}{s+\frac{1}{CR}}}{1+\frac{1}{C}\frac{1}{s+\frac{1}{CR}}\frac{1}{Ls}} = \frac{\frac{1}{C}}{s^2+\frac{1}{CR}s+\frac{1}{LC}}. \tag{7.32}$$

Die Parallelschaltung eines Ohmschen Widerstandes und eines Kondensators ist wie die RL- und RC-Reihenschaltung eine häufig vorkommende Schaltungskombination. Auch sie hat den Charakter eines Verzögerungsblocks erster Ordnung, wenn der Strom die Eingangsgröße und die Spannung die Ausgangsgröße ist.

Neben der bisher genannten Kombination können auch andere Kombinationen von Blöcken zu einem eigenen Symbol führen, z.B. ein Proportionalblock mit Gegenkopplung, in dessen Rückkopplungszweig ein Integrierblock enthalten ist (Tabelle 7.1, Nr. 6). Ein solches Strukturbild repräsentiert ein verzögert differenzierendes System, das z.B. eine RC-Reihenschaltung sein kann, deren Gesamtspannung die Eingangsgröße und deren Strom oder deren Spannung am Ohmschen Widerstand die Ausgangsgröße ist; die Zeitkonstante RC bestimmt dabei das Maß der Verzögerung. Auch die Strukturbilder von Schwingkreisen selbst könnten zu einem einzigen Symbol zusammengefaßt werden.

Benutzt man die Zuordnung von Schaltelementen bzw. Schaltelementkombinationen zu Strukturbildblöcken auf direkte Weise, können die Strukturbilder von Netzwerken ohne Formulierung der mathematischen Gleichungen aufgezeichnet werden. Am Beispiel des verlustbehafteten Reihenschwingkreises in Bild 7.9 ist

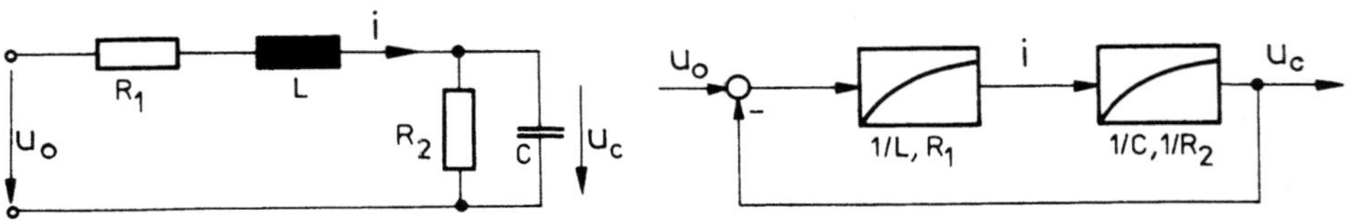

Bild 7.9 Schaltung und Strukturbild eines verlustbehafteten Reihenschwingkreises

dies am einfachsten zu zeigen. Der Reihenschwingkreis besteht aus der Reihenschaltung einer RL-Reihenschaltung und einer

RC-Parallelschaltung, die jeweils durch einen Verzögerungsblock erster Ordnung dargestellt werden. Diese Blöcke können direkt in Reihe gezeichnet werden, da die Ausgangsgröße des ersten Blocks die Eingangsgröße des zweiten Blocks ist. Die Eingangsgröße des ersten Verzögerungsblocks ist die Differenzspannung $u_o - u_C$. Deshalb muß noch die Ausgangsgröße des zweiten Verzögerungsblocks von der Eingangsspannung u_o abgezogen werden. Dadurch wird eine Gegenkopplung geformt, die für ein schwingungsfähiges System eine Voraussetzung ist. Die Übertragungsfunktion für u_C als Ausgangsgröße ergibt sich mit den Übertragungsfunktionen der Verzögerungsblöcke nach der 2. und 3. Rechenregel von Bild 7.5 zu:

$$G(s) = \frac{\frac{1}{L}\frac{1}{s+\frac{1}{L}R_1}\frac{1}{C}\frac{1}{s+\frac{1}{C}\frac{1}{R_2}}}{1+\frac{1}{L}\frac{1}{s+\frac{1}{L}R_1}\frac{1}{C}\frac{1}{s+\frac{1}{C}\frac{1}{R_2}}}$$

$$= \frac{\frac{1}{LC}}{s^2 + (\frac{R_1}{L} + \frac{1}{CR_2})\, s + \frac{1}{LC}(1 + \frac{R_1}{R_2})}. \qquad (7.33)$$

Diese hier nur an einfachen Schaltungsbeispielen gezeigte Ermittlung von Übertragungsfunktionen kann leicht auch auf größere Netzwerke übertragen werden. Wegen des großen Rechenaufwandes bei der Aufstellung von Zustandsgleichungen für Systeme höherer Ordnung ist es oft wesentlich einfacher, zunächst für Teilsysteme Zustandsgleichungen und Übertragungsfunktion zu berechnen und aus ihnen dann die Gesamtübertragungsfunktion zu ermitteln.

Zum Abschluß dieses Abschnitts soll noch ein Hinweis auf die Anwendung der Strukturbilddarstellung auf ein einfaches System mit einem nichtlinearen Schaltelement, einer Diode, gegeben werden. In Bild 7.10 ist die Schaltung und das zugehörige Strukturbild, das nichtlineare Blöcke aus der Tabelle 7.1 enthält, aufgezeichnet. Die Diode, die als ideal angenommen wird, wird hier durch ein Eingangsrelais nachgebildet, dessen Schaltfunktion s durch einen ODER-Block bestimmt wird. In dieser Schaltung ist die Diode leitend, wenn u_o oder i oder beide positiv

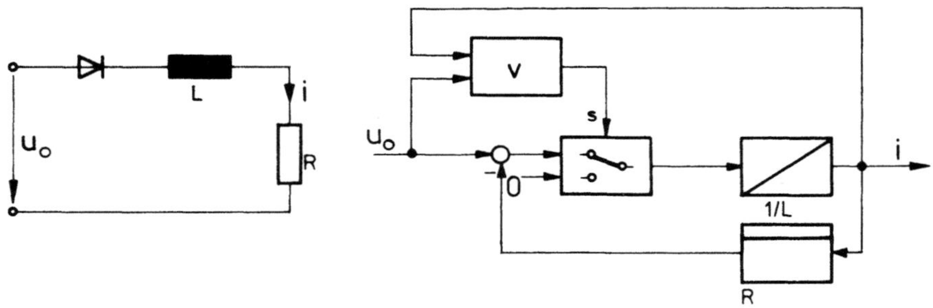

Bild 7.10 Diodenschaltung mit zugehörigem Strukturbild

sind. Der ODER-Block legt in diesen Fällen über das Relais die Spannung u_o an die RL-Schaltung. Sind beide negativ, ist die Spannung an der RL-Schaltung Null, da die volle Eingangsspannung an der Diode anliegt, und das Relais schaltet auf den unteren Eingang mit dem Eingangswert Null. Das Eingangsrelais zusammen mit dem ODER-Block schaltet in diesem Strukturbild zwischen zwei Teilstrukturbildern je nach den Schaltbedingungen hin und her. Das in der oberen Relaisstellung wirksame Strukturbild ist im vorliegenden Fall das schon bekannte Strukturbild eines Verzögerungsblocks; für die untere Relaisstellung besteht das Teilstrukturbild nur aus dem Integrierblock mit dem Eingang Null. Das Verhalten der Schaltung kann nun mit den aus den Teilstrukturbildern ermittelten Übertragungsfunktionen berechnet werden. Auf diese Weise kann das Verhalten von Schaltwerken, die auch Schalttransistoren und Thyristoren enthalten können, zeitabschnittsweise berechnet werden. Dabei müssen im allgemeinen die Werte der Zustandsgrößen zum Zeitpunkt einer Umschaltung als Anfangswerte im nächsten Zeitabschnitt eingesetzt werden. Soll auch das nichtideale Verhalten der Schaltelemente berücksichtigt werden, sind zur Beschreibung geeignete Blöcke einzufügen. Strukturbilder dieser Art sind sehr gut zur Berechnung des Verhaltens von energieelektronischen Schaltungen auf Digitalrechnern anwendbar.

7.5 Definition und Berechnung der Übergangsmatrix

Neben der Methode der Lösung von Zustandsgleichungen mit der Übertragungsfunktion gibt es ein weiteres, an diese Methode angelehntes Verfahren, bei dem eine Übergangsmatrix benutzt wird. Wenn auch dieses Verfahren einen etwas höheren Rechenaufwand erfordert und deshalb seltener benutzt wird, sei es hier der Vollständigkeit halber erwähnt.

Ausgangspunkt ist die bei der Ableitung der Übertragungsfunktion ermittelte Gl. (7.4) für die Zustandsgrößen im Bildbereich:

$$\underline{X}(s) = (s\,\underline{E} - \underline{A})^{-1}\,\underline{b}\,W(s) + (s\,\underline{E} - \underline{A})^{-1}\,\underline{x}(0). \qquad (7.4)$$

Als *Übergangsmatrix* $\underline{\Phi}(t)$, auch Transitionsmatrix genannt, wird die in dieser Gleichung beiden Summanden gemeinsame Matrix nach ihrer Rücktransformation in den Originalbereich definiert:

$$\underline{\Phi}(t) = \mathcal{L}^{-1}\{\underline{\Phi}(s)\} = \mathcal{L}^{-1}\{(s\,\underline{E} - \underline{A})^{-1}\}. \qquad (7.34)$$

Unter Verwendung von $\underline{\Phi}(s)$ und $\underline{\Phi}(t)$ ergibt sich nach Rücktransformation von Gl. (7.4) in der Form

$$\underline{X}(s) = \underline{\Phi}(s)\,\underline{b}\,W(s) + \underline{\Phi}(s)\,\underline{x}(0) \qquad (7.35)$$

folgendes Gleichungssystem als Lösung für die Zustands- und Ausgangsgleichungen (auf den ersten Summanden wurde der Faltungssatz (Tabelle 6.2, Nr. 6) angewendet):

$$\begin{aligned} \underline{X}(t) &= \int_0^t \underline{\Phi}(t-\tau)\,\underline{b}\,w(\tau)\,d\tau + \underline{\Phi}(t)\,\underline{x}(0), \\ y(t) &= \underline{c}^T\,\underline{x}(t) + d\,w(t). \end{aligned} \qquad (7.36)$$

Die Berechnung eines Beispiels verdeutlicht den Lösungsweg: Ausgangspunkt ist das zweite Beispiel in Abschnitt 5.4, für das die Zustandsgleichungen (5.15) gelten. Setzt man für die Netzwerkelemente die Daten

$$R_1 = 1\ \text{k}\Omega, \quad R_2 = 2\ \text{k}\Omega, \quad C_3 = 1\ \mu\text{F}, \quad C_4 = C_5 = 2\ \mu\text{F}$$

in $\underline{A}$ und $\underline{b}$ ein und läßt wegen der einfacheren Schreibweise die

Dimension 1/s weg, erhält man:

$$\underline{A} = \begin{bmatrix} -125 & 0 \\ 125 & -500 \end{bmatrix}, \quad \underline{b} = \begin{bmatrix} 125 \\ 375 \end{bmatrix}.$$

Die Berechnung der Übergangsmatrix nach Gl.(7.34) mit diesen Werten ergibt:

$$\underline{\Phi}(s) = (s\,\underline{E} - \underline{A})^{-1} = \begin{bmatrix} \frac{1}{s+125} & 0 \\ \frac{125}{(s+125)(s+500)} & \frac{1}{s+500} \end{bmatrix},$$

$$\underline{\Phi}(t) = \begin{bmatrix} e^{-125t} & 0 \\ \frac{1}{3}(e^{-125t} - e^{-500t}) & e^{-500t} \end{bmatrix}. \tag{7.37}$$

Für die Zustandsgleichungen lautet die Lösung bei einem noch nicht festgelegten $w(t) = u_q(t)$ nach Gl.(7.36):

$$\underline{x}(t) = \begin{bmatrix} 125 \int_0^t e^{-125(t-\tau)} u_q(\tau)\, d\tau \\ \frac{125}{3} \int_0^t (e^{-125(t-\tau)} - e^{-500(t-\tau)}) u_q(\tau)\, d\tau + 375 \int_0^t e^{-500(t-\tau)} u_q(\tau)\, d\tau \end{bmatrix}$$

$$+ \begin{bmatrix} u_4(0)\, e^{-125t} \\ \frac{u_4(0)}{3} (e^{-125t} - e^{-500t}) + u_5(0)\, e^{-500t} \end{bmatrix}. \tag{7.38}$$

Der größere Rechenaufwand gegenüber dem Rechnen mit der Übertragungsfunktion besteht in der Berechnung der Integrale. Bei Vorgabe einer Eingangssprungfunktion $u_q(t) = u_o\,\sigma(t)$ sind sie am einfachsten zu lösen. Im Fall von $y(t) = u_4(t)$ erhält man dann:

$$y(t) = u_4(t) = 125\, e^{-125t}\, u_o \int_0^t e^{125\tau}\, d\tau \; + \; u_4(0)\, e^{-125t}$$

$$= u_o(1 - e^{-125t}) + u_4(0)\, e^{-125t}. \tag{7.39}$$

Andere Ausgangsgrößen werden analog berechnet.

7.6 Übungsaufgaben

1. Ein Transformator wird von einer Spannungsquelle mit der Eingangsspannung $u_o(t)$ und dem Innenwiderstand R_1 gespeist und durch einen Widerstand R_2 belastet. Die Selbst- und Gegeninduktivitäten des Transformators sind L_1, L_2 und M, seine Wirkwiderstände werden vernachlässigt.
   a) Ermitteln Sie die Zustands- und Ausgangsgleichungen in Normalform, wenn die Spannung an R_2 Ausgangsgröße ist.
   b) Ermitteln Sie die Übertragungsfunktion und ihre Polstellen.
   c) Berechnen Sie für $u_o(t) = U_o\,\sigma(t)$ und den Zustandswerten $\underline{x}(0) = \underline{0}$ den Zeitverlauf der Ausgangsgröße.

2. Für das unten aufgezeichnete Netzwerk lauten die Zustands- und Ausgangsgleichungen in Normalform:

$$\begin{bmatrix} u_1 \\ u_2 \end{bmatrix} = \begin{bmatrix} -\frac{1}{RC} & \frac{1}{RC} \\ \frac{1}{2RC} & -\frac{3}{2RC} \end{bmatrix} \begin{bmatrix} u_1 \\ u_2 \end{bmatrix} + \begin{bmatrix} 0 \\ \frac{1}{RC} \end{bmatrix} u_o , \qquad \begin{bmatrix} u_1(0) \\ u_2(0) \end{bmatrix} = \underline{0},$$

$$y = \begin{bmatrix} 1 & 0 \end{bmatrix} \begin{bmatrix} u_1 \\ u_2 \end{bmatrix}.$$

   a) Berechnen Sie die Übertragungsfunktion $G(s)$.
   b) Berechnen Sie den zeitlichen Verlauf der Ausgangsgröße $y(t)$, wenn auf das Netzwerk der angegebene Puls geschaltet wird.

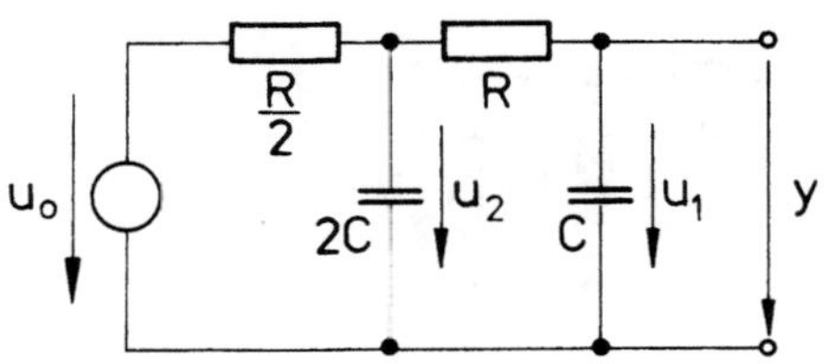

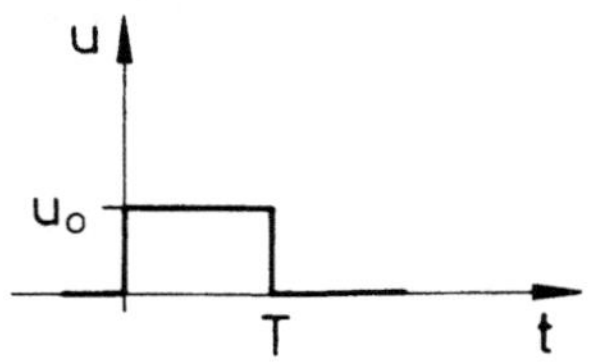

3. Zeichnen Sie das Strukturbild für das gegebene Netzwerk und ermitteln Sie daraus die Übertragungsfunktion für die Ausgangsgröße u_C.

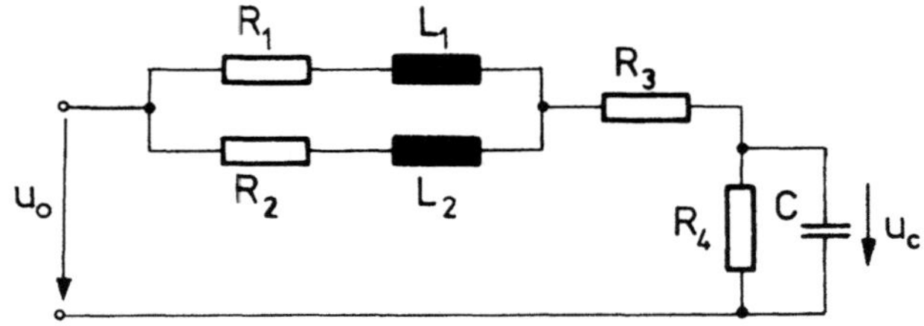

4. Gegeben ist das aufgezeichnete Netzwerk.
   a) Stellen Sie die Zustandsgleichungen in Normalform auf.
   b) Berechnen Sie die Übergangsmatrix.
   c) Berechnen Sie $y(t) = u_C(t)$ bei einer Eingangsspannung $u_o(t) = U_o\ \sigma(t)$ und $\underline{x}(0) = \underline{0}$ (schwache Dämpfung angenommen).

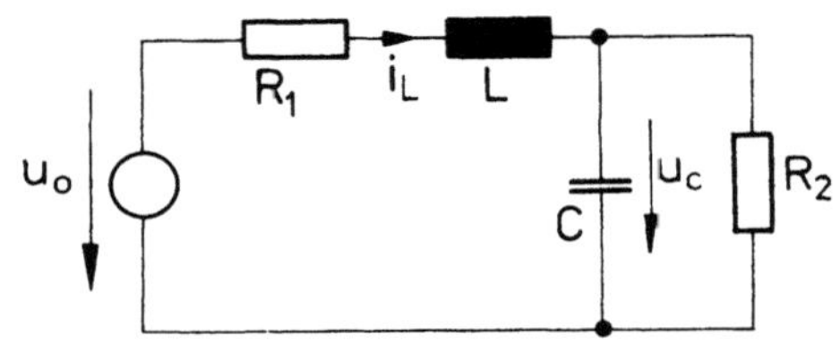

5. Ermitteln Sie für das aufgezeichnete Netzwerk das Laplace-transformierte Netzwerk und berechnen Sie $u_R(t)$ für die Zeit nach dem Schließen des Schalters S. Vorher befindet sich das Netzwerk im eingeschwungenen Zustand.

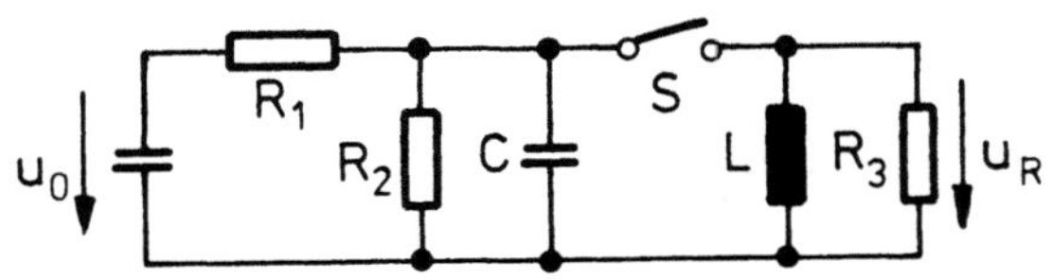

8. Stabilität

In technischen Systemen, vor allem in geregelten technischen Systemen mit Rückkopplungen, wird im allgemeinen ein Verhalten angestrebt, das aufgrund endlicher Werte der Systemgrößen stabil ist. Die Übertragungsfunktion befähigt dazu, über die Stabilität eines dynamischen Systems, das im folgenden auch als Übertragungssystem bezeichnet wird, Aussagen zu machen.

8.1 Übertragungsfunktionen von stabilen Systemen

Die allgemeine Definition über die Stabilität eines Übertragungssystems lautet:

> Ein Übertragungssystem heißt stabil, wenn *jede* beschränkte Eingangsgröße zu beschränkten Ausgangsgrößen führt.

Diese Definition bezieht die Stabilitätsaussage nur auf die Ausgangsgröße. Da durchaus der Fall denkbar ist, daß trotz beschränkter Ausgangsgröße einige Werte im System selbst unendlich groß werden können, wird in der Literatur häufig diese Definition dahingehend eingeengt, daß auch alle Zustandsgrößen beschränkt sein müssen.

Für die Ausgangsfunktion eines Systems y(t), deren Laplace-Transformierte

$$Y(s) = G(s)\,W(s) = \frac{b_m s^m + b_{m-1} s^{m-1} + \ldots + b_1 s + b_o}{a_n s^n + a_{n-1} s^{n-1} + \ldots + a_1 s + a_o}, \quad m < n \tag{8.1}$$

ist, führt diese Definition zu folgendem Satz:

Die Ausgangsgröße eines Systems y(t) bleibt beschränkt, wenn die Pole von Y(s) in der linken Halbebene der s-Ebene oder auf der Imaginärachse liegen. Liegen Pole auf der Imaginärachse, dürfen sie nur Einfachpole sein.

Dieser Satz ist allein schon aufgrund der Ausführungen in Abschnitt 6.4 verständlich. Er soll jedoch hier noch vollständig bewiesen werden:

Nimmt man an, daß Y(s) in Gl.(8.1) q verschiedene Pole p_1, p_2, ... p_q mit der Mehrfachheit r_1, r_2, ... r_q (es gilt: $r_1 + r_2 + \ldots + r_q = n$) hat, kann Y(s) unter Anwendung der Partialbruchzerlegung wie folgt geschrieben werden:

$$\begin{aligned} Y(s) = {} & \frac{K_{11}}{s - p_1} + \frac{K_{12}}{(s - p_1)^2} + \ldots + \frac{K_{1r_1}}{(s - p_1)^{r_1}} \\ & + \frac{K_{21}}{s - p_2} + \frac{K_{22}}{(s - p_2)^2} + \ldots + \frac{K_{2r_2}}{(s - p_2)^{r_2}} \\ & + \\ & \vdots \\ & + \frac{K_{q1}}{s - p_q} + \frac{K_{q2}}{(s - p_q)^2} + \ldots + \frac{K_{qr_q}}{(s - p_q)^{r_q}}. \end{aligned} \tag{8.2}$$

Die Residuen werden nach der Vorschrift von Gl.(6.22) berechnet. Die Rücktransformation von Y(s) ergibt folgende allgemeine Gleichung für y(t):

$$\begin{aligned} y(t) = {} & K_{11}\, e^{p_1 t} + \frac{K_{12}}{1!}\, t\, e^{p_1 t} + \ldots + \frac{K_{1r_1}}{(r_1 - 1)!}\, t^{r_1 - 1}\, e^{p_1 t} \\ & + K_{21}\, e^{p_2 t} + \frac{K_{22}}{1!}\, t\, e^{p_2 t} + \ldots + \frac{K_{2r_2}}{(r_2 - 1)!}\, t^{r_2 - 1}\, e^{p_2 t} \\ & + \ldots \\ & \vdots \\ & + K_{q1}\, e^{p_q t} + \frac{K_{q2}}{1!}\, t\, e^{p_q t} + \ldots + \frac{K_{qr_q}}{(r_q - 1)!}\, t^{r_q - 1}\, e^{p_q t}. \end{aligned} \tag{8.3}$$

Ein typischer Summand in Gl.(8.3) hat folgendes Aussehen:

$$\frac{K_{jr_j}}{(r_j - 1)!}\, t^{r_j - 1}\, e^{p_j t}. \tag{8.4}$$

Untersucht man diesen Ausdruck auf seine Beschränktheit, kann man drei Fälle unterscheiden:

Fall 1: Ist $Re\{p_j\} < 0$, bleibt dieser Ausdruck immer beschränkt, da er für $t \to \infty$ gegen 0 strebt.

Fall 2: Ist $Re\{p_j\} = 0$, bleibt dieser Ausdruck nur dann beschränkt, wenn der Exponent von t Null und damit $r_j = 1$ ist. Daraus folgt, daß ein Pol auf der Imaginärachse nur ein Einfachpol sein darf.

Fall 3: Ist $Re\{p_j\} > 0$, ist dieser Ausdruck unbeschränkt, da er für $t \to \infty$ über alle Grenzen wächst.

Damit ist der Satz über y(t) bewiesen. Aus ihm kann jetzt ein weiterer Satz über die Stabilität eines Übertragungssystems aufgrund bestimmter Eigenschaften der Übertragungsfunktion gefolgert werden:

> Ein Übertragungssystem ist dann stabil, wenn seine Übertragungsfunktion nur Pole in der linken Halbebene der s-Ebene und keine Pole auf der Imaginärachse und in der rechten Halbebene der s-Ebene hat.

Dieser Satz folgt eindeutig aus dem Satz über y(t). Die Einschränkung, daß die Übertragungsfunktion keine Pole auf der Imaginärachse haben darf, ist darauf zurückzuführen, daß für Y(s) ein Mehrfachpol entstehen würde, wenn G(s) und W(s) beide die gleichen Pole auf der Imaginärachse hätten. Da für W(s) Einfachpole auf der ganzen Imaginärachse vorgesehen sein müssen - Sprungfunktionen und ungedämpfte Sinusfunktionen jeder Frequenz sind als Eingangsfunktionen denkbar -, ist die Einschränkung für G(s) unumgänglich.

Durch Umformulierung dieses Satzes kann über die Übertragungsfunktion eines stabilen Systems folgende kurzgefaßte Aussage gemacht werden:

> Die Übertragungsfunktion eines stabilen Systems hat nur Pole in der linken Halbebene der s-Ebene.

8.2 Stabilitätskriterien

Im vorangegangenen Abschnitt wurde erläutert, daß die Stabilität eines Systems durch die Lage der Pole der Übertragungsfunktion G(s) in der s-Ebene bestimmt ist. Es ist jedoch nicht immer einfach, die Polstellen einer Funktion zu bestimmen. Zur schnelleren Feststellung darüber, ob eine Übertragungsfunktion nur Pole in der linken Halbebene der s-Ebene hat, sind deshalb Kriterien entwickelt worden, die aufgrund anderer Werte aus der Übertragungsfunktion zu einem Urteil über die Stabilität des zugehörigen Systems führen. Das Stabilitätskriterium, das hier behandelt werden soll, hat der Mathematiker A. Hurwitz formuliert. Es beruht darauf, daß für Übertragungsfunktionen G(s) von stabilen Systemen besondere Bedingungen für die Koeffizienten a_n bis a_0 der Nennerfunktion N(s) in G(s) erfüllt sein müssen.

Bevor diese Bedingungen erläutert werden, ist der Begriff des Hurwitz-Polynoms einzuführen, der - zu Ehren von A. Hurwitz - die hier zu betrachtende, besondere Art von Polynomen kennzeichnet. Die Definition des Hurwitz-Polynoms lautet:

> Ein Polynom D(s) mit reellen Koeffizienten, dessen sämtliche Nullstellen in der offenen linken Halbebene der s-Ebene liegen, wird *Hurwitz-Polynom* genannt.

Aufgrund dieser Definition kann der Satz über die Stabilität eines Systems aus dem vorangegangenen Abschnitt neu formuliert werden:

> Ein System, in dessen Übertragungsfunktion das Nennerpolynom ein Hurwitz-Polynom ist, hat bei beschränkten Eingangsgrößen ein stabiles Verhalten.

Bei der Prüfung, ob ein gegebenes Polynom ein Hurwitz-Polynom ist, müssen folgende zwei Bedingungen erfüllt sein (die Beweise zu diesen Bedingungen, die hier nicht behandelt werden, können u.a. in einigen der in den Literaturhinweisen aufgeführten Büchern nachgelesen werden, z.B. in |6| oder |9|):

1. Notwendige Bedingung:
   Alle Koeffizienten a_j des Polynoms sind von Null verschieden und haben gleiche Vorzeichen.

2. Notwendige und hinreichende Bedingung:
   (Diese Bedingung stellt das eigentliche *Hurwitz-Kriterium* dar.) Für die Determinanten $\Delta_1, \Delta_2, \ldots \Delta_n$ gilt:

   $$\Delta_1 > 0, \quad \Delta_2 > 0, \quad \Delta_3 > 0, \quad \ldots \quad \Delta_n > 0$$

   mit

   $$\Delta_1 = a_{n-1}, \quad \Delta_2 = \begin{vmatrix} a_{n-1} & a_{n-3} \\ a_n & a_{n-2} \end{vmatrix}, \quad \Delta_3 = \begin{vmatrix} a_{n-1} & a_{n-3} & a_{n-5} \\ a_n & a_{n-2} & a_{n-4} \\ 0 & a_{n-1} & a_{n-3} \end{vmatrix}, \ldots$$

   $$\Delta_n = \begin{vmatrix} a_{n-1} & a_{n-3} & a_{n-5} & \ldots & 0 & 0 & 0 \\ a_n & a_{n-2} & a_{n-4} & \ldots & 0 & 0 & 0 \\ 0 & a_{n-1} & a_{n-3} & \ldots & 0 & 0 & 0 \\ \vdots & \vdots & \vdots & \vdots & \vdots & \vdots & \vdots \\ 0 & 0 & 0 & \ldots & a_2 & a_0 & 0 \\ 0 & 0 & 0 & \ldots & a_3 & a_1 & 0 \\ 0 & 0 & 0 & \ldots & a_4 & a_2 & a_0 \end{vmatrix}.$$

Die erste Bedingung ist leicht anhand folgender Betrachtung einzusehen:
Nimmt man an, daß alle Nullstellen $p_1, p_2, \ldots, p_n$ von

$$N(s) = a_n(s - p_1)(s - p_2)\ldots(s - p_n) \tag{8.5}$$

reell und negativ sind und damit alle Polstellen einer Übertragungsfunktion mit dieser Nennerfunktion in der linken Halbebene der s-Ebene liegen, ergibt sich nach dem Ausmultiplizieren von

$$a_n(s + |p_1|)(s + |p_2|)\ldots(s + |p_n|), \tag{8.6}$$

daß alle Koeffizienten a_n bis a_0 vorhanden sind und alle das gleiche Vorzeichen haben. Das Vorzeichen richtet sich nach dem Wert von a_n; ist a_n positiv, sind auch a_{n-1} bis a_0 positiv und umgekehrt.

Gibt es unter den Polstellen des Systems auch komplexe Polstellen $p_j = \alpha_j + j\omega_j$ mit negativem Realteil α_j, so entsteht zusammen mit dem konjugiert komplexen Pol folgendes Teilprodukt in Gl.(8.6):

$$(s - p_j)(s - p_j) = (s + |\alpha_j| - j\omega_j)(s + |\alpha_j| + j\omega_j)$$
$$= (s + |\alpha_j|)^2 + \omega_j^2 .$$

Das bedeutet, daß auch bei Vorhandensein von komplexen Polen in der linken Halbebene die Vorzeichen sich so ergeben, wie oben beschrieben. Eine einzige Polstelle mit positivem Realteil könnte die Einheitlichkeit des Vorzeichens durchbrechen. Da eine solche Polstelle jedoch nicht immer zu unterschiedlichen Vorzeichen führt, ist diese erste Bedingung nur eine notwendige Bedingung, die zwar aussagt, daß bei einem Polynom mit nur in der linken Halbebene liegenden Polstellen alle Koeffizienten das gleiche Vorzeichen haben, die jedoch nicht den umgekehrten Schluß zuläßt, daß bei Vorzeichengleichheit der Koeffizienten auch alle Polstellen in der linken Halbebene liegen. Erst die Erfüllung der zweiten Bedingung, die notwendig und hinreichend ist, läßt diesen Schluß in beiden Richtungen zu.

Die zweite Bedingung - das Hurwitzkriterium selbst - kann hier nur ohne den recht umfangreichen Beweis angegeben werden. Dieses Kriterium wird nicht nur zur reinen Stabilitätskontrolle benutzt, sondern vor allem auch dann angewendet, wenn in einem System ein Element, z.B. die Größe eines Netzwerkelementes oder ein Verstärkungsfaktor oder ein Rückkopplungsfaktor, noch unbestimmt ist und der Bereich festgestellt werden soll, in dem es ohne Verlust der Stabilität veränderbar ist. Der unbestimmte Wert des Elementes führt zu einem oder mehreren unbestimmten Koeffizienten in der Übertragungsfunktion.

Als Anschauungsbeispiel sei in einer Übertragungsfunktion die Nennerfunktion

$$N(s) = s^4 + 3\,s^3 + 2\,s^2 + s + k$$

gegeben, in der k so bestimmt werden soll, daß die Übertragungsfunktion stabil ist.

Aufgrund der ersten Bedingung muß $k > 0$ sein. Die für die zweite Bedingung zu berechnenden vier Determinanten Δ_1 bis Δ_4 lauten:

$\Delta_1 = 3$ → die Bedingung $\Delta_1 > 0$ ist erfüllt;

$\Delta_2 = \begin{vmatrix} 3 & 1 \\ 1 & 2 \end{vmatrix} = 5$ → die Bedingung $\Delta_2 > 0$ ist erfüllt;

$\Delta_3 = \begin{vmatrix} 3 & 1 & 0 \\ 1 & 2 & k \\ 0 & 3 & 1 \end{vmatrix} = 5 - 9k$ → die Bedingung $\Delta_3 > 0$ ist nur erfüllt, wenn $k < 5/9$ ist;

$\Delta_4 = \begin{vmatrix} 3 & 1 & 0 & 0 \\ 1 & 2 & k & 0 \\ 0 & 3 & 1 & 0 \\ 0 & 1 & 2 & k \end{vmatrix} = k\,\Delta_3$ → die Bedingung $\Delta_4 > 0$ ist nur erfüllt, wenn gilt:

$0 < k < \frac{5}{9}$.

Das Hurwitzkriterium ist damit erfüllt, wenn k zwischen 0 und 5/9 liegt.

Abschließend sei hinzugefügt, daß es noch weitere Stabilitätskriterien für lineare Übertragungssysteme gibt, z.B. das Routhsche Kriterium, das Kriterium von Cremer-Leonhard-Michailow, das Nyquist-Kriterium. Sie werden in der weiterführenden Literatur eingehend behandelt (|6|,|12| u.a.). Auch aus den Frequenzgangdiagrammen (Bodediagrammen) kann die Stabilität eines Systems abgelesen werden.

8.3 Übungsaufgaben

1. Folgende Übertragungsfunktionen von linearen Übertragungssystemen sind gegeben. Untersuchen und begründen Sie jeweils, ob das zugehörige System stabil ist.

$G_1(s) = \frac{100}{s}$,

$$G_2(s) = 8\,\frac{s + 1}{s^2 - 2\,s + 10},$$

$$G_3(s) = 7\,\frac{s + 6}{(s + 64)(s + 8)},$$

$$G_4(s) = \frac{(s - 4)(s - 8)}{(s + 1)(s + 2)^2},$$

$$G_5(s) = \frac{s + 5}{5\,s^4 + 3\,s^3 + s^2 + 12\,s},$$

$$G_6(s) = \frac{s - 8}{s^4 + 7\,s^3 + 4\,s^2 + 3\,s + 12}.$$

2. Gegeben ist ein verlustbehafteter Schwingkreis, der in der unten aufgezeichneten Weise induktiv an eine Spannungsquelle mit dem Innenwiderstand R_1 angekoppelt ist. Die Zustandsgleichungen für dieses System lauten:

$$\begin{bmatrix} \dot{i}_1 \\ \dot{i}_2 \\ \dot{u}_C \end{bmatrix} = \begin{bmatrix} -R_1\Gamma_1 & -R_2\Gamma_M & \Gamma_M \\ -R_1\Gamma_M & -R_2\Gamma_2 & \Gamma_2 \\ 0 & \frac{-1}{C} & 0 \end{bmatrix} \begin{bmatrix} i_1 \\ i_2 \\ u_C \end{bmatrix} + \begin{bmatrix} \Gamma_1 \\ \Gamma_M \\ 0 \end{bmatrix} u_0.$$

Ausgangsgröße ist die Kondensatorspannung.

a) Untersuchen Sie die Stabilität der Schaltung mit dem Hurwitzkriterium.

b) Berechnen Sie die Ausgangsfunktion $U_C(s)$ bei einer Sprungfunktion $u_0(t)$ und den Anfangsbedingungen $i_1(0) = i_2(0) = 0$, $u_C(0) = U_{C0}$.

c) Diskutieren Sie die Ergebnisse aus a) und b) für den Grenzfall $R_1 = R_2 = 0$.

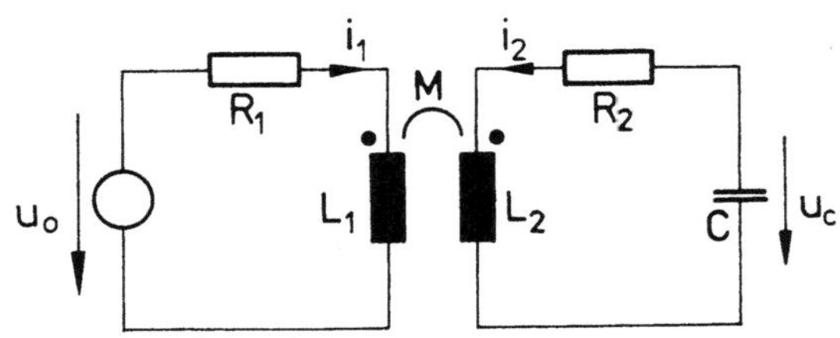

3. Ein ungedämpfter Parallelschwingkreis wird gemäß unten aufgezeichneter Schaltung durch eine Spannungsquelle mit induktivem Innenwiderstand gespeist.

a) Bestimmen Sie die Zustandsgleichungen in Normalform.

b) Ermitteln Sie für die Ausgangsgröße i_{L2} die Übertragungsfunktion und untersuchen Sie die Stabilität des Systems.

c) Berechnen Sie für die drei folgenden Eingangsfunktionen die Ausgangsfunktionen $i_{L2}(t)$:

$u_0(t) = \delta(t)$,

$u_0(t) = U_0\ \sigma(t)$,

$u_0(t) = U_0 \cos \omega_0 t$ mit der Eigenfrequenz $\omega_0^2 = (1/L_1 + 1/L_2)/C$.

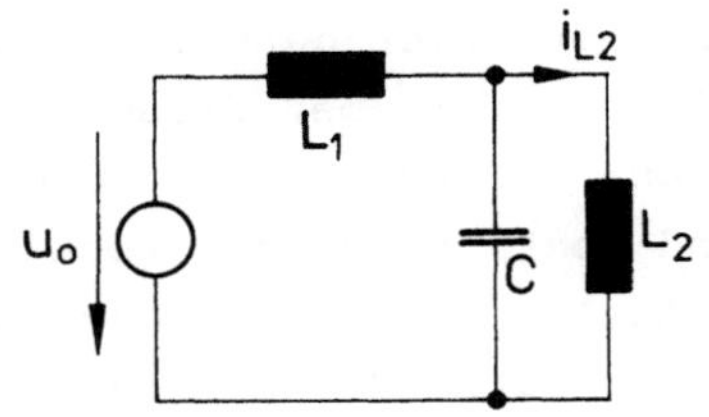

9. Lösung von Zustandsgleichungen mit dem Analogrechner

Die Lösung von Differentialgleichungen ist nicht nur mit rein mathematischen Mitteln, sondern auch mit technischen Mitteln möglich. Eine Möglichkeit wäre der Aufbau des Systems selbst im Maßstab 1:1, um das Systemverhalten direkt zu untersuchen. Für einfache Netzwerke, wie sie bisher in diesem Buch exemplarisch betrachtet wurden, wäre das noch ein annehmbares Verfahren; für Energieübertragungssysteme jedoch oder für mechanische Systeme, in denen das Vorhandensein von Schwungmassen und Federn zu Differentialgleichungen führt, ist dieses Verfahren meistens zu aufwendig. Es böte sich dann eine Modelluntersuchung mit Maßstabsreduzierung an; aber diese Methode ist auch oft sehr aufwendig und kann außerdem Fragen über Maßstabseinflüsse aufwerfen. Es sind deshalb für die technische Lösung von Differentialgleichungen Analogiebetrachtungen zu Hilfe genommen worden. Sie beruhen auf der Tatsache, daß für unterschiedliche Systeme durchaus gleiche Differentialgleichungen gelten können, die sich nur durch die auftretenden Faktoren, z.B. durch die Werte der Elemente in $\underline{A}$ oder $\underline{b}$, unterscheiden. Betrachtet man diese Faktoren in den verschiedenartigen Systemen, haben sie oft feste Beziehungen zueinander. Z.B. hat in mechanischen Systemen mit der Geschwindigkeit als Zustandsgröße die Trägheit den gleichen Stellenwert wie die Induktivität in elektrischen Systemen mit dem Strom durch eine Spule als Zustandsgröße: Die an einer Masse angreifende Kraft hat bei Berücksichtigung von Trägheit und Reibung diesselbe Wirkung auf die Geschwindigkeit der Masse wie die Spannung an einer Spule mit der Induktivität L und dem Widerstand R auf den Strom in dieser Spule. Beide Zustandsgrößen verhalten sich bei gleicher Erregung in ihren Systemen analog zueinander, die Faktoren Trägheit und Induktivität bzw. Reibung und Widerstand entsprechen einander. Da ein elektrisches System in vielen Fällen leichter aufzubauen ist als ein mechanisches, könnte man demnach am elektrischen Netzwerk Untersuchungen machen und die Ergebnisse mit Hilfe der zueinander analogen Faktoren und Größen in den gleichartigen Differentialgleichungen dann in das mechanische System umrechnen.

Dies ist der Grundgedanke für das Arbeiten mit dem elektronischen Analogrechner. In ihnen werden im wesentlichen mit Hilfe von Operationsverstärkern, Widerständen und Kapazitäten - gegebenenfalls noch weiteren Elementen - Schaltungen so aufgebaut, daß deren Verhalten dem der zu simulierenden Systeme entspricht. Alle Zustands-, Eingangs- und Ausgangsgrößen sind beim Analogrechner Spannungen. Spannungen haben den Vorteil, daß jede Form von Eingangssignalen als Spannung leicht verwirklichbar ist und Ausgangsspannungen jeweils sofort auf einem Oszillographenbildschirm sichtbar gemacht werden können. Gewünschte Parameteränderungen in der Schaltung können dabei durch einfache Änderungen der Elemente der Analogrechenschaltung in ihrer Wirkung auf das Systemverhalten unmittelbar auf dem Bildschirm beobachtet werden.

Dieses Kapitel behandelt nur wenige Grundlagen des Analogrechners, die für das Verständnis des Analogrechnens im allgemeinen und die Berechnung linearer Systeme im besonderen notwendig sind. Die Literaturhinweise geben einige weiterführende Bücher an (|23|, |24|).

9.1 Analogrechenelemente

Betrachtet man die Zustandsgleichung $\dot{\underline{x}} = \underline{A}\,\underline{x} + \underline{b}\,w$ danach, welche Rechenoperationen durchgeführt werden müssen, erkennt man, daß Summierungen, Multiplikationen von Zustands- und Eingangsgrößen mit Konstanten und - als wichtigstes - Integrationen vorkommen. Die Integration über die rechte Seite der Zustandsgleichungen ergibt den Verlauf der Zustandsgrößen. Der im nächsten Abschnitt aufzustellende Koppelplan wird dies deutlich werden lassen.

Zur Berechnung linearer Systeme muß der Analogrechner neben Meßinstrumenten und Schaltern Potentiometer zur Multiplikation der Systemgrößen mit Konstanten sowie Summierer und Integrierer haben.

Potentiometer (Bild 9.1) ermöglichen die Multiplikation einer Systemgröße mit einer Konstanten $\alpha < 1$. Eine Konstante $\alpha > 1$ wird mit Hilfe von Verstärkungsfaktoren der dem Potentiometer nachgeschalteten Summierer oder Integrierer verwirklicht, wie an einem Beispiel noch gezeigt wird.

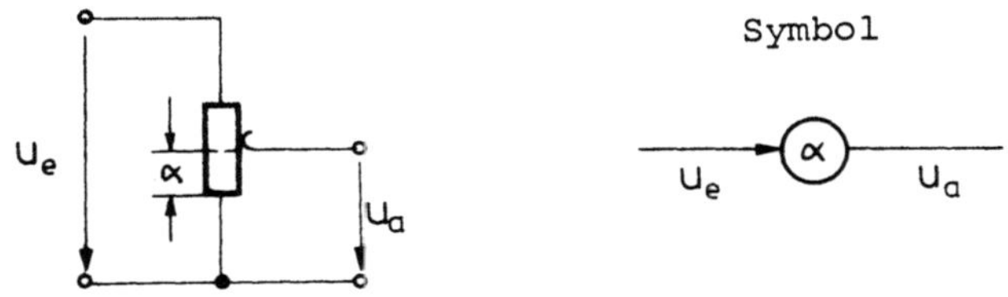

Bild 9.1 Potentiometer: $u_a = \alpha\, u_e$, $\alpha < 1$

Summierer (Bild 9.2) und *Integrierer* (Bild 9.3) bestehen aus mit Ohmschen Widerständen und Kondensatoren beschalteten Operationsverstärkern. Die Operationsverstärker selbst haben eine

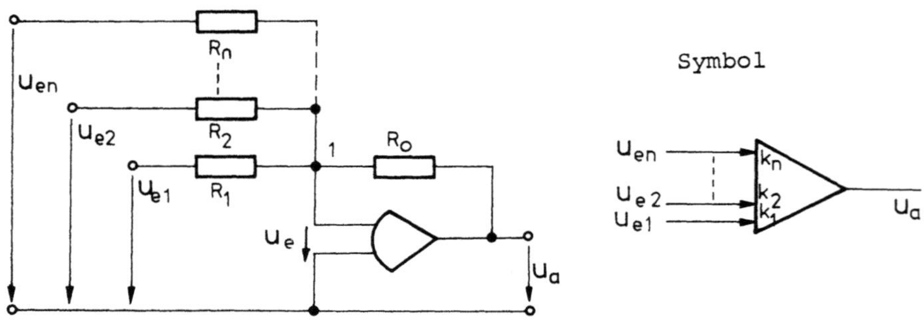

Bild 9.2 Summierer: $u_a = -\sum_{i=1}^{n} k_i\, u_{ei}$ mit $k_i = R_i/R_o$

sehr hohe negative Verstärkung und einen sehr hohen Eingangswiderstand, so daß Eingangsspannung u_e und Eingangsstrom im

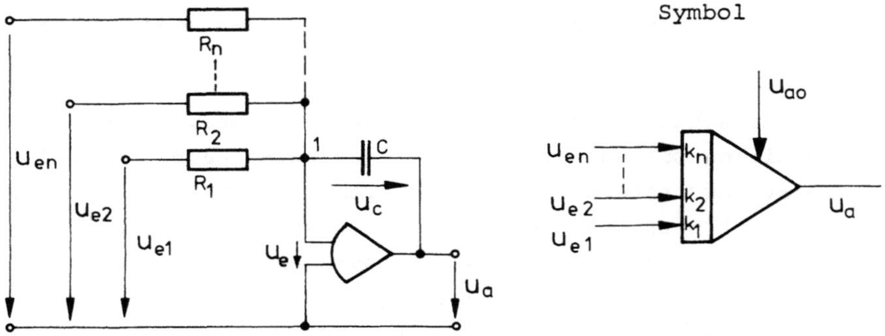

Bild 9.3 Integrierer: $u_a = -\int_0^t \sum_{i=1}^{n} k_i \ u_{ei} \ d\tau + u_{ao}$

mit $k_i = 1/CR_i$

beschalteten Betrieb zu Null angenommen werden können. Mit diesen Voraussetzungen sind die jeweils in den Bildunterschriften angegebenen Rechenoperationen der Schaltungen aus der Knotenpunktsgleichung der Ströme im Knotenpunkt 1 abgeleitet worden:

$$\frac{u_{e1}}{R_1} + \frac{u_{e2}}{R_2} + \ldots + \frac{u_{en}}{R_n} = \begin{cases} -\dfrac{u_a}{R_o} & \text{beim Summierer} \\ -C\,\dfrac{du_a}{dt} & \text{beim Integrierer} \end{cases}$$

Sind die R_i-Werte unterschiedlich groß und dadurch die Faktoren k_i ungleich 1, wird neben dem reinen Summieren bzw. Integrieren gleichzeitig auch mit einer Konstanten multipliziert, wie am Beispiel in Abschnitt 9.4 erläutert wird. Durch eine Aufladung des Kondensators C beim Integrierer vor Beginn des Rechnens mit der Analogrechenschaltung kann ein Anfangswert ungleich Null der zugehörigen Systemzustandsgröße berücksichtigt werden.

Ein Summierer mit nur einem Eingang und dem Verstärkungsfaktor $k_1 = 1$ wird - wegen des negativen Vorzeichens auf der rechten Gleichungsseite - zum *Inverter*.

Ein Analogrechner kann weiterhin Multiplizierer, Differenzierer oder Funktionsbildner haben, die schaltungstechnisch z.T.

schwieriger als die oben genannten Elemente zu verwirklichen sind und deshalb nur in größeren Analogrechenanlagen vorhanden sind.

Die Zusammenschaltung aller Analogrechenelemente, die ein System nachbilden sollen, erfolgt im sogenannten *Koppelplan*. Da die Operationsverstärker nur mit begrenzten Spannungen (in der Regel ± 10 V) betrieben werden dürfen, müssen die Spannungen der Zustands-, Eingangs- und Ausgangsgrößen *normiert* werden (entsprechend der maximalen Spannung auf 10 V), damit die Analogrechenelemente nicht übersteuert werden.
Koppelplan und Normierung werden in den folgenden Abschnitten behandelt.

9.2 Koppelplan

Form und Aufstellung des Koppelplans sind der Form und der Aufstellung der Strukturbilder (s. 7. Kapitel) vergleichbar. Die Koppelplanaufstellung für die Berechnung eines Differentialgleichungssystems soll am Beispiel des folgenden Systems zweiter Ordnung

$$\underline{\dot{x}} = \underline{A}\,\underline{x} + \underline{b}\,w \tag{9.1}$$

mit den Anfangsbedingungen

$$\underline{x}(0)^T = \begin{bmatrix} x_{10} & x_{20} \end{bmatrix}$$

erläutert werden. Bild 9.4 zeigt den schon fertig gezeichneten Koppelplan für dieses System mit den in den Bildern 9.1 bis 9.3 aufgeführten Symbolen. Seine Entstehung ist folgendermaßen zu erklären:

Schreibt man die erste Gleichung von Gl.(9.1) aus, lautet sie:

$$\dot{x}_1 = a_{11}\,x_1 + a_{12}\,x_2 + b_1\,w. \tag{9.2}$$

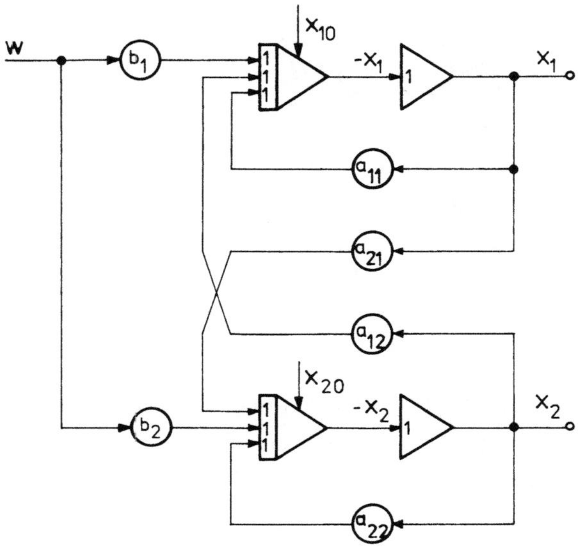

Bild 9.4 Koppelplan für ein System zweiter Ordnung

Der Integrator für $\dot{x}_1$ hat aufgrund dieser Gleichung drei Eingänge, bestehend aus den über je ein Potentiometer mit den Konstanten a_{11}, a_{12} und b_1 geführten Zustands- und Eingangsgrößen x_1, x_2 und w. Ein zu Beginn der Rechnung bestehender Anfangswert x_{10} wird am Integrator eingestellt. Da aufgrund des negativen Vorzeichens bei der Integration (s. Definitionsgleichung in Bild 9.3) der Ausgang des Integrierers $-x_1$ entspricht, ist ein Inverter einzuschieben, dessen Ausgang den gewünschten Verlauf von x_1 wiedergibt. Der Teil des Koppelplans zur Berechnung von x_2 wird völlig analog gebildet.

Ein Beispiel für einen Koppelplan nach Bild 9.4 mit an den Potentiometern einzustellenden Werten wird in Abschnitt 9.4 für eine Transformatorschaltung gegeben. Ein weiteres Beispiel - die Koppelplanaufstellung für eine Schwingungsgleichung - möge der Leser selbst anhand von Bild 9.5 mit den bisher geschilderten Verfahrenshinweisen nachvollziehen.

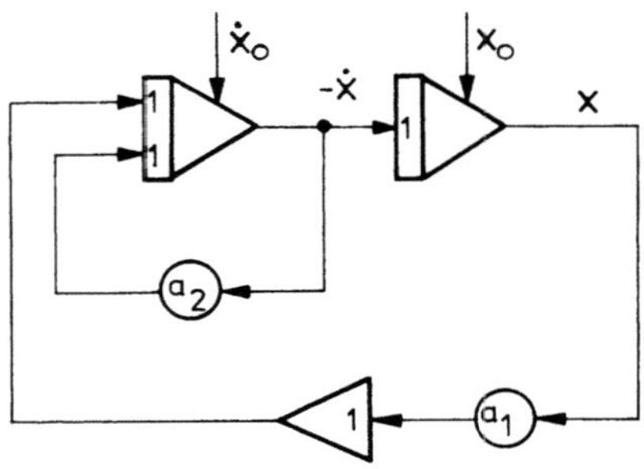

Bild 9.5 Koppelplan für die Schwingungsgleichung

$\ddot{x} + a_2 \dot{x} + a_1 x = 0$
mit $x(0) = x_o \neq 0$ und $\dot{x}(0) = \dot{x}_o \neq 0$

9.3 Normierung

Alle Systemgrößen in einer Analogrechenschaltung sind Spannungen, die bei einem Analogrechner, der z.B. eine Betriebsspannung von 10 V hat, im Bereich zwischen +10 V und -10 V liegen. Sie dürfen einesteils diese Werte nicht übersteigen, weil die Verstärker übersteuert und damit nichtlinear werden, andernteils sollte der Bereich, in dem sie sich ändern, gegenüber ± 10 V nicht zu klein sein, damit Änderungen klar erkennbar sind und nicht in der Größenordnung von Fehlern und Störgrößen liegen. Diese Grenzen und Wünsche zu erfüllen ist die Aufgabe der Normierung.

Die Beziehungen zwischen den Originalgrößen und den analogen Größen - hier den Spannungen - werden durch Normierungsfaktoren n hergestellt. Kennzeichnet man die Größen des Originalsystems x_i, w und y im analogen System mit $\overline{x}_i$, $\overline{w}$ und $\overline{y}$, bestehen zwischen ihnen folgende Beziehungen:

$$\bar{x}_i = n_i\, x_i, \qquad \bar{w} = n_w\, w, \qquad \bar{y} = n_y\, y \tag{9.3}$$

Die Normierungsfaktoren n sind dimensionsbehaftet und werden aus dem Verhältnis der in beiden Systemen auftretenden Maximalwerte berechnet. Der Maximalwert im analogen System wird in den meisten Fällen 10 V betragen. Da die Maximalwerte im Originalsystem in vielen Fällen unbekannt sind und nur geschätzt werden können, wird der Normierungsfaktor häufig erst nach einem Iterationsprozeß festgelegt, in dem die optimalen Werte durch Ausprobieren eingekreist werden. Im nächsten Abschnitt wird in einem Beispiel die Bestimmung der Normierungsfaktoren erläutert.

Neben der Normierung der Systemgrößen ist auch eine Normierung der Zeit vorzusehen, da es Originalsysteme mit sehr großen oder sehr kleinen Zeitkonstanten gibt, die für den Analogrechner zu langsam oder zu schnell ablaufen würden. Analog zu den Gln. (9.3) lautet die normierte Zeit:

$$\tau = m\, t \tag{9.4}$$

mit $m = 1$ Echtzeitsimulation,

$m > 1$ Simulation langsamer als Echtzeit,

$m < 1$ Simulation schneller als Echtzeit.

Durch die Normierung der Systemgrößen werden, wenn man die Zustands- und Ausgangsgleichungen für das analoge System aus denen des Originalsystems ableitet, die Elemente der Systemmatrix $\underline{A}$ und der Spaltenvektoren $\underline{b}$ und $\underline{c}$ sowie d durch die einzubeziehenden Normierungsfaktoren verändert. Die folgende Ableitung zeigt das - auch für andere ähnliche Normierungsvorgänge gültige - Verfahren für ein System zweiter Ordnung. Ausgangspunkt sind die Zustands- und Ausgangsgleichungen in Normalform:

$$\frac{d}{dt}\begin{bmatrix} x_1 \\ x_2 \end{bmatrix} = \begin{bmatrix} a_{11} & a_{12} \\ a_{21} & a_{22} \end{bmatrix} \begin{bmatrix} x_1 \\ x_2 \end{bmatrix} + \begin{bmatrix} b_1 \\ b_2 \end{bmatrix} w,$$

$$y = \begin{bmatrix} c_1 & c_2 \end{bmatrix} \begin{bmatrix} x_1 \\ x_2 \end{bmatrix} + d\, w.$$

Setzt man die normierten Größen nach den Gln.(9.3) und (9.4) ein, erhält man:

$$\frac{d}{d\tau}\begin{bmatrix}\frac{\bar{x}_1}{n_1}\\ \frac{\bar{x}_2}{n_2}\end{bmatrix} = \frac{1}{m}\begin{bmatrix}a_{11} & a_{12}\\ a_{21} & a_{22}\end{bmatrix}\begin{bmatrix}\frac{\bar{x}_1}{n_1}\\ \frac{\bar{x}_2}{n_2}\end{bmatrix} + \frac{1}{m}\begin{bmatrix}b_1\\ b_2\end{bmatrix}\frac{\bar{w}}{n_w}$$

$$\frac{\bar{y}}{n_y} = \begin{bmatrix}c_1 & c_2\end{bmatrix}\begin{bmatrix}\frac{\bar{x}_1}{n_1}\\ \frac{\bar{x}_2}{n_2}\end{bmatrix} + d\,\frac{w}{n_w}.$$

Die Auflösungen dieser Gleichungen nach den normierten Größen ergibt die Gleichungen für das analoge System in Normalform:

$$\frac{d}{d\tau}\begin{bmatrix}\bar{x}_1\\ \bar{x}_2\end{bmatrix} = \begin{bmatrix}\frac{a_{11}}{m} & \frac{a_{12}}{m}\frac{n_1}{n_2}\\ \frac{a_{21}}{m}\frac{n_2}{n_1} & \frac{a_{22}}{m}\end{bmatrix}\begin{bmatrix}\bar{x}_1\\ \bar{x}_2\end{bmatrix} + \begin{bmatrix}\frac{b_1}{m}\frac{n_1}{n_w}\\ \frac{b_2}{m}\frac{n_2}{n_w}\end{bmatrix}\bar{w}, \qquad (9.5)$$

$$\bar{y} = \begin{bmatrix}c_1\frac{n_y}{n_1} & c_2\frac{n_y}{n_2}\end{bmatrix}\begin{bmatrix}\bar{x}_1\\ \bar{x}_2\end{bmatrix} + d\,\frac{n_y}{n_w}\,\bar{w}.$$

9.4 Beispiel

Es besteht die Aufgabe, für die in Bild 9.6 aufgezeichnete Transformatorschaltung einen vollständigen Koppelplan aufzustellen, mit dem das Verhalten dieser Schaltung auf einem Analogrechner berechnet und auf einem angeschlossenen Koordinatenschreiber auf Papier aufgezeichnet werden kann. Die Daten der Schaltungselemente sind:

$R_1 = 100\ \Omega$; $R_2 = 1\ k\Omega$; $L_1 = 2$ H; $L_2 = 5$ H; $M = 3$ H.

Die Eingangsfunktion ist eine Sprungfunktion:

$u_o(t) = U_o\,\sigma(t) = 10\ V\,\sigma(t)$.

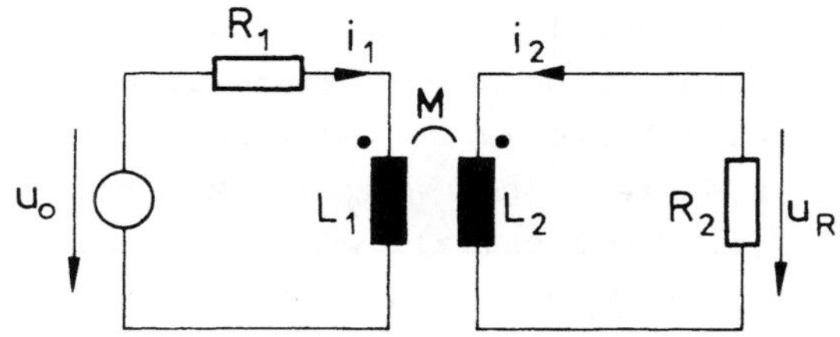

Bild 9.6 Transformatorschaltung

Die Zustands- und Ausgangsgleichungen in Normalform für die Schaltung lauten:

$$\frac{d}{dt}\begin{bmatrix} i_1 \\ i_2 \end{bmatrix} = \begin{bmatrix} -R_1\Gamma_1 & -R_2\Gamma_M \\ -R_1\Gamma_M & -R_2\Gamma_2 \end{bmatrix}\begin{bmatrix} i_1 \\ i_2 \end{bmatrix} + \begin{bmatrix} \Gamma_1 \\ \Gamma_M \end{bmatrix} u_o, \qquad (9.6)$$

$$y = u_R = -R_2\, i_2.$$

Die Elemente von $\underline{A}$, $\underline{b}$, $\underline{c}$ und d erhalten mit den oben gegebenen Daten folgende Werte:

$$\begin{aligned} a_{11} &= -500\,\frac{1}{s}, & a_{12} &= 3000\,\frac{1}{s}, & b_1 &= 5\,\frac{1}{H}, \\ a_{21} &= 300\,\frac{1}{s}, & a_{22} &= -2000\,\frac{1}{s}, & b_2 &= -3\,\frac{1}{H}, \qquad (9.7) \\ c_1 &= 0, & c_2 &= -1000\,\Omega, & d &= 0. \end{aligned}$$

Bei der Bestimmung der Normierungsfaktoren sind die Maximalwerte der Systemgrößen abzuschätzen. Für die einzelnen Normierungsfaktoren werden folgende Betrachtungen angestellt:

1. n_w: Aufgrund des Eingangsspannungswertes von 10 V, der mit der Betriebsspannung des Analogrechners übereinstimmt, ist $n_w = 1$.

2. n_1: Aus der Schaltung ist zu erkennen, daß keine Schwingungen auftreten können und deshalb der Maximalwert von i_1 der stationäre Endwert $U_o/R_1 = 0{,}1$ A ist. Daraus wird $n_1 = \bar{I}_1/i_1 = 10\ \text{V}/0{,}1\ \text{A} = 100\ \Omega$ abgeleitet.

3. n_2: Der Maximalwert von i_2 kann nur geschätzt werden, da Anfangs- und Endwert von i_2 Null sind und dazwischen ein maximaler Wert liegen muß. Eine Abschätzung ist über das Windungszahlverhältnis des Transformators möglich, dessen Größenordnung hier aus den Werten von L_1, L_2 und M berechnet werden kann (etwa 1 : 1,6). Im Idealfall würde am Widerstand höchstens eine Spannung von 1,6 U_o anliegen. Dieser Wert ergibt nach Aufrundung für i_2 einen Maximalwert in der Größenordnung von 2 U_o/R_2 = 20 V/1000 Ω = 0,02 A. Daraus leitet sich ein Faktor n_2 = 10 V/0,02 A = 500 Ω ab. Im Fall, daß der Aussteuerbereich des Analogrechners hierbei nicht genügend ausgenutzt wird, muß die Schätzung verfeinert werden. Dies kann in manchen Fällen mehrfach notwendig sein, bis ein optimaler Wert erreicht ist.

4. n_y: Aufgrund des proportionalen Zusammenhangs zwischen y und i_2 im Orginalsystem nach Gl.(9.6) ist der gleiche Zusammenhang im analogen System gegeben. Wegen der Ausnutzung des Aussteuerbereiches des Analogrechners ist es optimal, $\bar{y} = -\bar{i}_2$ zu wählen. Daraus ergibt sich nach Gl.(9.5) mit $c_2\, n_y/n_2 = -1$ der Normierungsfaktor zu n_y = 500 Ω/1000 Ω = 0,5.

5. m: Die Matrixelemente a in $\underline{A}$ geben Anhaltspunkte für die Größenordnung der Zeitkonstanten des Systems, da ihre Kehrwerte die Dimension Zeit haben und in den Argumenten der e-Funktionen der Lösung vorkommen. (Dieser Zusammenhang geht am deutlichsten aus der aus $\underline{A}$ entstehenden Übergangsmatrix $\Phi(t)$ in Gl.(7.34) hervor.) Eine etwas genauere Abschätzung kann auf folgende Weise gemacht werden: Nach den Ausführungen in Abschnitt 7.1 werden die Polstellen der Übertragungsfunktion eines Systems aus det $(s\underline{E} - \underline{A})$ bestimmt. Die Nennerfunktion der Übertragungsfunktion lautet für ein allgemeines System zweiter Ordnung:

$$s^2 - (a_{11} + a_{22})s + a_{11}a_{22} - a_{12}a_{21}. \qquad (9.8)$$

Daraus ergibt sich für die Polstellen:

$$p_{1,2} = \frac{1}{2}(a_{11} + a_{22}) \pm \sqrt{\frac{1}{4}(a_{11} + a_{22})^2 - a_{11}a_{22} + a_{12}a_{21}}. \qquad (9.9)$$

Schätzt man in dieser Gleichung nach Einsetzen der Werte aus Gl.(9.7) die Polstellen ab und bildet deren Kehrwerte, erhält man für die kleinere Zeitkonstante etwa 0,4 ms. Bei diesem Wert würde ein Oszillograph als das die Lösung aufschreibende Meßgerät eine Echtzeitsimulation zulassen, ein Koordinatenschreiber jedoch nicht mehr. Da hier ein Schreiber als Meßgerät vorgesehen ist, wird m = 1000 gewählt.

Nach Einsetzen der ermittelten Normierungsfaktoren in Gl. (9.5) erhält man das für die Aufstellung des Koppelplans maßgebende Gleichungssystem:

$$\frac{d}{d\tau}\begin{bmatrix}\bar{i}_1\\ \bar{i}_2\end{bmatrix} = \begin{bmatrix}-0{,}5\,\frac{1}{s} & 0{,}6\,\frac{1}{s}\\ 1{,}5\,\frac{1}{s} & -2{,}0\,\frac{1}{s}\end{bmatrix}\begin{bmatrix}\bar{i}_1\\ \bar{i}_2\end{bmatrix} + \begin{bmatrix}0{,}5\,\frac{1}{s}\\ -1{,}5\,\frac{1}{s}\end{bmatrix} 10\ \mathrm{V}, \qquad (9.10)$$

$$\bar{y} = \bar{u}_R = -\,\bar{i}_2.$$

Da es sich um ein System zweiter Ordnung handelt, kann der in Bild 9.4 aufgezeichnete Koppelplan benutzt werden. Die Potentiometereinstellungen richten sich nach den in Gl. (9.10) angegebenen Werten. Weil die Faktoren a_{21}, a_{22} und b_2 größer als 1 sind und deshalb nicht am Potentiometer eingestellt werden können, muß der Integrator für $\bar{i}_2$ Verstärkungsfaktoren größer als 1 erhalten - wie zu Bild 9.2 und 9.3 ausgeführt -, um insgesamt auf die richtigen Faktoren zu kommen. Bild 9.7 zeigt den end-

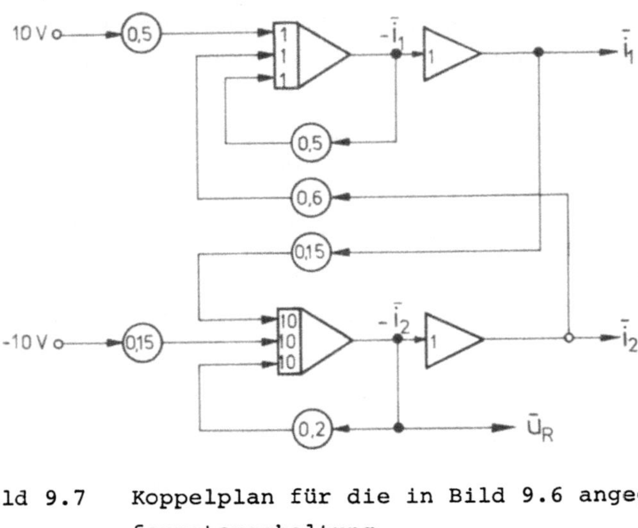

Bild 9.7 Koppelplan für die in Bild 9.6 angegebene Transformatorschaltung

gültigen Koppelplan, in dem der bei Analogrechnern leicht steckbare Verstärkungsfaktor 10 für den Integrator von $\bar{i}_2$ gewählt wurde.

Das Ergebnis der Berechnung ist in Bild 9.8 aufgezeichnet. Den

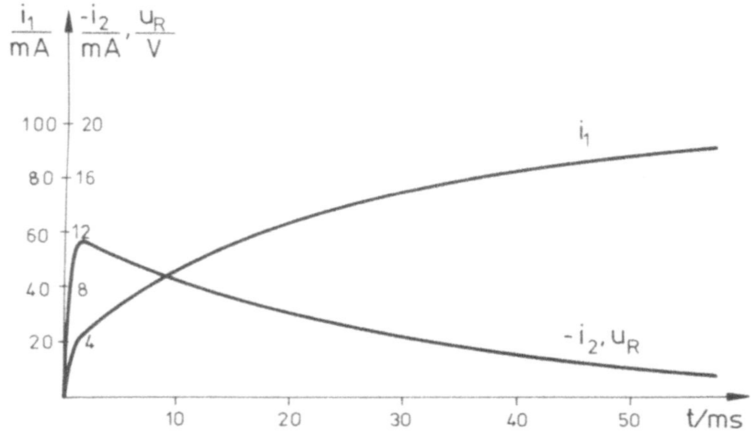

Bild 9.8 Verlauf der Ströme und der Ausgangsspannung in der Transformatorschaltung von Bild 9.6

Maximalwerten der Ströme und der Ausgangsspannung (an den Achsen sind gleich die im Originalsystem gültigen Werte angegeben) ist zu entnehmen, daß die eingesetzten Normierungsfaktoren richtig gewählt wurden. An dem Zeitverlauf sieht man, daß zwei Zeitkonstanten sehr unterschiedlicher Größe auftreten. Um dem Leser etwas Anschauungsmaterial für die Beziehungen zwischen dem gezeichneten und dem errechneten Ergebnis zu geben, sei hier noch das errechnete Ergebnis angegeben:

$$i_1 = (100 - 81\ e^{-t/24{,}63\ \mathrm{ms}} - 19\ e^{-t/0{,}406\ \mathrm{ms}})\ \mathrm{mA},$$

$$i_2 = -\ (12{,}4\ e^{-t/24{,}63\ \mathrm{ms}} - 12{,}4\ e^{-t/0{,}406\ \mathrm{ms}})\ \mathrm{mA},$$

$$u_R = (12{,}4\ e^{-t/24{,}63\ \mathrm{ms}} - 12{,}4\ e^{-t/0{,}406\ \mathrm{ms}})\ \mathrm{V}.$$

10. Lösung von Zustandsgleichungen mit dem Digitalrechner

Seit der weiten Verbreitung der Digitalrechner ist die Berechnung von dynamischen Systemen immer mehr den Digitalrechnern unter Benutzung von besonderen Simulationsprogrammsystemen übertragen worden. Der Vorteil liegt in der größeren Genauigkeit, in dem bei vorhandenen Programmierungsgrundkenntnissen oft nur geringen zusätzlichen Programmierungsaufwand, der allerdings von dem benutzten Programmsystem abhängig ist, im Rechnen mit Originalwerten, die praktisch unbegrenzt groß sein können, und in der Möglichkeit, leicht komplizierte Funktionen und Nichtlinearitäten, die eigentlich in jedem System auftreten, einzubeziehen. Der Analogrechner hat demgegenüber den Vorteil des meist schnelleren und direkteren Zugriffs und der unmittelbaren Untersuchung von Parameteränderungen.

Das Berechnungsprogramm für ein dynamisches System auf einem Digitalrechner ist abhängig von dem verwendeten Programmsystem. Da hier keine speziellen Systeme behandelt werden sollen, sondern nur ein sehr kurzer Überblick gegeben werden soll (eine eingehende Behandlung ist z.B. in |30| enthalten), werden in den zwei folgenden Abschnitten nur einige grundsätzliche Bemerkungen zur digitalen Simulation und zu einigen Programmsystemen gemacht.

10.1 Numerische Integration

Zur digitalen Simulation von dynamischen Systemen sind besondere Programmsysteme bzw. mindestens besondere Unterprogramme für die Hauptprogrammiersprachen notwendig, da integriert werden muß. Die Integration geschieht schrittweise, d.h. der Rechner berechnet das Verhalten des zu berechnenden Systems jeweils fortschreitend zu aufeinanderfolgenden diskreten Zeitpunkten. Die Lösung ist ihm nicht vorgegeben, er muß sich sozusagen von Rechenschritt zu Rechenschritt vorwärtshangeln, indem er die berechneten Ergebnisse für die Zustandsgrößen eines Schrittes als die Ausgangswerte für den folgenden Schritt betrachtet. An den Zustandsgleichungen kann man dieses Vorgehen verdeutlichen. Aufgrund der Zustandswerte $\underline{x}$ und w zu einem Zeitpunkt t_n wird $\underline{\dot{x}}(t_n)$ berechnet. Nach einem besonderen Verfahren muß nun aus $\underline{\dot{x}}(t_n)$ der Wert $\underline{x}(t_{n+1})$ zum nächstfolgenden Zeitpunkt berechnet bzw. möglichst genau geschätzt werden. Dies ist das Prinzip der numerischen Integration. Es gibt verschiedene numerische Integrationsverfahren, die sich in der Berechnungsmethode und auch in der Genauigkeit, mit der sie $\underline{x}(t_{n+1})$ berechnen können, unterscheiden. Beim Analogrechner bestehen diese Schwierigkeiten nicht, weil sich dort die Zustände, genauer die Spannungszustände, nach den physikalischen Gegebenheiten einstellen. Hinsichtlich der Integrationsmethode arbeitet deshalb der Integrierer in einem Analogrechner aufgrund der physikalischen Gesetze immer genau und fehlerfrei; Fehler entstehen nur durch die nichtidealen Bauelemente. Beim Digitalrechner ist es umgekehrt: die Integrationsmethode ist fehlerbehaftet, die Berechnung selbst ist - abgesehen von Rundungsfehlern - fehlerfrei.

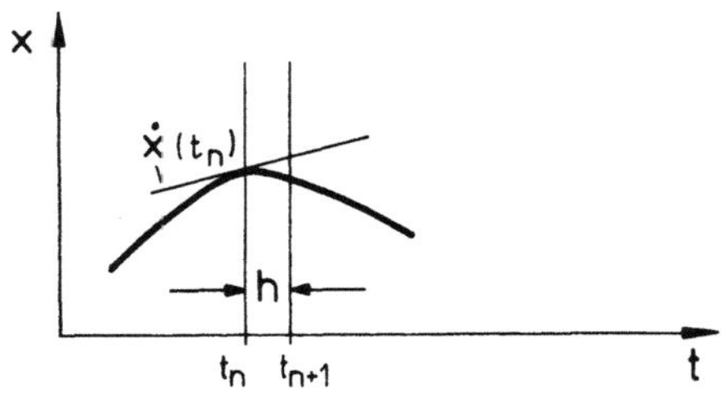

Bild 10.1 Zur numerischen Integration

Die grundsätzliche Vorgehensweise bei der numerischen Integration verdeutlicht Bild 10.1. Es wird zunächst angenommen, daß die ausgezogene Kurve schon die genaue Lösungskurve ist und daß zum Zeitpunkt t_n die Zustandswerte $\underline{x}(t_n)$ richtig berechnet worden sind. Die Schrittweite, der Zeitraum zwischen zwei berechneten Zeitpunkten, sei $h = t_{n+1} - t_n$. Die einfachste Möglichkeit der Berechnung der zeitlich nachfolgenden Zustandswerte $\underline{x}(t_{n+1})$ wäre die Extrapolation von $x(t_n)$ mit Hilfe der zum Zeitpunkt t_n berechenbaren Ableitung $\underline{\dot{x}}(t_n)$:

$$\underline{x}(t_{n+1}) = \underline{x}(t_n) + h\,\underline{\dot{x}}(t_n). \tag{10.1}$$

Bild 10.1 zeigt jedoch deutlich, daß in dem gezeichneten Fall der mit Gl.(10.1) berechnete Funktionswert, der dem Wert der mit $\underline{\dot{x}}(t_n)$ bezeichneten Tangente zum Zeitpunkt t_{n+1} entspricht, nicht mit dem richtigen Funktionswert übereinstimmt. Schuld daran ist einesteils das zu einfache Schätzverfahren, andernteils eine zu große Schrittweite.

Die Integrationsverfahren unterscheiden sich nun darin, auf welche Weise sie die Vorausschätzung vornehmen. Es gibt Einschrittverfahren, die nur ausgehend von den Funktionswerten bei t_n selbst und gegebenenfalls mit Hilfe von Zwischenrechnungen bei $t_n + h/2$ auf die Werte bei t_{n+1} schließen (z.B. das Eulersche Verfahren, das Standard - Runge - Kutta - Verfahren 4. Ordnung, das Runge - Kutta - Merson - Verfahren), und Mehrschrittverfahren, die Werte aus vorherigen Rechenschritten bei t_{n-1}, t_{n-2} in die Vorausschätzung einbeziehen (z.B. die Prediktor - Korrektor - Verfahren nach Euler, nach Adam u.a.). Bei den letzteren Verfahren müssen besondere Starthilfen gegeben werden, da bei $t = 0$ noch keine vorherigen Rechenschritte vorhanden sind. Die zu wählende Schrittweise richtet sich nach den kleinsten Zeitkonstanten bzw. den höchsten Frequenzen im Verlauf der Zustandsgrößen.

Untersuchungen über die Genauigkeiten der numerischen Integrationsverfahren sind in der Literatur zahlreich vorhanden.

10.2 Simulationsprogrammsysteme

Zur Berechnung des dynamischen Verhaltens sind verschiedene Programmsysteme entwickelt worden, die sich im wesentlichen durch die zugrundegelegten Integrationsverfahren - manchmal sind sogar mehrere wählbar -, die mehr oder weniger schnell erlernbaren Programmierungsvorschriften und die möglichen Anwendungsbereiche unterscheiden. Das einfachste Programmsystem hat z.B. die allgemeinen Sprachen ALGOL oder FORTRAN zur Grundlage und benutzt nur Integrationsunterprogramme. Andere Programmsysteme sind z.B. auf der Basis der in Abschnitt 7.4 eingeführten Strukturbilder aufgebaut; dabei werden dem Rechner auf einfache Weise nur noch Informationen über die Zusammenschaltung und die Zahlenwerte der Strukturbildblöcke, deren grundsätzliche Funktionsweise im Programmsystem enthalten ist, eingegeben. Solche Programmsysteme heißen blockorientiert. Unterschiede bestehen bei den Programmsystemen auch darin, ob eine automatische Schrittweitensteuerung benutzt wird und welche Ausgabegeräte angesteuert werden können.

Es gibt eine große Anzahl von Programmsystemen, über die Einzelheiten der Literatur zu entnehmen sind (u.a. |30|). Die bekanntesten sind ANAGOL, ASIM, COBLOC, CSMP 1130, DSL/90. Ein besonderes, nur für nachrichtentechnische Schaltungen anwendbares Programmsystem ist ECAP (|29|). Da jedes Rechenzentrum in den meisten Fällen nur ein Simulationsprogrammsystem haben wird und sich noch nicht einige wenige durchgesetzt haben, sind detaillierte Hinweise in diesem Buch nicht zweckmäßig. Der Leser wird sich nach den Gegebenheiten in den von ihm benutzten Rechenzentrum richten und die dort gegebenen Informationen über den Gebrauch der Programmsysteme studieren müssen.

ANHANG: MATRIZENFORMEN UND MATRIZENALGEBRA

Allgemeine *Matrix* mit n Zeilen und m Spalten (n × m-Matrix):

$$\underline{A} = \begin{bmatrix} a_{11} & a_{12} & \cdots & a_{1m} \\ a_{21} & a_{21} & \cdots & a_{2m} \\ \vdots & \vdots & & \vdots \\ a_{n1} & a_{n2} & & a_{nm} \end{bmatrix}$$

a_{ij} ist das Matrixelement der i-ten Zeile und j-ten Spalte

Spezielle Matrizen:

Transponierte einer Matrix: $\underline{A}^T$: d.h. $a_{ij} \rightarrow a_{ji}$

Ein *Spaltenvektor* ist eine n × 1-Matrix, z.B. $\underline{a} = \begin{bmatrix} a \\ b \\ c \end{bmatrix}$

Ein *Zeilenvektor* ist eine 1 × n-Matrix, d.h. ein transponierter Spaltenvektor: $\underline{a}^T = [a \quad b \quad c]$

Quadratische Matrix : n = m

Diagonalmatrix : diag $\underline{A}$: $a_{ij} = 0$ für alle $i \neq j$

Einheitsmatrix : $\underline{E}$: Diagonalmatrix mit $a_{ij} = 1$ für alle $i = j$

Nullmatrix : $\underline{0}$: $a_{ij} = 0$ für alle i und j

Symmetrische Matrix : $a_{ij} = a_{ji} \rightarrow \underline{A}^T = \underline{A}$

$$\det(\underline{A}) = \sum_{j=1}^{n} a_{ij} A_{ij} = \sum_{i=1}^{m} a_{ij} A_{ij}$$

Kofaktor (= algebraisches Komplement) A_{ij}: Unterdeterminante nach Weglassen der i-ten Zeile und j-ten Spalte von $\underline{A}$ und Multiplikation dieser Unterdeterminanten mit $(-1)^{i+j}$.

Adjungierte Matrix : adj $\underline{A}$: die zu $\underline{A}$ adjungierte Matrix adj $\underline{A}$ enthält als Elemente die Kofaktoren A_{ji}, d.h. zu jedem Element a_{ij} von $\underline{A}$ wird der Kofaktor A_{ij} gebildet und in die Matrix anstelle von a_{ij} eingesetzt; anschließend wird die so entstandene Matrix transponiert.

Inverse Matrix : $\underline{A}^{-1} = \text{adj } \underline{A}/\det(\underline{A})$; es gilt $\underline{A}\,\underline{A}^{-1} = \underline{A}^{-1}\,\underline{A} = \underline{E}$.

Reguläre Matrix : eine Matrix $\underline{A}$ mit $\det(\underline{A}) \neq 0$

Singuläre Matrix: eine Matrix $\underline{A}$ mit $\det(\underline{A}) = 0$

Die *Matrizenalgebra* enthält u.a. folgende Regeln und Gesetze:

Gleichheit: $\underline{B} = \underline{A}$ bei $b_{ij} = a_{ij}$ für alle i und j

Addition: $\underline{C} = \underline{A} + \underline{B}$ bei $c_{ij} = a_{ij} + b_{ij}$ für alle i und j

Subtraktion: $\underline{C} = \underline{A} - \underline{B}$ bei $c_{ij} = a_{ij} - b_{ij}$ für alle i und j

Multiplikation: $\underline{C} = \underline{A}\,\underline{B}$ bei $c_{ij} = \sum_{e=1}^{m} a_{ie}\, b_{ej}$ mit

A: $n \times m$-Matrix, B: $m \times q$-Matrix, C: $n \times q$-Matrix.

Division: $\hat{=}$ Multiplikation mit der inversen Matrix: z.B.

$\underline{A} = \underline{C}\,\underline{B}^{-1}$ bzw. $\underline{B} = \underline{A}^{-1}\,\underline{C}$

Assoziatives Gesetz: $(\underline{A} + \underline{B}) + \underline{C} = \underline{A} + (\underline{B} + \underline{C})$

$(\underline{A}\,\underline{B})\,\underline{C} = \underline{A}\,(\underline{B}\,\underline{C})$

Kommutatives Gesetz: $\underline{A} + \underline{B} = \underline{B} + \underline{A}$

aber: $\underline{A}\,\underline{B} \neq \underline{B}\,\underline{A}$

Distributives Gesetz: $\underline{A}\,(\underline{B} + \underline{C}) = \underline{A}\,\underline{B} + \underline{A}\,\underline{C}$

Transponieren eines Produktes: $(\underline{A}\,\underline{B})^T = \underline{B}^T\,\underline{A}^T$

Invertieren eines Produktes: $(\underline{A}\,\underline{B})^{-1} = \underline{B}^{-1}\,\underline{A}^{-1}$

Determinantenregeln (Auswahl):

$\det(\underline{A}) = \det(\underline{A}^T)$

$\det(\underline{A}\,\underline{B}) = \det(\underline{A})\,\det(\underline{B})$

$\det(\underline{A}^{-1}) = 1/\det(\underline{A})$

$\det(k\,\underline{A}) = k^n \det(\underline{A})$ (für eine $n \times n$-Matrix, k skalar)

Rang r einer Matrix: $r \leq \text{Min}\{n,m\}$.

Satz über den Rang einer Matrix:

Eine Matrix heißt vom Rang r, wenn mindestens eine r-reihige Unterdeterminante von Null verschieden ist, aber alle (r+1)-reihigen Unterdeterminanten verschwinden.

Der Rang einer Matrix ist identisch mit der Ordnung eines Gleichungssystems, die wiederum durch die Anzahl der linear unabhängigen Gleichungen des mit dieser Matrix beschriebenen Systems festgelegt ist. Praktisch heißt das, daß man durch die Determinantenberechnung der Systemmatrix eines Systems feststellen kann, ob ein linear unabhängiges und damit berechenbares Gleichungssystem vorliegt oder nicht. Ist die Matrix singulär, gibt es lineare Abhängigkeiten.

Matrixinversion als wichtige Rechenoperation der Netzwerktheorie: Taschenrechnerprogramme sind im gleichen Verlag erschienen |25,26|.

Anhang: Lösungen der Übungsaufgaben

Kapitel 1.3:

1. $\frac{a_0}{2} = \hat{\imath}\,\frac{2}{\pi}$, $\quad a_n = -2\,\hat{\imath}\,\frac{1+\cos n\pi}{\pi\,(n^2-1)} = \frac{-4\,\hat{\imath}}{\pi\,(n^2-1)}$, $\quad b_n = 0$, n nur gerade

2. $c_n = |b_n| = \frac{2\,U_0}{n\,\pi}$, $\quad n = 1, 2, 3, \ldots$, $\quad a_n = 0$,

   $\varphi_n = 0$ bei $n = 1, 3, 5, \ldots$ $\qquad \varphi_n = \pi$ bei $n = 2, 4, 6, \ldots$

3. $a_0 = 0$, $\quad a_n = \frac{2\,U}{n\,\pi}\sin\left(\frac{n\,2\,\pi}{T}\,\frac{b}{2}\right)$, $\quad b_n = 0$, n nur ungerade,

   bei $\frac{b}{2} = \frac{T}{4}$: $\quad a_n = \frac{2\,U}{n\,\pi}\sin n\frac{\pi}{2}$, $\quad b_n = 0$, n nur ungerade

4. $f(t) = -A\,\sigma(t+T) + 2\,A\,\sigma(t) - \frac{2\,A}{T}\,r(t) - \frac{A}{2}\,\sigma(t-T) + \frac{5\,A}{2\,T}\,r(t-T) - \frac{A}{2T}\,r(t-2T)$

5.

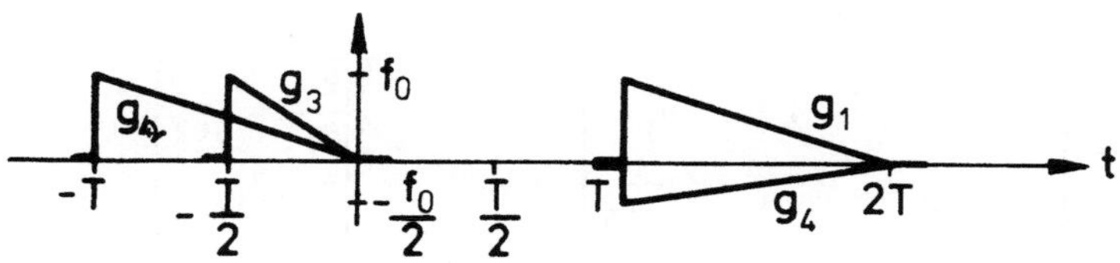

Kapitel 2.6:

1. a) $R = C\,\frac{i^{\beta-1}}{i_0^{\beta}}$, $\quad R_{diff} = \beta\,C\,\frac{i^{\beta-1}}{i_0^{\beta}}$, $\quad \frac{R_{diff}}{R} = \beta$

   b) $u = 187{,}7\ \text{V} + 12{,}51\ \text{V}\sin\omega t$

   c) $u(t) = u_g + u_1\sin\omega t + u_2\cos 2\,\omega\,t$

   $$u_g = C\left(\frac{i_g}{i_0}\right)^{\beta}\left(1 + \frac{1}{4}\,\beta\,(\beta-1)\left(\frac{i_w}{i_g}\right)^2\right), \qquad u_1 = C\left(\frac{i_g}{i_0}\right)^{\beta}\beta\,\frac{i_w}{i_g},$$

   $$u_2 = -C\left(\frac{i_g}{i_0}\right)^{\beta}\frac{1}{4}\,\beta\,(\beta-1)\left(\frac{i_w}{i_g}\right)^2$$

   d) $P = u_g\,i_g + \frac{1}{2}\,u_1\,i_w$ (nur gleichfrequente Größen ergeben P!)

2.

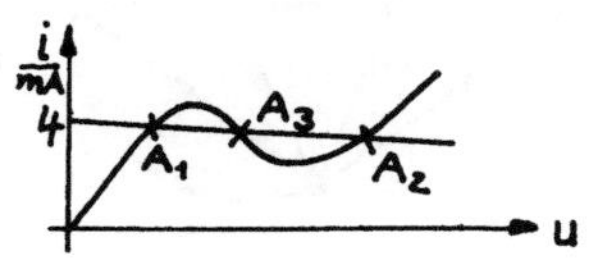

Analog zu Gl.(2.11) gilt bei einer Stromquellenkennlinie;

$$\left.\frac{di}{du}\right|_{Quelle} < \left.\frac{di}{du}\right|_{Verbraucher}$$

d.h. A_1, A_2 stabil

3.

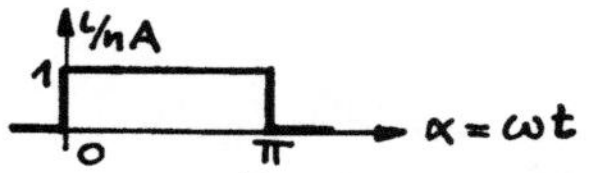

4. a) $L = \frac{\Psi}{i} = \Psi_s\,\frac{2}{\pi}\,\frac{\arctan i/i_0}{i}$, $\qquad L_{diff} = \frac{d\Psi}{di} = \Psi_s\,\frac{2}{\pi}\,\frac{i_0}{i_0 + i}$

   b) $\Psi(t) = 100\ \text{V t}$ $\quad 0 < t < 8$ ms, $\quad \Psi(t) = 0{,}8$ Vs $\quad t > 8$ ms

   $i(t) = 5\ \text{A}\tan\left(\frac{\pi}{2}\,100\,\frac{t}{s}\right)$ $\quad 0 < t < 8$ ms, $\quad i(t) = 15{,}38$ A $\quad t > 8$ ms

c) $W_L = 3{,}73$ Ws. Bei $t = 2T$ wäre die Energie bei $R \neq 0$ geringer, da der Strom durch R gedämpft würde.

5. $$u_2(t) = \frac{U_0 \Gamma_M}{T R^2 \Gamma_2^2} (R \Gamma_2 t + e^{-R \Gamma_2 t} - 1)$$

6. $$H_{11} = \frac{2 Z_a Z_b}{Z_a + Z_b} \qquad H_{12} = \frac{Z_b - Z_a}{Z_a + Z_b} \qquad H_{21} = \frac{Z_a - Z_b}{Z_a + Z_b} \qquad H_{22} = \frac{2}{Z_a + Z_b}$$

Kapitel 3.3:

1. $$\underline{Z}(j\omega) = \begin{bmatrix} R_1 + R_3 & -R_3 & 0 \\ -R_3 & R_2 + R_3 + R_5 & -R_5 \\ 0 & -R_5 & R_4 + R_5 \end{bmatrix} \qquad \underline{U}_q = \begin{bmatrix} U_{01} \\ I_{02} R_2 \\ -U_{04} \end{bmatrix}$$

2. $$\underline{Y}(j\omega) = \begin{bmatrix} \frac{1}{R_1} + \frac{1}{R_2} + j\omega C_4 & -\frac{1}{R_2} \\ -\frac{1}{R_2} & \frac{1}{R_2} + \frac{1}{j\omega L_3} \end{bmatrix} \qquad \underline{I}_q = \begin{bmatrix} \frac{U_{01}}{R_1} - I_{02} \\ I_{02} \end{bmatrix}$$

$\hat{u}_L = 1{,}414$ V, $\omega = 100\ s^{-1}$, $\phi_L = 53{,}13^\circ$

3. $$\underline{Y}(j\omega) = \begin{bmatrix} \frac{1}{R_1} + \frac{1}{R_3} & -\frac{\alpha}{R_1} \\ \frac{\beta}{R_1} & \frac{1}{R_2} + \frac{1}{R_4} - \frac{\alpha\beta}{R_1} \end{bmatrix} \qquad \underline{I}_q = \begin{bmatrix} \frac{U_0}{R_3} \\ 0 \end{bmatrix}$$

Kapitel 4.10:

1. 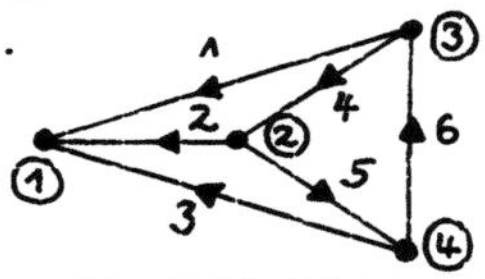

$$A = \begin{bmatrix} -1 & -1 & -1 & 0 & 0 & 0 \\ 0 & 1 & 0 & -1 & 1 & 0 \\ 1 & 0 & 0 & 1 & 0 & -1 \\ 0 & 0 & 1 & 0 & -1 & 1 \end{bmatrix}$$

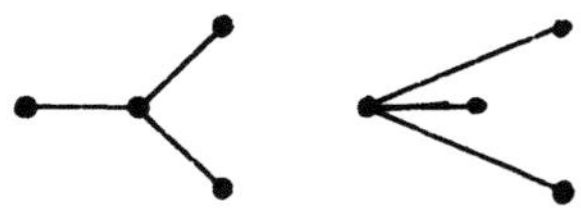

2. Die Schleifenimpedanzmatrix ist entweder mit $\underline{V}_{ui}$ nach der Gleichung

$$\underline{Z}(j\omega) = \underline{B}\ (Z + \underline{V}_{ui})\ B^T$$

oder über eine Netzumwandlung unter Verwendung des T-Ersatzschaltbildes des Transformators (s. Baum) errechenbar.

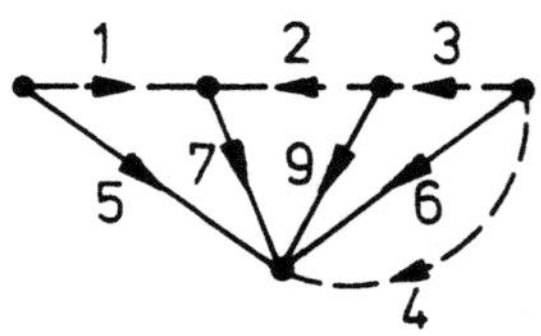

$$\begin{bmatrix} R_5 + j(\omega L_7 - \frac{1}{\omega C_1}) & j\omega M & 0 & 0 \\ j\omega M & j(\omega L_8 + \omega L_9 - \frac{1}{\omega C_2}) & j\omega L_9 & 0 \\ 0 & j\omega L_9 & R_6 + j(\omega L_9 - \frac{1}{\omega C_3}) & -R_6 \\ 0 & 0 & -R_6 & R_6 - j\frac{1}{\omega C_4} \end{bmatrix} = \underline{Z}(j\omega)$$

3. Bei $L = R^2 C$

4. s. nächste Seite

5. R_x ist überlastet: 640 mW. In R_o werden 131,3 mW, in R_m 0,532 mW umgesetzt.

4.

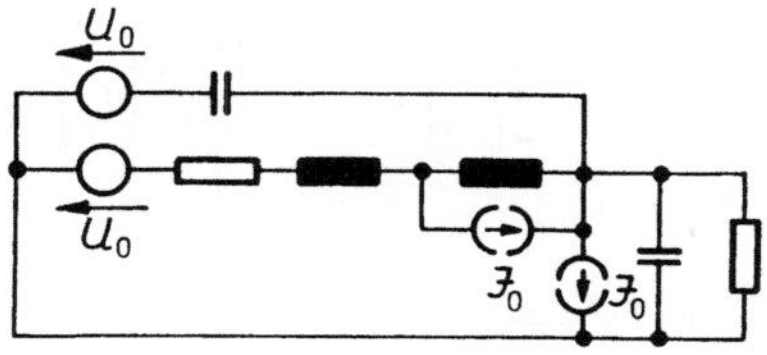

6.

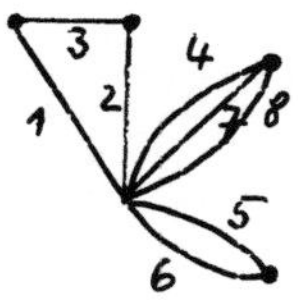

$$\underline{V}_{ui} = \begin{bmatrix} 0 & 0 & 0 & 0 & 0 & 0 & 0 & 0 \\ 0 & 0 & 0 & j\omega M_{24} & j\omega M_{25} & 0 & 0 & 0 \\ 0 & 0 & 0 & 0 & 0 & 0 & 0 & 0 \\ 0 & j\omega M_{24} & 0 & 0 & j\omega M_{45} & 0 & 0 & 0 \\ 0 & j\omega M_{25} & 0 & j\omega M_{45} & 0 & 0 & 0 & 0 \\ 0 & 0 & 0 & 0 & 0 & 0 & 0 & 0 \\ 0 & 0 & 0 & 0 & 0 & 0 & 0 & 0 \\ 0 & 0 & 0 & 0 & 0 & 0 & 0 & 0 \end{bmatrix}$$

In $\underline{V}_{uu}$ sind besetzt: $a_{15} = \alpha_1$, $a_{83} = \alpha_8$. $\underline{V}_{ii} = 0$.

7.

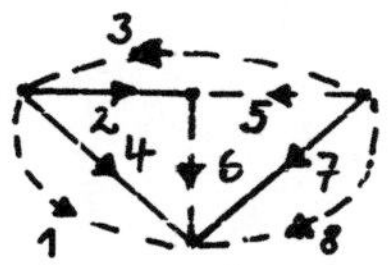

$$\underline{I}_q = \begin{bmatrix} 0 \\ G_1 \, U_{01} \\ 0 \end{bmatrix}$$

$$\underline{Y}(j\omega) = \begin{bmatrix} G_2 + G_6 + j\omega C_5 & -G_6 - j\omega C_5 & j\omega C_5 \\ -G_6 - j\omega C_5 & G_1 + G_3 + G_6 + j\omega(C_4 + C_5) & -G_3 - j\omega C_5 \\ \alpha G_7 + j\omega C_5 & -G_3 - \alpha G_7 - j\omega C_5 & G_3 + G_7 + G_8 + j\omega C_5 \end{bmatrix}$$

8.

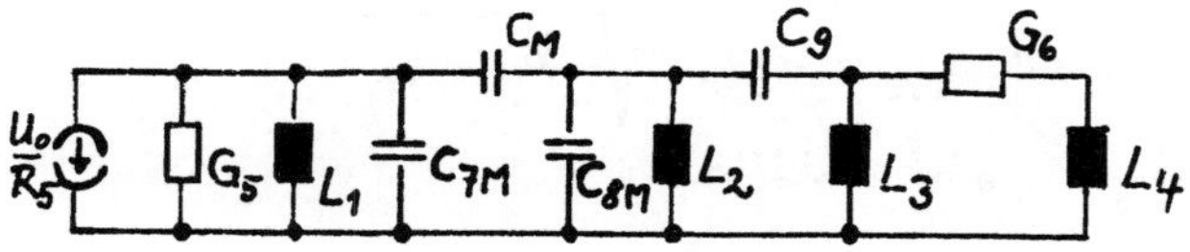

Kapitel 5.6:

1.
$$\begin{bmatrix} \dot{i}_{L1} \\ \dot{i}_{L2} \\ \dot{u}_C \end{bmatrix} = \begin{bmatrix} -\frac{R_1}{L_1} & 0 & -\frac{1}{L_1} \\ 0 & -\frac{R_2}{L_2} & -\frac{1}{L_2} \\ \frac{1}{C} & \frac{1}{C} & 0 \end{bmatrix} \begin{bmatrix} i_{L1} \\ i_{L2} \\ u_C \end{bmatrix} + \begin{bmatrix} \frac{1}{L_1} \\ 0 \\ 0 \end{bmatrix} u_o, \quad y = \begin{bmatrix} 0 & -R_2 & 0 \end{bmatrix} \begin{bmatrix} i_{L1} \\ i_{L2} \\ u_C \end{bmatrix}$$

2. Mit $R' = R_i + R_1$:

$$\begin{bmatrix} \dot{i}_1 \\ \dot{i}_2 \\ \dot{u}_C \end{bmatrix} = \begin{bmatrix} -R'\Gamma_1 & -R_2\Gamma_M & \Gamma_M \\ -R'\Gamma_M & -R_2\Gamma_2 & \Gamma_2 \\ 0 & -\frac{1}{C} & -\frac{1}{RC} \end{bmatrix} \begin{bmatrix} i_1 \\ i_2 \\ u_C \end{bmatrix} + \begin{bmatrix} \Gamma_1 \\ \Gamma_M \\ 0 \end{bmatrix} u_o, \quad y = \begin{bmatrix} 0 & 0 & 1 \end{bmatrix} \begin{bmatrix} i_1 \\ i_2 \\ u_C \end{bmatrix}$$

3. $$\begin{bmatrix}\dot{i}_L\\ \dot{u}_C\end{bmatrix} = \begin{bmatrix}0 & -\frac{1}{L}\\ \frac{1}{C} & -\frac{1}{RC}\end{bmatrix}\begin{bmatrix}i_L\\ u_C\end{bmatrix} + \begin{bmatrix}0 & \frac{1}{L} & \frac{1}{L}\\ -\frac{1}{RC} & 0 & \frac{1}{RC}\end{bmatrix}\begin{bmatrix}u_1\\ u_2\\ u_3\end{bmatrix}, \quad y = \begin{bmatrix}0 & 1\end{bmatrix}\begin{bmatrix}i_L\\ u_C\end{bmatrix} + \begin{bmatrix}0 & 0 & -1\end{bmatrix}\begin{bmatrix}u_1\\ u_2\\ u_3\end{bmatrix}$$

Kapitel 6.5:

1. a) $F(s) = A\,e^{b}\left(\frac{\omega\cos\alpha}{(s-a)^2+\omega^2} + \frac{(s-a)\sin\alpha}{(s-a)^2+\omega^2}\right)$

   b) $F(s) = \frac{-s-a+\omega}{s((s+a)^2+\omega^2)}$

   c) $F(s) = \frac{1}{s - b\ln a}$

   d) $$F(s) = \frac{U_o}{T s^2} - e^{-sT}\left(\frac{U_o}{T s^2} + \frac{U_o}{2 s}\right) - e^{-s2T}\frac{U_o}{2 T s^2} + e^{-s3T}\left(\frac{U_o}{2 T s^2} + \frac{\frac{\pi}{2T}\,\frac{U_o}{2}}{s^2 + (\frac{\pi}{2T})^2}\right) - e^{-s5T}\frac{\frac{\pi}{2T}\,\frac{U_o}{2}}{s^2 + (\frac{\pi}{2T})^2}$$

2. a) $f(t) = -\frac{3}{8}\sigma(t) - \frac{5}{4}e^{-2t} + \frac{21}{8}e^{-4t}$

   b) $f(t) = 0{,}05\,\sigma(t) - 0{,}05\,e^{-10t} + 9{,}5\,t\,e^{-10t}$

3. $LC\frac{d^2 i_L}{dt^2} + \frac{L}{R}\frac{di_L}{dt} + i_L = 0, \quad LC\frac{d^2 u_C}{dt^2} + \frac{L}{R}\frac{du_C}{dt} + u_C = 0, \quad u_C = L\frac{di_L}{dt}$

   Es gibt 3 Lösungsfunktionen: den gedämpften Fall, den aperiodischen Grenzfall, den Schwingungsfall je nach der Lage der Polstellen in der komplexen Ebene:

   1. $p_1 \neq p_2$ negativ reell: $p_{1,2} = -\frac{1}{2RC} \pm \sqrt{\frac{1}{4R^2C^2} - \frac{1}{LC}}$:

      $i_L(t) = \frac{U_o}{L}\frac{1}{p_1 - p_2}\left(e^{p_1 t} - e^{p_2 t}\right)$

   2. $p_1 = p_2$ negativ reell: $p_{1,2} = -\frac{1}{2RC}$: $i_L = \frac{U_o}{L}\,t\,e^{-\frac{t}{2RC}}$

   3. $p_1 = p_2^*$ konjugiert komplex: $p_{1,2} = -\frac{1}{2RC} \pm j\sqrt{\frac{1}{LC} - \frac{1}{4R^2C^2}}$

      $i_L(t) = \frac{U_o}{\omega L}\,e^{-\frac{t}{2RC}}\sin\omega t, \quad \omega^2 = \frac{1}{LC} - \frac{1}{4R^2C^2}$

4. a) $y(t) = U_o\frac{C_1}{C_1 + C_2}\left(K_1 + (1 - K_1)\,e^{-\frac{t}{T}}\right)$ mit $\frac{1}{T} = \frac{G_1 + G_2}{C_1 + C_2}$ und

   $$K_1 = \frac{G_1}{C_1}\,\frac{C_1 + C_2}{G_1 + G_2} = \frac{1 + \frac{C_2}{C_1}}{1 + \frac{G_2}{G_1}}$$

   b)

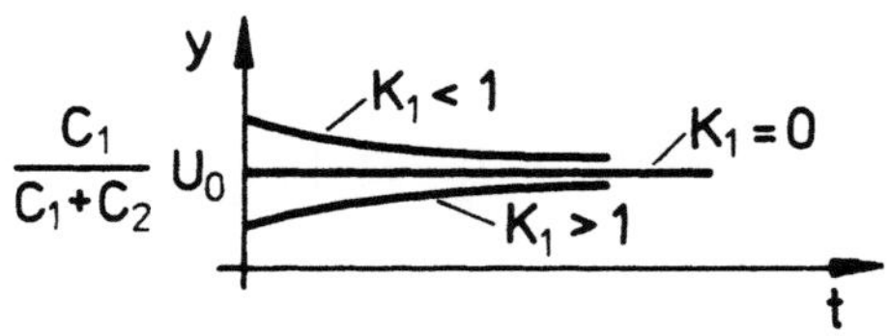

Kapitel 7.6:

1.
a) $$\begin{bmatrix}\dot{i}_1\\ \dot{i}_2\end{bmatrix} = \begin{bmatrix}-R_1\Gamma_1 & -R_2\Gamma_M\\ -R_1\Gamma_M & -R_2\Gamma_2\end{bmatrix}\begin{bmatrix}i_1\\ i_2\end{bmatrix} + \begin{bmatrix}\Gamma_1\\ \Gamma_M\end{bmatrix} u_o, \qquad y(t) = \begin{bmatrix}0 & -R_2\end{bmatrix}\begin{bmatrix}i_1\\ i_2\end{bmatrix}$$

b) $$G(s) = R_2\Gamma_M \frac{s}{(s-p_1)(s-p_2)}, \quad p_{1,2} = -\frac{1}{2}(R_1\Gamma_1 + R_2\Gamma_2) \pm \sqrt{(R_1\Gamma_1 + R_2\Gamma_2)^2 + \ldots}$$
$$\ldots \overline{4R_1R_2\Gamma_M^2}$$

c) $$y(t) = \frac{R_2\Gamma_M}{p_1 - p_2} U_o \left(e^{p_1 t} - e^{p_2 t}\right)$$

2. a) $$G(s) = \frac{1}{(RC)^2}\,\frac{1}{(s-p_1)(s-p_2)}, \quad p_1 = -\frac{1}{2RC}, \quad p_2 = -\frac{2}{RC}$$

b) $$y(t) = U_o\left(1 - \frac{4}{3}e^{-\frac{t}{2RC}} + \frac{1}{3}e^{-\frac{2t}{RC}}\right)$$
$$- U_o\left(1 - \frac{4}{3}e^{-\frac{t-T}{2RC}} + \frac{1}{3}e^{-\frac{2(t-T)}{RC}}\right)\sigma(t-T)$$

3.

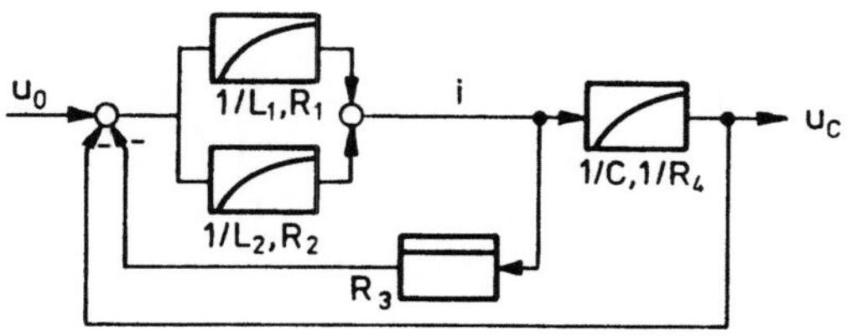

$$G(s) = \frac{(G_1 + G_2)\,G_4}{1 + (G_1 + G_2)(G_3 + G_4)},$$

G_1, G_2, G_3, G_4

siehe Abschnitt 7.4!

4. a) $$\begin{bmatrix}\dot{u}_C\\ \dot{i}_L\end{bmatrix} = \begin{bmatrix}-\frac{1}{R_2C} & \frac{1}{C}\\ -\frac{1}{L} & -\frac{R_1}{L}\end{bmatrix}\begin{bmatrix}u_C\\ i_L\end{bmatrix} + \begin{bmatrix}0\\ \frac{1}{L}\end{bmatrix} u_o, \quad y(t) = u_C = \begin{bmatrix}1 & 0\end{bmatrix}\begin{bmatrix}u_C\\ i_L\end{bmatrix}$$

b) $$\Phi(t) = \mathcal{L}^{-1}\left\{\begin{bmatrix}s + \frac{1}{R_2C} & -\frac{1}{C}\\ \frac{1}{L} & s + \frac{R_1}{L}\end{bmatrix}\frac{1}{(s-p_1)(s-p_2)}\right\}$$

$$p_{1,2} = -\frac{1}{2}\left(\frac{1}{R_2C} + \frac{R_1}{L}\right) \pm j\sqrt{\frac{1}{LC} - \frac{1}{4}\left(\frac{1}{R_2C} - \frac{R_1}{L}\right)^2} = -a \pm j\omega$$

c) $$u_C(t) = u_o\frac{R_2}{R_1 + R_2}\left(1 - \sqrt{1 + \left(\frac{a}{\omega}\right)^2}\, e^{-at}\cos\left(\omega t + \arctan\frac{a}{\omega}\right)\right)$$

5.

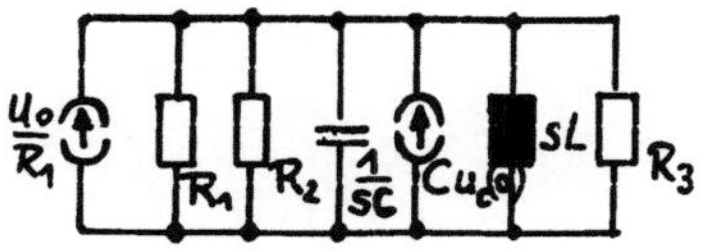

$$u_R(t) = \frac{u_o}{CR_1}\left(e^{p_1 t} - e^{p_2 t}\right)\frac{1}{p_1 - p_2}$$
$$+ \frac{u_o R_2}{R_1 + R_2}\left(p_1 e^{p_1 t} - p_2 e^{p_2 t}\right)\frac{1}{p_1 - p_2}$$

$$p_{1,2} = -\frac{1}{2C}\left(\frac{1}{R_1} + \frac{1}{R_2} + \frac{1}{R_3}\right) \pm \sqrt{\frac{1}{4C^2}\left(\frac{1}{R_1} + \frac{1}{R_2} + \frac{1}{R_3}\right)^2 - \frac{1}{LC}}$$

Kapitel 8.3:

1. G_1, G_2, G_5, G_6 instabil; G_3, G_4 stabil.

2. a) stabil

b) $$U_C(s) = u_o \frac{\Gamma_M}{C\,\det(\underline{A})} + U_{Co} \frac{s^2 + b_1 s + b_o}{\det(\underline{A})}$$

$$b_1 = R_1\Gamma_1 + R_2\Gamma_2, \qquad b_o = R_1R_2(\Gamma_1\Gamma_2 - \Gamma_M^2)$$

$$\det(\underline{A}) = s^3 + s^2(R_1\Gamma_1 + R_2\Gamma_2) + s(R_1R_2(\Gamma_1\Gamma_2 - \Gamma_M^2) + \frac{\Gamma_2}{C}) + \frac{R_1}{C}(\Gamma_1\Gamma_2 - \Gamma_M^2)$$

c) $\det(\underline{A}') = s^3 + s\,\dfrac{\Gamma_2}{C}$, d.h. es gibt Polstellen auf der j-Achse: instabil!

$$U_C(s) = u_o \frac{\Gamma_M}{C\,\det(\underline{A}')} + U_{Co} \frac{s^2}{\det(\underline{A}')}$$

3. a) $$\begin{bmatrix} \dot{i}_{L1} \\ \dot{i}_{L2} \\ \dot{u}_C \end{bmatrix} = \begin{bmatrix} 0 & 0 & -\frac{1}{L_1} \\ 0 & 0 & \frac{1}{L_2} \\ \frac{1}{C} & -\frac{1}{C} & 0 \end{bmatrix} + \begin{bmatrix} \frac{1}{L_1} \\ 0 \\ 0 \end{bmatrix} u_o$$

b) $G(s) = \dfrac{1}{L_1L_2C}\,\dfrac{1}{s(s^2 - \omega_o^2)}$, d.h. instabil!

c) $$i_{L2}(t) = 1\ \mathrm{Vs}\ \frac{1}{L_1L_2C}\ \frac{1}{\omega_o^2}\ (1 - \cos\omega_o t)$$

$$i_{L2}(t) = U_o\ \frac{1}{L_1L_2C}\ \frac{1}{\omega_o^2}\ (t + \frac{1}{\omega_o}\sin\omega_c t)$$

$$i_{L2}(t) = U_o\ \frac{1}{L_1L_2C}\ \frac{1}{\omega_o^2}\ t\sin\omega_o t$$

LITERATURHINWEISE

Zur Netzwerktheorie, Vierpoltheorie, Systemtheorie und Graphentheorie:

|1| R.G. Busacker, Th.L. Saaty: Endliche Graphen und Netzwerke. R. Oldenbourg Verlag, München, Wien 1968

|2| Ch. A. Desoer, E.S. Kuh: Basic Circuit Theory. McGraw-Hill Book Company, New York 1969

|3| R. Elsner: Nichtlineare Schaltungen. Springer Verlag, Berlin, Heidelberg 1981

|4| W.H. Kim, H.E. Meadows: Modern Network Analysis. J. Wiley & Sons, New York 1971

|5| B.C. Kuo: Linear Networks and Systems. McGraw-Hill Book Company, New York 1967

|6| Chr. Landgraf, R. Schneider: Elemente der Regelungstechnik. Springer Verlag, Berlin, Heidelberg, New York 1970

|7| E. Philippow: Nichtlineare Elektrotechnik. 2. Aufl. Akademische Verlagsgesellschaft, Leipzig 1971

|8| H. Rühl: Vierpoltheorie. Hüthig Verlag, Heidelberg 1979

|9| W. Rupprecht: Netzwerksynthese. Springer Verlag, Berlin, Heidelberg, New York 1972

|10| H.W. Schüßler: Netzwerke, Signale und Systeme. Band 1. Springer Verlag, Berlin, Heidelberg, New York 1981

|11| R. Unbehauen: Elektrische Netzwerke. 2. Aufl. Springer Verlag, Berlin, Heidelberg, New York 1981

|12| R. Unbehauen: Systemtheorie. R. Oldenbourg Verlag, München, Wien 1969

|13| H. Weh: Elektrische Netzwerke und Maschinen in Matrizendarstellung. B.-I. Hochschultaschenbücher Nr. 108/108a

|14| H. Wolf: Lineare Systeme und Netzwerke. Springer Verlag, Berlin, Heidelberg, New York 1971

|15| G. Wunsch: Systemanalyse, Band 1: Lineare Systeme. Hüthig Verlag, Heidelberg 1967

Zur Matrizenberechnung und Laplace-Transformation:

|16| W. Ameling: Laplace-Transformation. Bertelsmann Universitätsverlag, Düsseldorf 1975

|17| R. Brüderlink: Laplace-Transformation und Elektrische Ausgleichsvorgänge. Braun-Verlag, Karlruhe 1961

|18| G. Doetsch: Anleitung zum praktischen Gebrauch der Laplace-Transformation. R. Oldenbourg Verlag, München, Wien 1967

|19| H. Eltermann: Grundlagen der praktischen Matrizenberechnung. B.-I. Hochschultaschenbücher Nr. 434

|20| J.G. Holbrook: Laplace-Transformation. uni-text-Vieweg-Verlag, Braunschweig 1970

|21| M. Tropper: Matrizenberechnung in der Elektrotechnik. B.-I. Hochschultaschenbücher Nr. 91

|22| R. Zurmühl: Matrizen und ihre technischen Anwendungen. 4. Aufl. Springer Verlag, Berlin, Göttingen, Heidelberg 1964

Zum Umgang mit Analogrechnern:

|23| W. Ameling: Aufbau und Wirkungsweise elektronischer Analogrechner. Vieweg-Verlag, Braunschweig 1963

|24| W. Giloi, R. Lauber: Analogrechnen. Springer Verlag, Berlin, Heidelberg, New York 1963

Zur Netzwerkberechnung mit Digitalrechnern/Taschenrechnern:

|25| D. Lange: Algorithmen der Netzwerkanalyse für programmierbare Taschenrechner (HP-41C). Vieweg Verlag, Braunschweig/Wiesbaden 1982

|26| D. Lange: Standardprogramme der Netzwerkanalyse für BASIC-Taschencomputer. Vieweg Verlag, Braunschweig/Wiesbaden 1982

|27| P. Vaske: Elektrotechnik mit BASIC-Rechnern (SHARP). Teubner Verlag, Stuttgart, Band 1 1983, Band 2 1984

|28| P. Vaske, F. Dörrscheidt, D. Selle: Programmierbare Taschenrechner in der Elektrotechnik (Anwendung der TI 58 und TI 59). Teubner Verlag, Stuttgart 1981

|29| R. W. Jensen, M. Liebermann: IBM-Electronic Circuit Analsysis Programm (E C A P). Prentice Hall, Englewood Cliffs 1967

|30| W. Jentsch: Digitale Simulation kontinuierlicher Systeme. R. Oldenbourg Verlag, München, Wien 1969

SACHWORTVERZEICHNIS

GPSR Compliance

The European Union's (EU) General Product Safety Regulation (GPSR) is a set of rules that requires consumer products to be safe and our obligations to ensure this.

If you have any concerns about our products, you can contact us on ProductSafety@springernature.com

In case Publisher is established outside the EU, the EU authorized representative is:

Springer Nature Customer Service Center GmbH
Europaplatz 3
69115 Heidelberg, Germany

Batch number: 10584556

Printed by Printforce, the Netherlands